1.3 控制图像显示——放大与缩小工具

1.4 移动图像显示区域——抓手工具

1.10 裁剪功能——透视裁剪工具

1.18 神经滤镜之皮肤平滑度——改善敏感肌

2.1 移动选区——睡觉的猫咪

1.5 调整图像——设置图像分辨率

1.12 控制图像方向——翻转图像

2.2 矩形选框工具——质感外框

1.7 管理屏幕——控制屏幕显示

1.13 工具管理——应用辅助工具

2.3 椭圆选框工具——平安快乐

1.8 变换图像——缩放、旋转、斜切、扭曲……

1.14 管理图像颜色——转换颜色模式

2.4 单行和单列选框工具——添加装饰线

1.9 裁剪图像——裁剪工具

1.17 图框工具——月亮里的舞蹈

2.5 套索工具——手账字体

1

2.6 多边形套索工具——珠宝会员卡

2.13 变换选区——质感阴影

2.7 磁性套索工具——大联欢

2.14 反选选区——虎年吉祥

3.2 画笔工具——为美女填色

2.8 快速选择工具——太空站

2.15 运用快速蒙版编辑选区——水边的火烈鸟

3.3 铅笔工具——不自量力

2.9 魔棒工具——托着琵琶跳舞的女子

2.16 扩展选区——勇闯"题"海

3.4 颜色替换工具——百变蔷薇花

2.10 色彩范围——白衣加色

2.17 描边选区——这次活动很大

3.5 历史记录画笔工具——飞驰的高铁列车

2.12 羽化选区——幼苗与大树

3.1 设置颜色——元宵节快乐

3.6 混合器画笔工具——复古油画女孩

3.7 油漆桶工具——热血青春

3.12 魔术橡皮擦工具——生日大餐

3.17 海绵工具——向日葵变色

3.13 模糊工具——尽情奔跑

3.18 仿制图章工具——晨练之路

3.8 渐变工具——风景插画

3.14 减淡工具——闪亮的眼神

3.20 污点修复画笔工具——没有星星的瓢虫

3.9 填充命令——齐心协力

3.15 加深工具——古朴门房

3.21 修复画笔工具——消失的豆子

3.10 橡皮擦工具——圣诞树冰淇淋

3.22 修补工具——没脾气的棉花糖

3.11 背景橡皮擦工具——自由飞翔

3.16 涂抹工具——淘气的猫咪

3.23 内容感知移动工具——脚下留情

3.24 红眼工具——炯炯有神

4.8 图层混合模式2——多重曝光

4.14 图层蒙版——海上帆船

4.3 斜面和浮雕图层样式——龙的传人

4.9 图层混合模式3——老照片

4.15 剪贴蒙版——苏州园林

4.4 渐变叠加图层样式——阳光下的舞蹈

4.10 图层混合模式4——豪车换装

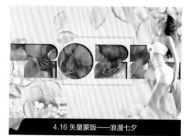

4.16 矢量蒙版——浪漫七夕

4.5 外发光图层样式——炫彩霓虹灯

4.11 调整图层1——多彩风景

5.1 钢笔工具——映日荷花

4.6 描边图层样式——可爱卡通

4.12 调整图层2——梦幻蓝调

5.2 自由钢笔工具——雪山雄鹰

4.7 图层混合模式1——森林的精灵

4.13 调整图层3——逆光新娘

5.3 矩形工具——多彩字体

5.4 圆角矩形工具1——涂鸦笔记本

5.10 自定形状工具2——丘比特之箭

6.2 通道美白——美白肌肤

5.5 圆角矩形工具2——笔记本电脑

5.11 路径的运算——金鸡报晓

6.3 通道抠图——完美新娘

5.6 椭圆工具——一树繁花

5.12 描边路径——光斑圣诞树

6.4 通道抠图——玫瑰花香水

5.7 直线工具——城市建筑

5.13 填充路径——经典时尚

6.5 通道抠图——春意盎然

5.8 多边形工具——制作奖牌

5.14 调整形状图层——过马路的小蘑菇

6.6 智能滤镜——木刻复古美人

5.9 自定形状工具1——魔术扑克

6.1 通道调色——唯美蓝色

6.7 滤镜库——威尼斯小镇

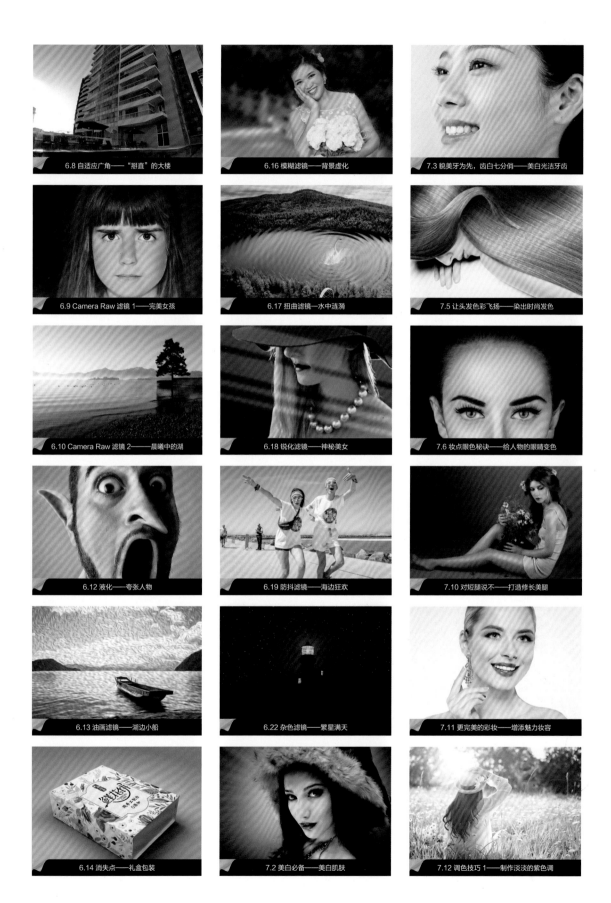

6.8 自适应广角——"掰直"的大楼

6.16 模糊滤镜——背景虚化

7.3 貌美牙为先，齿白七分俏——美白光洁牙齿

6.9 Camera Raw 滤镜 1——完美女孩

6.17 扭曲滤镜——水中涟漪

7.5 让头发色彩飞扬——染出时尚发色

6.10 Camera Raw 滤镜 2——晨曦中的湖

6.18 锐化滤镜——神秘美女

7.6 妆点眼色秘诀——给人物的眼睛变色

6.12 液化——夸张人物

6.19 防抖滤镜——海边狂欢

7.10 对短腿说不——打造修长美腿

6.13 油画滤镜——湖边小船

6.22 杂色滤镜——繁星满天

7.11 更完美的彩妆——增添魅力妆容

6.14 消失点——礼盒包装

7.2 美白必备——美白肌肤

7.12 调色技巧 1——制作淡淡的紫色调

Photoshop平面设计从新手到高手（第2版）（微课视频版）

7.16 复古怀旧——制作反转负冲效果

8.2 图案字——美味水果

8.8 蜜汁文字——甜甜的蛋糕

7.17 昨日重现——制作照片的水彩效果

8.3 巧克力文字——牛奶巧克力

8.10 星光文字——新年快乐

7.18 展现自我风采——制作非主流照片

8.4 冰冻文字——清爽冰水

8.11 橙子文字——Orange

7.20 精美相册2——风景日历

8.5 金属文字——拒绝战争

9.1 超现实影像合成——被诅咒的公主

7.21 婚纱相册——美好爱情

8.6 铁锈文字——生锈的PS

9.2 超现实影像合成——笔记本电脑里的秘密

7.22 个人写真——青青校园

8.7 玉雕文字——福

9.3 梦幻影像合成——雪中的城堡

本书案例欣赏

7

9.4 梦幻影像合成——情迷美人鱼

9.10 广告影像合成——生命的源泉

10.4 饮食标志——老李面馆

9.5 梦幻影像合成——太空战士

9.11 广告影像合成——手机广告

10.5 房地产标志——天鹅湾

9.6 残酷影像合成——火焰天使

9.12 广告影像合成——海边的海螺小屋

10.6 房地产标志——盛世明珠

9.7 趣味影像合成——香蕉爱度假

10.1 家居行业标志——匠造装饰

10.7 茶餐会所标志——半山茶餐厅

9.8 趣味影像合成——空中宫殿

10.2 家居产品标志——皇家家具

10.3 餐厅标志——汉斯牛排

9.9 幻想影像合成——奇幻空中岛

10.8 网站标志——天天购商城

10.9 日用产品标志——草莓果儿童果味牙膏

10.10 电子产品标志——蓝鲸电视

11.6 VIP——地铁卡

12.2 饮料广告——清凉一夏

11.1 亲情卡——美发沙龙

11.7VIP 会员卡——蛋糕卡

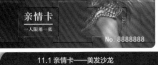

11.2 货架贴——新品上市

11.8 俱乐部会员卡——台球俱乐部

12.2 DM 单广告——麦当劳

11.3 配送卡——新鲜果蔬

11.10 贺卡——母亲节

11.4 贵宾卡——金卡

11.11 吊牌——狂欢倒计时

12.4 香水广告——小雏菊之梦

11.5 泊车卡——免费泊车

12.1 手机广告——挚爱一生

12.5 促销广告——活动很大

12.8 金融宣传海报——圆梦金融

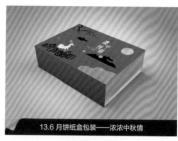

13.6 月饼纸盒包装——浓浓中秋情

13.7 食品包装——鲜奶香蕉片

12.6 电影海报——回到未来

13.1 画册设计——旅游画册

14.1 水晶按钮——我的电脑

13.2 杂志封面——汽车观察

14.2 网页按钮——音乐播放界面

12.7 音乐海报——音乐由你来

13.3 百货招租四折页——星河百货

14.3 网页登陆界面——网络办公室

13.5 茶叶包装——茉莉花茶

14.4 网页 Banner 广告条——阅读币促销

14.5 数码网站——手机资讯网

15.2 家居产品——沙发

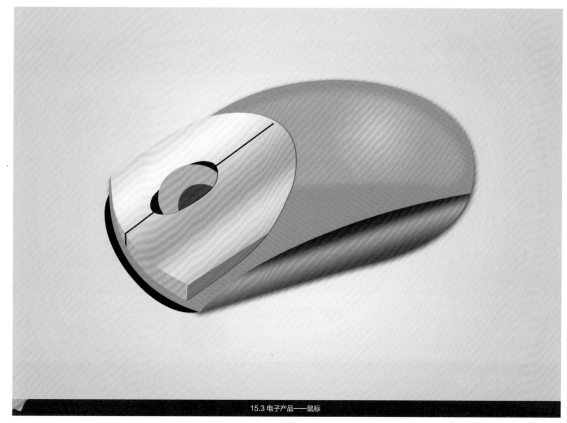

15.3 电子产品——鼠标

15.4 电子产品——MP3

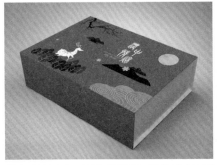

姜旬恂 毛彤 王卓 / 编著

从新手到高手

Photoshop 平面设计

从新手到高手（第2版）

（微课视频版）

清华大学出版社

北京

内 容 简 介

本书定位于Photoshop平面设计。全书通过大量的实例展示与详细的步骤操作，深入讲解了Photoshop 2022从工具操作等基础技能到制作综合实例的完整流程，使没有Photoshop基础的读者，也能快速步入精通Photoshop的大师行列。

本书共15章，第1章讲解了Photoshop 2022的基础知识；第2章至第6章讲解了Photoshop 2022的基础知识和基本操作方法，以帮助没有基础的读者轻松入门；第7章至第15章分别讲解了数码照片的处理、文字特效、影像合成、标志设计、卡片设计、广告与海报设计、装帧与包装设计、UI与网页设计、产品设计，帮助读者实践与积累实战经验，全面掌握Photoshop 2022的使用方法和操作技巧。

本书讲解深入、细致，具有很强的针对性和实用性，可以作为各高等院校和培训学校相关专业的教材，也可以作为广大Photoshop爱好者、平面设计和网页制作等从业人员的自学教程或参考书。

图书在版编目（CIP）数据

Photoshop平面设计从新手到高手：微课视频版 / 姜旬恂，毛彤，王卓编著. -- 2版. -- 北京：清华大学出版社，2022.7

（从新手到高手）

ISBN 978-7-302-61228-5

Ⅰ. ①P… Ⅱ. ①姜… ②毛… ③王… Ⅲ. ①平面设计－图像处理软件－教材 Ⅳ. ①TP391.413

中国版本图书馆CIP数据核字(2022)第109775号

责任编辑：陈绿春
封面设计：潘国文
责任校对：胡伟民
责任印制：丛怀宇

出版发行：清华大学出版社

网　　　址：http://www.tup.com.cn，http://www.wqbook.com
地　　　址：北京清华大学学研大厦A座　　邮　编：100084
社 总 机：010-83470000　　邮　购：010-62786544
投稿与读者服务：010-62776969，c-service@tup.tsinghua.edu.cn
质量反馈：010-62772015，zhiliang@tup.tsinghua.edu.cn

印 装 者：小森印刷霸州有限公司

经　　销：全国新华书店

开　　本：188mm×260mm　　印　张：18　　插　页：6　　字　数：860千字

版　　次：2018年11月第1版　2022年9月第2版　　印　次：2022年9月第1次印刷

定　　价：99.00元

产品编号：073497-01

前　言

Photoshop 是 Adobe 公司旗下最著名的图像处理软件，主要用于处理以像素构成的数字图像，是一款专业的位图编辑软件。Photoshop 应用领域广泛，在图像、图形、文字、视频、出版物等方面均有涉及，在平面广告、印刷、网页制作、包装、海报、书籍装帧等各个环节都有着不可替代的重要作用。截至目前，Adobe Photoshop 2022 为该软件的最新版本。

编写目的

鉴于 Photoshop 强大的图像处理能力，我们力图编写一本全方位介绍 Photoshop 2022 基本功能和使用技巧的工具书，让读者能够逐步掌握 Photoshop 2022 的使用方法。

本书内容安排

本书共 15 章，精心安排了 202 个具有针对性的案例，从最基础的 Photoshop 2022 各功能模块到复杂的平面广告、海报、包装和网页设计等，内容全面，能够帮助读者轻松掌握 Photoshop 的使用方法和应用技巧。

为了让读者更好地学习本书的知识，在编写时特意对本书采取了疏导分流的措施，具体编排如下。

章	内容安排
第 1 章　Photoshop 2022 入门	讲解 Photoshop 2022 的基本使用技巧，涉及软件界面、文件的新建与存储和新功能等
第 2 章　运用选区	主要讲解选区的应用方法。精选 17 个案例，涉及"选框工具""套索工具""魔棒工具"等的运用方法，同时学习对选区进行羽化、变换、反选、扩展和描边等的操作
第 3 章　绘画和修复工具	通过 24 个案例，讲解"画笔工具""铅笔工具"等绘画工具的使用方法，同时通过案例使读者掌握"仿制图章工具""污点修复画笔工具"等工具的使用方法
第 4 章　图层和蒙版	讲解图层、图层样式、图层混合模式和调整图层的使用方法，并学习图层蒙版、剪贴蒙版和矢量蒙版的操作方法
第 5 章　路径和形状	通过 14 个实例，讲解"钢笔工具"以及各类形状工具的使用方法，还讲解了路径的运算以及路径的描边和填充等的操作方法
第 6 章　通道与滤镜	学习使用通道进行调色、美白和抠图，还讲解了各类滤镜的使用方法
第 7 章　数码照片处理	主要讲解针对数码照片的处理方法，从遮瑕去皱、美白和修饰腿型等到照片的调色、综合实例的运用等
第 8 章　文字特效	通过 11 个文字特效案例，为读者提供制作特效字的新思路
第 9 章　创意影像合成	通过 12 个创意影像的合成实例，非常详细地讲述了 Photoshop 合成作品中的一些技巧
第 10 章　标志设计	通过 10 个标志的设计实例，讲述了标志设计的技巧，步骤详细，可以帮助读者上手设计标志，同时启发设计灵感
第 11 章　卡片设计	通过 12 个案例讲解各个行业的卡片制作方法，以及优惠券、贺卡、吊牌和书签的制作方法
第 12 章　广告与海报设计	通过 8 个不同风格的广告和海报设计案例，讲述广告和海报制作的过程与技巧

章	内容安排
第 13 章　装帧与包装设计	通过 7 个实例，讲述画册、杂志、折页等的装帧设计方法，还讲解了手提袋、包装罐、纸盒、食品袋等的设计方法
第 14 章　UI 与网页设计	通过 5 个小到图标按钮设计，大到网站设计的案例，为读者制作 UI 与网页设计提供了具有参考价值的方案
第 15 章　产品设计	通过 4 个产品设计案例，包括家电产品、家居产品和电子产品等，分步骤详细展示产品的设计过程

本书写作特色

　　为了让读者更好地学习，本书在具体的写法上独具匠心，具体总结如下。

　　由易到难，轻松学习：本书详细地讲解了每个工具在实际应用中的使用方法，在编写时特别考虑了各种可能遇到的场景，从基本功能到综合案例的运用，多加练习即可应对绝大多数制作任务。

　　超值配套教学视频：书中约 200 个实例均有对应的教学视频，读者可以先观看视频教学学习本书内容，然后再对照书中内容加以练习，大幅提高学习效率。书中提供了实例的源文件和素材，可以使用 Photoshop 2022 打开并使用。

　　知识点一网打尽：除了基本功能的讲解，书中分布大量的 Tips，用于相应概念、操作技巧和注意事项的深层次解读，因此本书可以说是一本不可多得的、能全面提升读者 Photoshop 技能的学习手册。

本书作者

　　本书由吉林师范大学姜旬恂、吉林师范大学毛彤、吉林外国语大学王卓老师编著，由于作者水平有限，书中错误、疏漏之处在所难免。在感谢您选择本书的同时，也希望您能够把对本书的意见和建议告诉我们。

配套资源及技术支持

　　本书的配套素材及视频教学文件请扫描下面的二维码进行下载，如果有技术性问题，请扫描下面的技术支持二维码，联系相关人员进行解决。

　　如果在配套资源下载过程中碰到问题，请联系陈老师，联系邮箱：chenlch@tup.tsing.edu。

配套素材

视频教学

技术支持

编者

2022 年 7 月

目　录

第1章
Photoshop 2022入门

Photoshop 是当今世界上运用最为广泛的图像处理软件之一，无论是平面设计、CG 动画、网页制作，还是多媒体开发，Photoshop 在每个领域都发挥着不可替代的作用。本章主要介绍 Photoshop 2022 的基本操作，如新建文档、打开文档、保存和关闭文档等，通过对本章的学习可以快速掌握 Photoshop 的基本使用技巧。

1.1 快速起步——Photoshop 2022 工作界面

扫描观看

在学习 Photoshop 2022 之前，先来认识一下它的工作界面。Photoshop 2022 中文版的工作界面主要由菜单栏、工具选项栏、工具箱、面板、编辑窗口以及文档属性栏构成。

01 打开 Photoshop 2022，启动界面如图 1-1 所示。

图1-1

02 启动完成后，Photoshop 2022 的工作界面如图 1-2 所示，详细介绍如下。

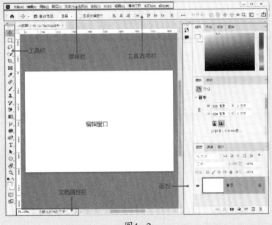

图1-2

菜单栏： 在菜单栏中可以执行各项命令，其中包括文件、编辑、图像、图层、类型、选择、滤镜、3D、视图、增效工具、窗口、帮助菜单。

工具选项栏： 工具选项栏显示当前所选工具的属性。如当前选择"矩形选框工具" ，工具选项栏显示该工具的各项属性。若选择其他工具，工具选项栏则显示相应工具的属性。

工具箱： 工具箱默认位于 Photoshop 2022 工作界面的左侧，也可以根据自身的使用习惯调整到界面的其他位置。工具箱中包含 Photoshop 所有的工具，是处理图像的"兵器库"。

面板： 面板可以自由拖动，还可以通过"窗口"菜单中的命令打开或者关闭相应的面板。通过不同功能的面板，可以完成填充颜色、调整色阶等操作。

编辑窗口： 编辑窗口是编辑图像的主要操作区域。

文档属性栏： 文档属性栏的具体数值因打开的文档不同而显示的内容不同。用户可以手动输入百分比数值来控制画面放大、缩小的比例；单击文档属性栏的小三角按钮，如图 1-3 所示，可以弹出包含文档大小、文档配置文件、文档尺寸、测量比例等命令的菜单，供用户选择显示文档的属性；单击小三角按钮左侧的显示条，即可显示画面的宽度、高度、通道和分辨率参数。

03 更改编辑窗口的背景颜色。执行"编辑"|"首选项"|"界面"命令，在弹出的对话框中选择合适的颜色，如图 1-4 所示，调整颜色后的编辑窗口如图 1-5 所示。

图1-3

图1-4

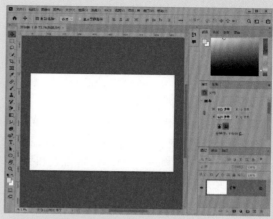

图1-5

1.2 文件管理——新建、打开、关闭与存储图像文件

扫描观看

本节主要学习 Photoshop 文件的管理方法，包括如何新建、打开、关闭和存储图像文件。

01 启动 Photoshop 2022，执行"文件"|"新建"命令，或按快捷键 Ctrl+N，在弹出的"新建文档"对话框中设置参数，如图 1-6 所示。可以为文件命名，设置图像的大小、分辨率、颜色模式和背景颜色等，单击"创建"按钮，即可新建一个文件。

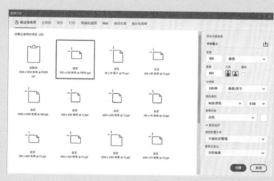

图1-6

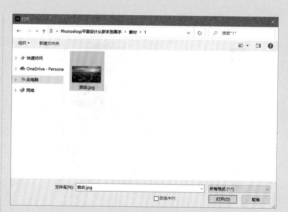

图1-7

02 打开文件。执行"文件"|"打开"命令，或按快捷键 Ctrl+O，在弹出的"打开"对话框中找到"启动.jpg"文件，单击"打开"按钮，即可打开该文件，如图 1-7 所示。接下来即可对图像进行编辑调整。

03 存储文件。执行"文件"|"存储"命令或按快捷键 Ctrl+S，即可保存文档。若有对图像进行操作，如新建了一个图层，存储时会弹出"另存为"对话框，选择相应的文件夹保存即可。

04 若想存储为其他格式，执行"文件"|"存储为"命令或按快捷键 Shift+Ctrl+S，在弹出的"存储为"对话框中选择合适的存储格式，如图 1-8 所示。

图1-8

05 若需要存储为 PNG、JPG、GIF 和 SVG 等网络常用格式，执行"文件"|"导出"|"导出为"命令或按快捷键 Alt+Shift+Ctrl+S。

Tips: 执行"文件"|"导出为"|"存储为 Web 所用格式（旧版）"命令，也能导出格式为 GIF、JPEG、PNG-8、PNG-24 和 WEMP 等网络格式的图像。

06 关闭文件。直接单击文档右上角的 ⊠ 按钮，或执行"文件"|"关闭"命令，也可以按快捷键 Ctrl+W。若要关闭打开的全部文件，按快捷键 Alt+Ctrl+W 或直接单击 Photoshop 2022 右上角的"关闭"按钮 ✕。

07 若没有对图像进行修改，文件会在执行"关闭"命令后关闭。若对图像进行了修改，会在执行"关闭"

命令后弹出 Adobe Photoshop 对话框，如图 1-9 所示。单击"是"按钮，文档会在保存后关闭；单击"否"按钮，文档不会保存直接关闭；单击"取消"按钮，不进行任何处理，文档依旧处于打开状态。

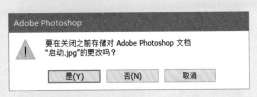

图1-9

扫描观看

1.3 控制图像显示——放大与缩小工具

在 Photoshop 的实际运用中，经常要对图像进行放大和缩小。操作的方法有很多，下面就来学习如何对图像进行放大与缩小。

01 启动 Photoshop 2022，执行"文件"|"打开"命令，打开图像，如图 1-10 所示。

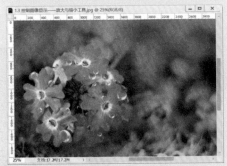

图1-10

02 选择工具箱中的"缩放工具" Q，需要放大图像时，在工具选项栏中单击"放大"图标 Q 或按 Z 键，移动鼠标指针到编辑窗口的图像上并单击，即可将图像放大，如图 1-11 所示。

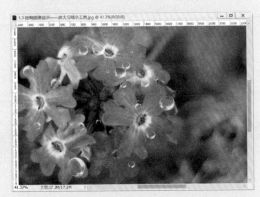

图1-11

03 需要缩小图像时，在工具选项栏中单击"缩小"图标 Q 或按住 Alt 键，移动鼠标指针到编辑窗口的图像上单击，即可将图像缩小，如图 1-12 所示。

图1-12

04 通过按快捷键 Ctrl++ 也可对图像进行放大。连续放大时，在按住 Ctrl 的同时，连续按键盘上的 + 键。可以通过按快捷键 Ctrl+- 缩小图像。需要连续缩小时，在按住 Ctrl 的同时，连续按键盘上的 – 键即可。

05 通过按 Alt 键并滚动鼠标滚轮，也是一种常用的对图像进行放大缩小的方法。同时按住 Alt+Shift 键滚动鼠标滚轮，能够对图像进行成倍放大或缩小。

Tips: 按 Ctrl 键和空格键，切换到"缩放工具"，单击即可放大图像；按 Alt 键和空格键，切换到"缩放工具"，单击即可缩小图像。

06 还原缩放。双击工具箱中的"缩放工具" Q，即可 100% 显示当前图像，如图 1-13 所示。

图1-13

扫描观看

1.4 移动图像显示区域——抓手工具

通过对前文的学习，了解到"缩放工具"可以快速调整图像的显示比例，而本节将学习的"抓手工具"则可以通过鼠标自由控制图像在编辑窗口中显示的位置。

01 启动 Photoshop 2022，执行"文件"|"打开"命令，打开图像，如图1-14所示。

图1-14

02 按住 Alt 键滚动鼠标滚轮放大图像（图像在编辑窗口显示全部时，不能使用"抓手工具"），如图1-15所示。

图1-15

03 选择工具箱中的"抓手工具" ，或按 H 键，移动鼠标指针到素材图像处，单击并拖曳，即可移动图像窗口的显示区域，如图1-16所示。

图1-16

04 在使用其他工具时，按住空格键，当鼠标指针变为 形状时，单击并拖曳也能对图像进行移动。

05 若同时打开了多张图像，可以选中"抓手工具"工具选项栏的"滚动所有窗口"复选框，即可同时移动多个画面。

1.5 调整图像——设置图像分辨率

扫描观看

本节将介绍在 Photoshop 2022 中经常需要用到的功能——设置图像分辨率。

01　启动 Photoshop 2022，执行"文件"|"打开"命令，打开素材文件。

02　执行"图像"|"图像大小"命令，或按快捷键 Ctrl+Alt+I，弹出"图像大小"对话框，如图1-17 所示。

03　此时"分辨率"为 300 像素 / 英寸，修改为 150 像素 / 英寸，单击"确定"按钮。

图1-17

04　再次执行"图像"|"图像大小"命令，弹出"图像大小"对话框，可以看到"分辨率"变成 150 像素 / 英寸，而图像的宽度和高度与原图保持一致，如图1-18 所示。

图1-18

05　更改图像尺寸时，如果取消选中"重新采样"复选框，像素数量不会变化，从屏幕看图像大小没有任何变化。此时增加图像的宽度和高度，分辨率会减小，

如图1-19 所示。

图1-19

06　同理，此时提高分辨率，图像尺寸会相应缩小，如图1-20 所示。

图1-20

Tips: 分辨率是指单位长度内包含的像素数量，单位通常为像素 / 英寸。通常情况下，分辨率越高，单位面积内包含的像素就越多，图像质量也越高，但也相应增加了图像的存储空间。为了得到最佳的图像效果，一般用于手机移动端和计算机端等屏幕显示的图像，分辨率设置为 72 像素 / 英寸，这样可以提高文件的传输速度；用于喷墨打印机的图像，分辨率通常设置为 100~150 像素 / 英寸；用于印刷的图像，应设置为 300 像素 / 英寸。

1.6 调整画布——设置画布大小

扫描观看

在 Photoshop 中编辑图像时，有时会发现画面太小，需要为图像增加宽度或者高度，本节就来学习调整画布大小的方法。

01　启动 Photoshop 2022，执行"文件"|"打开"命令，打开图像素材。

02　执行"图像"|"画面大小"命令，或按快捷键 Ctrl+Alt+C，弹出"画布大小"对话框，如图 1-21 所示。

03　在"高度"和"宽度"文本框中输入需要的数值，即可设置画面大小。

04 当选中"相对"复选框时，画面的宽度和高度显示为 0，此时输入的正负数值是指在原来画面大小的基础上增加或减少的尺寸。

图1-21

05 若只在画面的左侧增加画面宽度时，单击"定位"选项区中的"→"按钮，定位图示的左侧出现 3 个空白小格，如图 1-22 所示，即增加图像左侧画面。同样，单击其他箭头按钮时，相应位置出现 3 个空白小格，即可从画面的各个方向增加或减少画布。

图1-22

06 若要定义新增画布的颜色，可以在"画布扩展颜色"下拉列表中选择前景色或背景色，以及白色、黑色和灰色等，如图 1-23 所示。

图1-23

07 若要选择其他颜色，选择"画布扩展颜色"下拉列表中的"其他"选项或单击"画布扩展颜色"下拉列表右侧的颜色框，在弹出的"拾色器（画布扩展颜色）"对话框中选择需要的颜色，单击"确定"按钮即可，如图 1-24 所示。

图1-24

1.7 管理屏幕——控制屏幕显示

扫描观看

在 Photoshop 2022 中有 3 种屏幕显示模式，分别是标准屏幕模式、带有菜单栏的全屏模式和全屏模式，具体的操作方法如下。

01 启动 Photoshop 2022 软件，执行"文件"|"打开"命令，打开图像素材，如图 1-25 所示。此时的屏幕为标准屏幕模式，在这种模式下，Photoshop 的所有组件都会显示出来，如菜单栏、工具箱和面板等。

02 执行"视图"|"屏幕模式"|"带有菜单栏的全屏模式"命令，即可切换到带有菜单栏的全屏模式，如图 1-26 所示。在此模式下，编辑窗口最大化显示，图像窗口标题栏和文档属性栏被隐藏起来。

03 执行"视图"|"屏幕模式"|"全屏模式"，则 Photoshop 的所有组件均被隐藏起来，以获得图像的最大显示空间，如图 1-27 所示。此时图像以外的空白区域将变成黑色。

图1-25

图1-26

图1-27

04　还可以用鼠标左键长按工具栏的"更改屏幕模式"按钮⬚，在弹出的菜单中选择需要的屏幕显示模式选项。若单击"更改屏幕模式"按钮⬚，切换"全屏模式"时会弹出如图 1-28 所示的"信息"对话框，单击"全屏"按钮即可切换到全屏模式。按 Esc 键可返回标准屏幕模式。

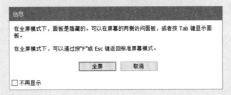

图1-28

Tips： 按 F 键能快速切换屏幕模式。按快捷键 Shift+Tab，可以显示或隐藏面板；按 Tab 键，可以显示或隐藏除图像窗口外的所有组件。

1.8　变换图像——缩放、旋转、斜切、扭曲、透视与变形

扫描观看

为了方便查看和编辑图像，会对图像进行缩放与旋转等操作，本节将学习具体的操作方法。

01　启动 Photoshop 2022 软件，执行"文件"|"打开"命令，打开图像素材。双击"图层"面板中的背景图层，将背景图层转化成可编辑图层，如图 1-29 所示。

图1-29

02　执行"编辑"|"变换"|"缩放"命令，图像四周将出现有 8 个控制点的变换框，如图 1-30 所示。

图1-30

03　鼠标指针位于变换框的控制点上时，会变成"↔"形状，此时单击并按住鼠标左键，向变换框内拖动，图像将缩小，如图 1-31 所示。当单击并按住鼠标左键，向变换框外拖动时，图像将放大，如图 1-32 所示。

图1-31

图1-32

04 当鼠标指针位于变换框四周，并显示为↰时，此时单击并按住鼠标左键向箭头方向拖动，即可对图像进行旋转。

05 所有操作结束后，按 Enter 键确认变换操作。

06 执行"编辑"|"自由变换"命令或快捷键 Ctrl+T 也可调出自由变换框，对图像进行缩放和旋转操作。

07 除了缩放与旋转，还能对图像进行斜切、扭曲、透视、变形等操作，具体的方法如下。

  斜切：执行"编辑"|"变换"|"斜切"命令，当鼠标指针位于变换框左右两侧，鼠标指针显示为↕时，此时单击并按住鼠标左键向上或向下拖动，即可对图像进行垂直方向的斜切处理，如图 1-33 所示。当鼠标指针位于变换框上下两侧鼠标指针显示为↔时，此时单击并按住鼠标左键向左或向右拖动，即可对图像进行水平方向的斜切处理。

图1-33

  扭曲：按 Esc 键取消操作，练习扭曲操作。执行"编辑"|"变换"|"扭曲"命令，当鼠标位于变换框的角点上，鼠标指针显示为▷时，单击并拖动鼠标可以扭曲图像，如图 1-34 所示。

图1-34

  透视：按 Esc 键取消操作，练习透视操作。执行"编辑"|"变换"|"透视"命令，当鼠标位于变换框的角点上，鼠标指针显示为▷时，单击并拖动鼠标可以进行透视变换，如图 1-35 所示。

图1-35

  变形：按 Esc 键取消操作，练习变形操作。执行"编辑"|"变换"|"变形"命令，图像将显示九宫格辅助线，拖动图像任意位置，即可对图像进行变形处理，如图 1-36 所示。

图1-36

Tips： 按住 Shift 键的同时对图层进行缩放和旋转操作，可以保持原缩放比例或等角度旋转。在自由变换状态下，当鼠标指针位于图像中央时，可以对图像进行移动。按住 Alt 键可以对自由变换框的中心点进行移动，图像的缩放和旋转将以拖移后的中心点为变换中心。

08 若只是需要视觉上（不修改图像）的旋转，可以利用"旋转视图工具"✋进行操作。单击工具箱中的"旋转视图工具"✋后，输入旋转角度或直接单击拖曳旋转。

  输入旋转角度旋转：在工具选项栏的"旋转角度"文本框内输入旋转角度，如输入 30°（或拖动属性栏中的指针）时，图像即可进行旋转，如图 1-37 所示。

  直接单击拖曳旋转：将鼠标移至图像上，鼠标指针显示为✋，如图 1-38 所示，即可通过单击拖曳任意旋转图像。

09 单击"旋转视图工具"选项栏的"复位视图"按钮，可以还原视图角度，也可以按 Esc 键，复位视图。

10 若需要对打开的多幅图像进行同时旋转，选中工具选项栏中的"旋转所有窗口"复选框即可。

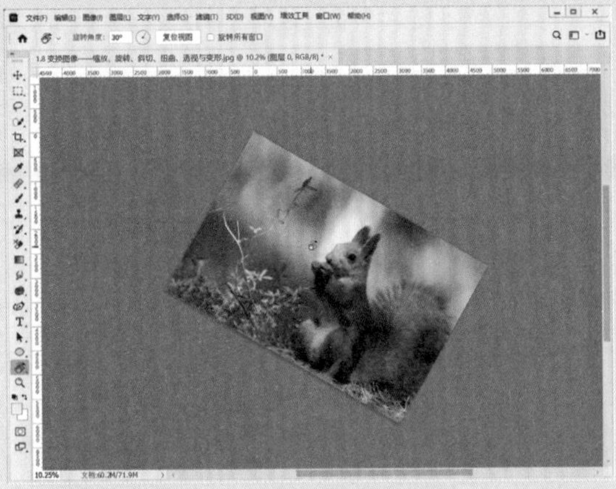

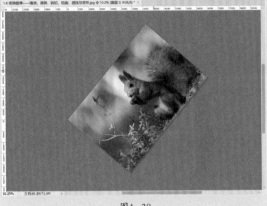

图1-37

图1-38

1.9　裁剪图像——裁剪工具

扫描观看

　　无损裁剪是图像编辑中的重要手段，可以自由选取需要的内容，还可以对倾斜的图像进行矫正，本节将学习如何在 Photoshop 2022 中无损地裁剪图像。

01　启动 Photoshop 2022 软件，执行"文件"|"打开"命令，打开图像素材。

02　选择工具箱中的"裁剪工具" ，在工具选项栏中选择裁剪的默认设置"比例"，如图 1-39 所示。

图1-39

图1-40

03　若选择"1:1（方形）"选项，此时裁剪框将按 1:1 的比例确定，如图 1-40 所示。

04　前面已经学习如何对图像进行缩放和旋转，此时的裁剪操作框也能用相同的方法进行缩放和旋转。

05　确定裁剪区域后，如图 1-41 所示，按 Enter 键确认裁剪，如图 1-42 所示。

图1-41

图1-42

扫描观看

1.10 裁剪功能——透视裁剪工具

前文学习的"裁剪工具"只能严格按照矩形的区域进行裁剪，而使用"透视裁剪工具"可以在裁剪时调整图像的透视效果，这样就可以对倾斜的图像进行校正，使画面的构图更加完美。

06 若在裁剪时选中了工具选项栏中的"删除裁剪的像素"复选框，则裁剪后非裁剪框的内容将被删除。若未选中此复选框，如果觉得背景裁剪过多时可以重新选择"裁剪工具"〽，拉大裁剪框进行裁剪，恢复已经裁剪的区域。

01 启动 Photoshop 2022 软件，执行"文件"|"打开"命令，打开图像素材。

02 选择工具箱中的"透视裁剪工具"〽，在画面中单击并拖动鼠标，框选需要裁剪的区域，如图 1-43 所示。

03 用鼠标拖动裁剪选区或通过调整裁剪区域 4 个角的控制点来确定裁剪区域，可以在工具选项栏中选中"显示网格"复选框，显示网格。

04 通过移动裁剪区域控制点，使裁剪的边与需要摆正的边重合，如图 1-44 所示。

05 双击或按 Enter 键确认裁剪，就完成了透视裁剪操作，裁剪后的效果如图 1-45 所示。

图1-43

图1-44　　　　图1-45

1.11 操控角度——标尺工具

扫描观看

在实际使用中，"标尺工具"多用来在设计中为图像创建参考线，也可以对图像进行精准测量。

01 启动 Photoshop 2022 软件，执行"文件"|"打开"命令，打开图像素材。

02 在工具箱中按住"吸管工具" ✂ 按钮两秒左右，在弹出的菜单中选择"标尺工具" 〇。

03 选中"标尺工具"后，单击图像上的一点，按住鼠标不放，拖至另外一个点后释放鼠标。此时工具选项栏中将显示所画参考线的起始点、结束点、角度、长度等一系

列数值，如图 1-46 所示。

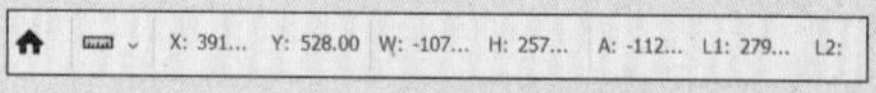

X: 391... Y: 528.00 W: -107... H: 257... A: -112... L1: 279... L2:

图1-46

04 若要清除标尺线，单击工具选项栏中的"清除"按钮即可。

05 若发现图像倾斜，可以使用"标尺工具" ⎯⎯⎯对图像进行拉直。先沿着需要拉直的方向画一条标尺线，如图1-47所示。

图1-47

图1-48

06 单击属性栏中的"拉直图层"按钮，图像会自动根据标尺线进行拉直操作，如图1-48所示。

07 再次裁剪，将画面外的内容裁掉，使图像更美观，如图1-49所示。

> **Tips:** 在按住鼠标左键的情况下按住Shift键，可以限制绘制方向，画出倾斜角度为0°、45°、90°的标尺线。

图1-49

1.12 控制图像方向——翻转图像

扫描观看

前文学习了对图像进行旋转与缩放的方法，与旋转操作类似，有时我们需要对图像进行翻转。与图像的旋转与缩放不同的是，这里针对的是单个图层。

01 启动 Photoshop 2022软件，执行"文件"|"打开"命令，打开图像素材。

02 执行"图像"|"图像旋转"|"180度"命令，图像将旋转180°，如图1-50所示。

03 执行"图像"|"图像旋转"子菜单下的其他命令，可以进行其他方向的翻转。

04 双击背景图层，将背景图层转化为可编辑图层，执行"编辑"|"变换"|"垂直翻转"命令，按Enter键确认，如图1-51所示。

图1-50

图1-51

05 同样，可以执行"编辑"|"变换"|"水平翻转"命令，按 Enter 键确认并保存。

06 执行"文件"|"存储"命令或按快捷键 Ctrl+S 保存翻转后的图像。

1.13 工具管理——应用辅助工具

　　1.11 节学习了如何利用"标尺工具"拉直图像，本节学习它的另一个辅助功能，以及其他辅助工具，如网格、切片和注释等。辅助工具不能直接用来编辑图像，但可以帮助更精准地编辑图像。

01 启动 Photoshop 2022 软件，执行"文件"|"打开"命令，打开图像素材，如图 1-52 所示。

图 1-52

02 执行"视图"|"标尺"命令或按快捷键 Ctrl+R 显示标尺，按住鼠标左键在水平标尺或垂直标尺上拖出参考线，如图 1-53 所示。

图 1-53

03 将鼠标指针移至参考线上，按住鼠标左键拖动，即可调整参考线的位置；如果要隐藏参考线，按快捷键 Ctrl+H 或执行"视图"|"显示"|"参考线"命令，即可隐藏显示的参考线；如果要清除参考线，执行"视图"|"清除参考线"命令；如果要锁定参考线，执行"视图"|"锁定参考线"命令。

04 如果要精确调整参考线位置，执行"视图"|"新建参考线"命令，在弹出的对话框中设置参考线参数即可。

05 执行"视图"|"显示"|"网格"命令，将在图像中显示网格。按快捷键 Ctrl+K，弹出"首选项"对话框，选中"参考线、网格和切片"选项卡，在其中可以调整网格的颜色、间隔大小和样式，如图 1-54 所示，单击"确定"按钮即可看到网格的变化。

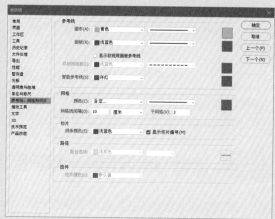

图 1-54

06 采用同样的方法，也可以对参考线的颜色和样式进行调整。

07 单击工具箱中的"切片工具" ✐，将鼠标指针移至画布中间，按住鼠标左键，在想要切片的地方拉出一个矩形框，图像将出现一个有蓝色数字标识的四方形区域，这就是将要切开的区域，如图 1-55 所示。

图 1-55

08 若需要对切片内容进行调整，选择工具箱中的"切片工具" ✐后，在画面中右击，在弹出的快捷菜单中选择"编辑切片"命令，在弹出的"切片选项"对话框中对切片的名称、位置和大小进行调整。

09 若要等距水平或垂直划分切片，选择工具箱中的"切片工具"后，在画面中右击，在弹出的快捷菜单中选择"划分切片"选项，在弹出的对话框中选中"水平划分为"或"垂直划分为"单选按钮，并输入切片数量即可。

10 若要基于参考线进行切片划分，在工具选项栏中单击"基于参考线的切片"按钮。

11 执行"文件"|"存储为 Web 所用格式"命令进行文件保存。

12 选择工具箱中的"注释工具" 📰，单击画面中想要添加注释的位置，此时会显示一个注释框，输入想要添加的文字内容即可。若要删除注释，选中该注释图标，右击，在弹出的快捷菜单中选择"删除注释"或"删除所有注释"命令即可。

扫描观看

1.14 管理图像颜色——转换颜色模式

在计算机显示器中看到的图像颜色和实际印刷出来的颜色会有所差异，是因为颜色模式的不同。常用的图像颜色模式分为 RBG 和 CMYK。目前大多数显示器采用 RGB 颜色模式，相比 CMYK 模式，其颜色更加丰富和饱满。CMYK 模式主要是针对印刷设定的颜色标准，CMYK 代表青色、洋红、黄色、黑色，这 4 种印刷专用的油墨颜色，也是 Photoshop 软件中 CMYK 模式下 4 个通道的颜色。

01 启动 Photoshop 2022 软件，执行"文件"|"新建"命令或按快捷键 Ctrl+N 新建一个文件，在弹出的对话框中选择颜色模式，如图 1-56 所示。

图1-56

02 将本节素材拖入文档中，调整大小后按 Enter 键确认。在图像窗口标题栏中可以看到文件的名称、缩放信息和色彩模式信息；在"通道"面板中可以看到这个图像是由"红""绿""蓝"3 个通道组成的，如图 1-57 所示。

图1-57

03 执行"图像"|"模式"|CMYK 命令，将图像转化

为 CMKY 模式。此时的图像与 RBG 模式相比略微变暗，图像窗口标题栏处的文件色彩模式也显示为 CMYK 模式。在"通道"面板中，可以看到这幅图像是由"青色""洋红""黄色"和"黑色"4 个通道组成的，如图 1-58 所示。

图1-58

04 将图像转成"黑白"。执行"图像"|"模式"|"灰度"命令，扔掉颜色信息，将图像转换为灰度模式，灰度模式下图像没有颜色信息。

05 在灰度模式下，执行"图像"|"模式"|"双色调"命令，可以将图像转换为双色调模式，双色调模式用于特殊色彩输出，也可以选择三色调或四色调。采用曲线来设置各种颜色的油墨，如图 1-59 所示，可以得到比单一通道更丰富的色调层次，在印刷中表现出更多的细节。

图 1-59

06　位图模式只有纯黑和纯白两种颜色，只保留了亮度信息，主要用于制作单色图像或艺术图像。只有在灰度模式和双色调模式下，图像才能转换为位图模式。

1.15　优化技术——设置内存和暂存盘

　　在用 Photoshop 处理图像时会产生大量的数据，这些数据在默认情况下存在 C 盘。若 C 盘文件过多将影响计算机性能，甚至出现 Photoshop 因内存不足自动退出的情况，这时可以选择修改暂存盘并设置使用内存来进行优化。

01　启动 Photoshop 2022 软件，执行"编辑"|"首选项"|"性能"命令或按快捷键 Ctrl+K，在弹出对话框的"性能"选项卡中找到"暂存盘"选项区，如图 1-60 所示。默认情况下暂存数据保存在 C 盘。取消选中 C 盘，选中其他容量较大的盘符，单击"确定"按钮，完成暂存盘设置。

02　当要调整 Photoshop 的使用内存时，向右拖曳"内存使用情况"选项区下方的滑块，或在文本框中输入更大的数值，如图 1-61 所示，单击"确定"按钮，完成内存设置。

图1-61

图1-60

1.16　对象选择工具——荷塘飞鸟（新功能）

　　Photoshop 2022 新增了"对象选择工具"，可以快速识别画面中的主体对象并创建选区，帮助用户单独提取对象，具体的操作方法如下。

01　启动 Photoshop 2022 软件，执行"文件"|"打开"命令，打开图像素材，如图 1-62 所示。双击背景图层，将其转换为普通图层。

图1-63

图1-62

02　在工具箱中选中"对象选择工具"，将鼠标指针置于海鸟上，系统自动识别图像并填充淡蓝色，如图 1-63 所示。

03　此时在海鸟图像上单击创建选区。按快捷键 Ctrl+J，将海鸟单独提取出来，如图 1-64 所示。

图1-64

04 执行"文件"|"打开"命令,打开荷叶图像素材,将已经提取的海鸟图像移动过来,制作结果如图1-65所示。

图1-65

1.17 图框工具——月亮里的舞蹈(新功能)

扫描观看

利用"图框工具",可以创建矩形图框与圆形图框。调整图框的大小与位置后,可以将指定的图像拖入图框内。放置到图框中的图像可以调整尺寸,以适应图框的大小,具体的操作方法如下。

01 执行"文件"|"打开"命令,打开图像素材,如图1-66所示。

02 在工具箱中选择"图框工具"⊠,在工具选项栏中选择"椭圆画框"⊗,参考月亮的尺寸绘制图框,如图1-67所示。

图1-66

图1-67

03 执行"文件"|"打开"命令,打开"西域舞女"素材,如图1-68所示。

图1-68

04 将"西域舞女"图像拖至椭圆图框中,并调整大小与位置,制作结果如图1-69所示。

图1-69

1.18 神经滤镜之皮肤平滑度——改善敏感肌（新功能）

　　使用神经滤镜（Neural Filters）中的"皮肤平滑度"功能，可以有效改善皮肤质量，提升质感。在人像精修工作中，利用该功能可以快速、有效地改善面部皮肤的某些不足，具体的操作方法如下。

01　执行"文件"|"打开"命令，打开"敏感肌女孩"素材，如图 1-70 所示。

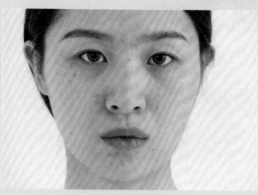

图 1-70

02　执行"滤镜"|Neural Filters 命令，打开 Neural Filters 对话框。在右侧的列表中选择"皮肤平滑度"选项，系统自动识别人脸，并开始执行修改操作。在右侧的参数栏中，通过调整"模糊"和"平滑度"滑块，并实时观察修改的结果，如图 1-71 所示。

图 1-71

03　单击"确定"按钮完成编辑，改善面部皮肤的效果如图 1-72 所示。

图 1-72

第2章
运用选区

　　选区的运用在 Photoshop 中极其重要，创建选区即指定图像编辑操作的有效区域，可以用来处理图像的局部像素。创建选区的操作，基本是采用选框工具，包括规则的选框工具和不规则的选框工具。其中规则的选框工具包括矩形选框工具、椭圆选框工具、单行选框工具、单列选框工具；不规则的选框工具包括套索工具、多边形套索工具、磁性套索工具、快速选择工具和魔棒工具。

2.1　移动选区——睡觉的猫咪

扫描观看

　　Photoshop 在处理图像时，要指定操作的有效区域，即选区。本节学习移动选区的方法。

01　启动 Photoshop 2022，执行"文件"|"打开"命令，打开"猫咪"素材，如图 2-1 所示。

图2-1

02　再次执行"文件"|"打开"命令，打开"小人"素材，如图 2-2 所示。

图2-2

03　在工具箱中选择"快速选择工具" ，在红衫小人图像上单击，创建选区，如图 2-3 所示。

图2-3

04　在工具箱中选择"移动工具" ，将红衫小人移至"猫咪"素材中，并放置到合适的位置，如图 2-4 所示。若要对选区进行细微调整，可以通过按键盘上的↑、↓、←、→键进行。

图2-4

05　采用同样的方法为"绿衫小人"创建选区，并将其移至"猫咪"素材中的合适位置，如图 2-5 所示。

06　使用"画笔工具" ，为两个小人添加投影，如图 2-6 所示。

图2-5

图2-6

2.2 矩形选框工具——质感外框

扫描观看

"矩形选框工具"可以创建规则的矩形选区，本节学习利用矩形选区制作质感外框的方法。

01　启动 Photoshop 2022，执行"文件"|"打开"命令，打开"舞狮贺新春"素材，如图 2-7 所示。

图2-7

02　将鼠标指针放置在标尺上，按住鼠标左键不放，向画布内拖动，创建参考线，如图 2-8 所示。

图2-8

03　在工具箱中选择"矩形选框工具" ，沿着图像的外轮廓绘制选区。在工具选项栏中单击"从选区减去"按钮 ，沿着参考线在图像内部绘制选区，如图 2-9 所示。

04　新建图层，命名为"选区"。将前景色设置为白色（#ffffff），按快捷键 Alt+Del，在选区内填充前景色，如图 2-10 所示。

图2-9

图2-10

05　执行"文件"|"打开"命令，打开"磨砂背景"素材，并将素材放置在选区中，如图 2-11 所示。

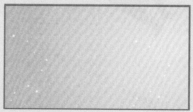

图2-11

06　将鼠标指针放置在"磨砂背景"与"选区"图层之间，按住 Alt 键并单击，创建剪贴蒙版，制作结果如图 2-12 所示。

Photoshop平面设计从新手到高手（第2版）（微课视频版）

图2-12

扫描观看

Tips: 工具选项栏中除了可以选择"添加到选区"，也可以选择"从选区减去"和"与选区交叉"，还可以设置数值，创建固定比例或固定大小的选区。

2.3 椭圆选框工具——平安快乐

"椭圆选框工具"和"矩形选框工具"类似，同样可以创建规则的选区，但与"矩形选框工具"不同的是，因为椭圆选区的边缘为弧形，所以比"矩形选框工具"多了"消除锯齿"选项。

01　启动 Photoshop 2022，执行"文件"|"打开"命令，打开"圣诞节的苹果"素材，如图 2-13 所示。

图2-13

02　选择工具箱中的"椭圆选框工具"◯，按住 Shift 键并单击拖曳，创建两个正圆形选区，如图 2-14 所示。

图2-14

Tips: 创建椭圆形选区时，按住 Alt 键将以单击点为中心向外创建椭圆选区；按 Shift 键将创建正圆形选区；按 Alt+Shift 键将以单击点为圆心创建正圆形选区。

03　单击"图层"面板中的"创建新图层"按钮 ⊞，创

建一个空白图层。

04　在弹出的"拾色器（前景色）"对话框中将前景色设置为深红色（ # 510c0a），如图 2-15 所示。

图2-15

05　按快捷键 Alt+Del，为椭圆选区填充前景色，如图 2-16 所示。

图2-16

06　继续定义椭圆选区，新建图层，为椭圆选区填充白色（#ffffff），如图 2-17 所示。

图2-17

图2-18

07 在工具箱中选中"套索工具"♀，新建图层并绘制选区，并分别填充深红色（＃510c0a）与白色（#ffffff），如图2-18所示。

08 重复上述操作，为其他苹果绘制眼睛和嘴巴，结果如图2-19所示。

图2-19

2.4 单行和单列选框工具——添加装饰线

扫描观看

　　"单行选框工具"和"单列选框工具"用于创建高度为1像素的行或宽度为1像素的列。本节将结合网格，巧妙利用"单行选框工具"和"单列选框工具"添加装饰线，具体的操作方法如下。

01 启动Photoshop 2022，执行"文件"|"打开"命令，打开"寒梅"素材，如图2-20所示。

图2-20

02 将鼠标指针放置在标尺上，按住鼠标左键，向画布内拖动创建参考线，如图2-21所示。

图2-21

03 选择工具箱中的"单行选框工具"═，借助参考线，创建单行选区，如图2-22所示。

图2-22

04 执行"选择"|"修改"|"扩展"命令，在弹出的"扩展选区"对话框的"扩展量"文本框中输入3，将1像素的单行选区扩展成高为3像素的矩形选区，如图2-23所示。

图2-23

05 单击"图层"面板中的"创建新图层"按钮 ⊞，新建一个空白图层。设置前景色为土黄色（#89744a），按快捷键 Alt+Del 为选区填充前景色，按快捷键 Ctrl+D 取消选区，如图 2-24 所示。

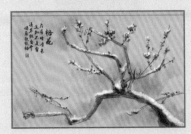

图2-24

06 选择工具箱中的"单列选框工具" ，采用相同的方法绘制并扩展选区。新建图层，再填充前景色，如图 2-25 所示。

图2-25

07 重复上述操作，继续绘制装饰线，结果如图 2-26 所示。

图2-26

08 选择"橡皮擦工具" ，擦除一部分装饰线，制作结果如图 2-27 所示。

图2-27

2.5 套索工具——手账字体

扫描观看

套索工具组包含"套索工具""多边形套索工具"和"磁性套索工具"，能够创建不规则的选区，在抠图时经常会用到。

01 启动 Photoshop 2022，执行"文件"|"打开"命令，打开图像素材，如图 2-28 所示。

图2-28

02 单击"图层"面板中的"创建新图层"按钮⊞，新建一个空白图层。

03 选择工具箱中的"套索工具" ，按住鼠标左键并拖动，创建一个不规则选区，如图 2-29 所示。

图2-29

04 将前景色设置为蓝色（#15396b），按快捷键 Alt+Del 为选区填充前景色，如图 2-30 所示。

05 执行"选择"|"修改"|"收缩"命令，在弹出的"收缩选区"对话框中设置"收缩量"为5，如图2-31所示。

图2-30　　　　　图2-31

06 单击"确定"按钮，向内收缩选区的结果，如图2-32所示。

07 将前景色设置为黄色（#ffcf53），按快捷键Alt+Del为选区填充前景色，如图2-33所示。

图2-32　　　　　图2-33

08 按快捷键Ctrl+D取消选区。

09 选择"椭圆工具"○，绘制白色椭圆形，并按住Alt键移动复制多个椭圆形，用来填满字母I，如图2-34所示。

10 单击"图层"面板中的"创建新图层"按钮□，新建一个空白图层。

11 选择工具箱中的"套索工具"○，按住鼠标左键并拖动，绘制一个心形选区，并填充蓝色（#15396b），如图2-35所示。

图2-34　　　　　图2-35

12 使用"画笔工具"✎，在心形内绘制love字母，如图2-36所示。

图2-36

13 单击"图层"面板中的"创建新图层"按钮□，新建一个空白图层。

14 选择工具箱中的"套索工具"○，按住鼠标左键并拖动，绘制一个U形选区，并填充蓝色（#15396b），如图2-37所示。

15 执行"选择"|"修改"|"收缩"命令，在弹出的对话框中设置"收缩量"为5，并向收缩的选区内填充黄色（#ffcf53），如图2-38所示。

图2-37　　　　　图2-38

16 选择"椭圆工具"○，绘制白色椭圆形，并按住Alt键移动复制多个椭圆形，填满字母U，如图2-39所示。

图2-39

2.6 多边形套索工具——珠宝会员卡

扫描观看

　　使用"套索工具"时，选区的形状比较随意，边缘不规整。本节学习的"多边形套索工具"通过直线构建选区更容易控制，同时使选区更规则，具体的操作方法如下。

01 启动Photoshop 2022，执行"文件"|"打开"命令，打开"会员卡"素材，如图2-40所示。

02 再次执行"文件"|"打开"命令，打开"钻石"素材。

Photoshop平面设计从新手到高手（第2版）（微课视频版）

图2-40

03 选择工具箱中的"多边形套索工具" ⅴ ，在工具选项栏中单击"新选区"按钮□。在画面中单击，此时移动鼠标指针，将拖出一条线，再次单击即可固定一条选区线。沿着钻石的外轮廓绘制闭合选区，如图2-41所示。

图2-41

04 选择"移动工具" ⊕ ，将选区内的钻石拖至会员卡素材中，并放置在合适的位置，如图2-42所示。

图2-42

05 选择"钻石"图层，按快捷键 Ctrl+J，复制图层，并命名为"倒影"。

06 选择"倒影"图层，按快捷键 Ctrl+T，进入变换模式。右击，在弹出的快捷菜单中选择"垂直翻转"命令，翻转钻石图像的效果如图2-43所示。

图2-43

07 单击"图层"面板下方的"添加矢量蒙版"按钮 □ ，为"倒影"图层添加蒙版。选择"画笔工具" ✎ ，在蒙版中涂抹，隐藏钻石的一部分，创造倒影的效果，如图2-44所示。

图2-44

2.7 磁性套索工具——大联欢

扫描观看

"磁性套索工具"可以自动识别较清晰的图像边缘，与"多边形套索工具"相比更智能。

01 启动 Photoshop 2022 软件，执行"文件"|"打开"命令，打开"背景"素材，如图2-45所示。

02 再次执行"文件"|"打开"命令，打开"卡通动物"素材，如图2-46所示。

03 选择工具箱中的"磁性套索工具" ⅴ ，在动物图像的边缘处单击，如图2-47所示。

图2-45

图2-46

04 将鼠标指针沿动物边缘拖动，出现一系列锚点和线，并吸附在图像边缘，如图 2-48 所示。

图2-47   图2-48

05 将鼠标指针移至初始锚点处并单击，封闭选区，如图 2-49 所示。若在绘制选区的过程中双击，将直接创建选区（双击处和初始锚点将以直线连接）。

06 选择"移动工具"✛，将动物图像拖至"背景"素材中，并放置在合适的位置，如图 2-50 所示。

图2-49

图2-50

07 重复上述操作，继续提取其他动物图像，并放置到"背景"素材的草坪上，如图 2-51 所示。

图2-51

08 最后为动物图像添加投影，完整制作，如图 2-52 所示。

图2-52

2.8 快速选择工具——空间站

扫描观看

"快速选择工具"的使用方法与"画笔工具"类似，通过涂抹的方式，选区自动扩展到图像的明显边缘，具体的操作方法如下。

01 启动 Photoshop 2022 软件，执行"文件"|"打开"命令，打开"空间站"素材，如图 2-53 所示。

02 选择工具箱中的"快速选择工具"，在空间站图像上按住鼠标左键并拖动，选区自动扩展，如图 2-54 所示。

图2-53

图2-54

Tips: 在工具选项栏中单击"添加到选区"按钮，涂抹区域将添加到原选区中；也可以单击"从选区减去"按钮，将多余的选区从原选区中排除。

03　选择空间站图像后，按快捷键 Ctrl+Shift+I，反向选择背景，再按 Del 键删除背景，这样就可以将空间站图像提取出来了。最后按快捷 Ctrl+D 取消选区。

04　执行"文件"|"打开"命令，打开"太空背景"素材。

05　切换到"空间站"图像，选择 "移动工具"✛，将提取出来的"空间站"图像拖至太空背景素材中，按快捷键 Ctrl+T，调整图像大小和位置，如图2-55 所示。

图2-55

06　重复上述操作，继续在太空背景素材的右下角放置另一个空间站，制作结果如图 2-56 所示。

图2-56

2.9　魔棒工具——托着琵琶跳舞的女子

扫描观看

"魔棒工具"和"快速选择工具"的使用方法类似，都可以快速选择色调相近的区域。不同于"快速选择工具"通过涂抹方式来确定选区，"魔棒工具"通过单击即可创建选区。

01　启动 Photoshop 2022 软件，执行"文件"|"打开"命令，打开"舞者"素材，如图 2-57 所示。

02　选择"魔棒工具"✦，在工具选项栏中设置"容差"值为20。

Tips: "容差"即颜色取样的范围，容差值越大，选择的像素范围越大；反之，容差值越小，选择的像素范围越小。

03　在白色背景处单击，将背景定为选区，如图2-58所示。

04　双击"图层"面板中的背景图层，将背景图层转为可编辑图层，按 Del 键删除选区内的像素，如图2-59 所示，按快捷键 Ctrl+D 取消选区。

图2-57

图2-58

05　执行"文件"|"打开"命令，打开"荷花背景"素材。

06　切换到舞女文档。选择"移动工具"✛，将提取的图像拖至背景文档中，按快捷键 Ctrl+T，调整图像大小和位置，完成图像制作，如图 2-60 所示。

图2-59

图2-60

2.10 色彩范围——白衣加色

扫描观看

"色彩范围"命令和"魔棒工具"类似，都是通过识别颜色范围来确定选区。与"魔棒工具"不同的是，"色彩范围"命令的颜色选择精度更高。

01 启动 Photoshop 2022 软件，执行"文件" | "打开"命令，打开"油菜花女孩"素材，如图 2-61 所示。

图2-61

02 执行"选择" | "色彩范围"命令，弹出"色彩范围"对话框。

03 在"选择"下拉列表中，选择"取样颜色"选项，在选区预览图中选中"图像"单选按钮，如图 2-62 所示。移动鼠标指针到选区，当鼠标指针变成吸管形状时，单击女孩图像中的衣服。

图2-62

04 选中选区预览图中的"选择范围"单选按钮，预览

区域变成黑白图像，如图 2-63 所示。白色代表被选中的区域；黑色代表未被选中区域；不同程度的灰色代表图像被选中的程度，即"羽化"的选区。

图2-63

05 通过调节"颜色容差"值，来确定选取颜色的程度；单击"添加到取样"按钮可添加颜色，单击"从取样中减去"按钮可减去颜色；在"选区预览"下拉列表中可选择其他选区预览，如图 2-64 所示。

图2-64

06 单击"确定"按钮关闭对话框，即创建了选区，如图 2-65 所示。

07 选择"套索工具"，在工具选项栏中单击"从选区减去"按钮，删除多余的选区，如图 2-66 所示。

图2-65   图2-66

08 单击"图层"面板中的"创建新图层"按钮，创建一个新图层。

09 将前景色设置为绿色（#024b00），按快捷键 Alt+Del 为选区在新图层填充颜色，如图 2-67 所示，按快捷键 Ctrl+D 取消选区。

图2-67

10 将图层混合模式设置为"颜色"，如图 2-68 所示。

图2-68

11 此时衣裳的纹理更清晰，修改颜色的操作完成，如图 2-69 所示。

图2-69

Tips: "色彩范围"对话框中的"存储"按钮可以将当前设置保存为选区预设；"载入"按钮可以载入选区预设文件；选中"反相"复选框可以反选选区；选中"本地化颜色簇"复选框，可以调节选区范围与取样点的距离。

2.11 肤色识别选择—提亮肤色

扫描观看

编辑图像时经常需要选择人物的皮肤，然后进行后续的处理。Photoshop 的"色彩范围"命令中，有专门针对人物肤色识别的功能，大幅简化了抠图操作步骤，具体的操作方法如下。

01 启动 Photoshop 2022 软件，执行"文件"|"打开"命令，打开"女孩"素材，如图 2-70 所示。

图2-70

02 执行"选择"|"色彩范围"命令，弹出"色彩范围"对话框。

03 在"选择"下拉列表中，选择"肤色"选项，如图

2-71 所示。

图2-71

04 调整"颜色容差"值为 96，确定选择肤色的范围，如图 2-72 所示。

图2-72

Tips: 在"肤色"模式下，选中"检测人脸"复选框能帮助更好地选择区域。

05 单击"确定"按钮关闭对话框，人物的皮肤区域便选好了，如图2-73所示。

图2-73

06 在"图层"面板的下方单击"创建新的填充或调整

图层"按钮 ⊘.，在弹出的菜单中选择"亮度／对比度"选项，如图2-74所示。

07 创建"亮度／对比度"调整图层，设置"亮度"和"对比度"参数，如图2-75所示。

图2-74　　　　图2-75

08 提亮肤色的效果如图2-76所示。

图2-76

2.12 羽化选区——幼苗与大树

扫描观看

羽化选区主要是使选区的边缘变得柔和，实现选区内与选区外图像的自然过渡，具体的操作方法如下。

01 启动 Photoshop 2022 软件，执行"文件"|"打开"命令，打开"大树"素材，如图2-77所示。

图2-77

02 选择"套索工具" ♀.，按住鼠标左键并拖曳，围绕

大树图像创建选区，如图2-78所示。

图2-78

03 执行"选择"|"修改"|"羽化"命令，或按快捷键 Shift+F6，弹出"羽化"对话框，设置参数如图2-79所示。

图2-79

04 双击"图层"面板中的"背景"图层，将其转为可编辑图层。

05 按快捷键 Shift+Ctrl+I 反选选区，如图 2-80 所示。

图2-80

06 按 Del 键删除区域中的图像，按快捷键 Ctrl+D 取消选区，如图 2-81 所示。

07 执行"文件"|"打开"命令，打开"蓝天背景"素材。切换到"大树"文档，选择"移动工具"✛，将

提取出来的大树图像拖入"蓝天背景"文档。按快捷键 Ctrl+T 调整其大小和位置，完成图像制作，如图 2-82 所示。

图2-81

图2-82

2.13 变换选区——质感阴影

扫描观看

变换选区是对选区进行一系列的变换操作，例如缩放、旋转、斜切、扭曲、透视和变形，具体的操作方法如下。

01 启动 Photoshop 2022 软件，执行"文件"|"打开"命令，打开"猫咪与蝴蝶"素材，如图 2-83 所示。

图2-83

02 选中"图层"面板中的"猫咪与蝴蝶"图层，按住 Ctrl 键，单击图层缩略图，为"猫咪与蝴蝶"图层创建选区，如图 2-84 所示。

图2-84

03 单击"图层"面板中的"创建新图层"按钮 ⊞。将前景色设置为黑色，按快捷键 Alt+Del 为选区填充前景色。

04 选择"移动工具"✛，将黑色阴影向左上角移动，如图 2-85 所示。

图2-85

05 按快捷键 Ctrl+T，进入自由变换模式。将鼠标指针置于定界框的角点，按住鼠标左键不放，缩放阴影，如图 2-86 所示。

06 选择"画笔工具"✐，补齐阴影，如图 2-87 所示。

07 执行"滤镜"|"模糊"|"高斯模糊"命令，为阴影添加模糊效果，完成图像制作，如图 2-88 所示。

图2-86

图2-87

图2-88

2.14 反选选区——虎年吉祥

扫描观看

在前面的实例操作中常用快捷键 Shift+Ctrl+I 反选选区，本节将进一步详细介绍反选选区的特别作用。

01　启动 Photoshop 2022 软件，执行"文件"|"打开"命令，打开"虎年吉祥"素材，如图 2-89 所示。

图2-89

02　单击"快速选择工具"，在"虎年吉祥"素材的白色背景上单击创建选区，将背景选中，如图 2-90 所示。

图2-90

03　执行"选择"|"反选"命令，或按快捷键 Shift+Ctrl+I 将选区反向，此时图像为被选中的状态，如图 2-91 所示。

图2-91

04　按快捷键 Ctrl+J，复制选区内容，再关闭"虎年吉祥"背景素材，提取图像的结果如图 2-92 所示。

05　执行"文件"|"打开"命令，打开"新年背景"素材，

06　使用"移动工具"，将提取出来的图像拖至"新年背景"素材中，如图 2-93 所示。

图2-92

图2-93

07　双击图形图层，打开"图层样式"对话框，选择"投影"选项卡，设置参数如图 2-94 所示。

图2-94

08　单击"确定"按钮关闭对话框，为图形添加投影效果，结果如图 2-95 所示。

图2-95

Photoshop平面设计从新手到高手（第2版）（微课视频版）

2.15 运用快速蒙版编辑选区——水边的火烈鸟

快速蒙版可以将选区转换为临时蒙版图像，通过画笔等工具编辑蒙版之后释放，便能将蒙版图像转换为选区，具体的操作方法如下。

01 启动 Photoshop 2022 软件，执行"文件"|"打开"命令，打开"火烈鸟"素材，如图 2-96 所示。

图2-96

02 选择工具箱中的"快速选择工具" ，创建火烈鸟选区，如图 2-97 所示。

图2-97

03 执行"选择"|"在快速蒙版模式下编辑"命令或单击"以快速蒙版模式编辑"按钮 ，进入快速蒙版编辑模式。此时，选区外的颜色变成半透明的红色，如图 2-98 所示。

图2-98

04 将工具箱中的前景色和背景色分别设置为黑色或白色（若前景色不是白色，单击工具箱中的"切换前景色和背景色"按钮 ，将白色切换到前景色）。

05 选择工具箱中的"画笔工具" ，在工具选项栏中设置"画笔大小"为 50，"不透明度"为 50%，涂抹正中间火烈鸟头部的光亮区域，涂抹处将被添加到选区，如图 2-99 所示。若用黑色涂抹选区，则可将涂抹处排除到选区之外。

图2-99

06 单击工具箱中的"以标准模式编辑"按钮 ，回到正常模式，新的选区便出现了，如图 2-100 所示。

图2-100

07 双击"图层"面板中的"背景"图层，将其转为可编辑图层。

08 按快捷键 Shift+Ctrl+I 反选选区，按 Del 键删除反选区域，火烈鸟和光亮便一起抠出来了，如图 2-101 所示。按快捷键 Ctrl+D 取消选区。

图2-101

09 执行"文件"|"打开"命令，打开"背景"素材。切换到"火烈鸟"文档，选择工具箱中的"移动工具" ，将抠出的图像拖入背景文档，按快捷键 Ctrl+T，调整图像大小和位置后按 Enter 键确认，如图 2-102 所示。

图2-102

图2-103

10　在火烈鸟图层的下方新建一个图层。选择"渐变工具" ，设置前景色为浅黄色（# fbee97），单击"径向渐变"按钮 ，拖动鼠标填充径向渐变。更改渐变所在图层的混合模式为"变亮"，"不透明度"为88%，效果如图2-103所示。

2.16 扩展选区——勇闯"题"海

扫描观看

　　在调整选区边缘时，经常要对选区进行扩展或者收缩操作，本节将用一个实例来介绍如何进行选区扩展，具体的操作方法如下。

01　启动 Photoshop 2022 软件，执行"文件"|"打开"命令，打开"勇闯题海"素材，如图2-104所示。

图2-104

02　按住 Ctrl 键单击图层缩略图，为人物创建选区，如图2-105所示。

图2-105

03　执行"选择"|"修改"|"扩展"命令，弹出"扩展选区"对话框，输入"扩展量"为30，如图2-106所示。

04　单击"确定"按钮，观察扩展选区后的效果，如图2-107所示。

图2-106

图2-107

05　单击"图层"面板中的"创建新图层"按钮 ，创建新图层，并移至人物图层下方。

06　双击工具箱中的前景色按钮，在弹出的"拾色器（前景色）"对话框中选择黑色（#000000），如图2-108所示，单击"确定"按钮关闭对话框。

图2-108

07　按快捷键 Alt+Del 为选区填充前景色，制作结果如
图 2-109 所示。

图2-109

扫描观看

2.17　描边选区——这次活动很大

描边选区就是为选区添加边缘线条，即为边缘加上边框，具体的操作方法如下。

01　启动 Photoshop 2022 软件，执行"文件"|"打开"
命令，打开"字体"素材，如图 2-110 所示。

图2-110

02　按住 Ctrl 键，单击"文字"图层缩略图，为文字创
建选区，如图 2-111 所示。

03　执行"编辑"|"描边"命令，在弹出的"描边"对话
框中设置"宽度"为3像素，单击"颜色"色块，选择
黄色（#ffe421），位置为"内部"，如图 2-112 所示。

图2-111

图2-112

04　单击"确定"按钮完成描边，描边效果如图 2-113
所示，按快捷键 Ctrl+D 取消选区。

图2-113

05　按住 Ctrl 键，单击文字图层缩略图，为文字创建选区，
如图 2-114 所示。

图2-114

06　执行"编辑"|"描边"命令，在弹出的"描边"对
话框中设置"宽度"为 20 像素，单击"颜色"色块，
选择黑色（#000000），"位置"为"居外"，如
图 2-115 所示。

图2-115

07　单击"确定"按钮，描边效果如图 2-116 所示，按
快捷键 Ctrl+D 取消选区。

图2-116

08 创建文字选区，在"描边"对话框中设置"宽度"为15，颜色为红色（#f82840），"位置"为"居外"，描边效果如图 2-117 所示。

图2-117

09 重复上述操作，在"描边"对话框中设置"宽度"为15，颜色为白色（#ffffff），"位置"为"居外"，描边的效果如图 2-118 所示。

10 打开"3D 背景"素材，将添加描边的文字图像拖至背景素材中，如图 2-119 所示。

图2-118

图2-119

11 选择"椭圆工具" ⭕，在文字的下方绘制一个黑色椭圆形。

12 执行"滤镜"|"模糊"|"高斯模糊"命令，在弹出的"高斯模糊"对话框中设置参数，如图 2-120 所示。

图2-120

13 执行"滤镜"|"模糊"|"动感模糊"命令，在弹出的"动感模糊"对话框中设置参数，如图 2-121 所示。

图2-121

14 制作效果如图 2-122 所示。

图2-122

第3章
绘画和修复工具

Photoshop 提供了丰富多样的绘图工具和修复工具，具有强大的绘图和修复能力。使用这些绘图工具再配合"画笔"面板、混合模式、图层等功能，可以创作出传统绘画难以企及的作品。本章通过 24 个实例，详细讲解 Photoshop 绘图和修复工具的使用方法和应用技巧。

3.1 设置颜色——元宵节快乐

扫描观看

前景色主要是绘制图形、线条和文字时指定的颜色；背景色一般指图层的底色，如新增画布大小时以背景色填充。

01 启动 Photoshop 2022，执行"文件"|"打开"命令，打开"元宵节快乐"素材，如图 3-1 所示。

02 在工具箱中找到"前景色和背景色设置"图标█，上方色块为前景色，下方色块为背景色，如图 3-2 所示。

图3-1

图3-2

> **Tips:** 默认情况下，前景色为黑色，背景色为白色。按 X 键或单击"切换前景色和背景色"图标⤢可以切换前景色和背景色。单击"默认前景色和背景色"图标▣可恢复默认颜色。

03 选择"魔棒工具"🪄，在画布中单击，创建选区，如图 3-3 所示。

04 将前景色设置为浅粉色（#ffe2de），新建一个图层，按快捷键 Alt+Del 填充前景色，如图 3-4 所示。

图3-3

图3-4

05 更改前景色，对福字执行填充操作，如图 3-5 所示。

06 选择"画笔工具"🖌，更改前景色，为图形添加腮红和阴影，如图 3-6 所示。

图3-5

图3-6

07 使用相同的方法，继续填充汤圆与碗的颜色，结果如图 3-7 所示。

图3-7

08 执行"文件"|"打开"命令，打开"背景"素材，将填色完毕的图形移至背景中，并调整到合适的位置，制作结果如图 3-8 所示。

图3-8

3.2 画笔工具——为美女填色

扫描观看

"画笔工具"是 Photoshop 中比较常用的工具之一，本节主要学习"画笔工具"的基本使用方法。

01 启动 Photoshop 2022，执行"文件"|"打开"命令，打开"赫本"素材，如图 3-9 所示。

02 选择工具箱中的"画笔工具" ✏，笔尖选择"柔边圆"，如图 3-10 所示。

图3-9　　　　图3-10

图3-12

05 用"画笔工具" ✏ 在人物头发处涂抹，通过按 [键缩小画笔笔尖或按] 键扩大画笔笔尖，填满细节，如图 3-13 所示。

06 重复 03 和 04 步，分别将颜色设置成蓝色（#00a0e9）、肉色（#ffe4d1）和红色（#c80311）并涂抹背景、皮肤和嘴唇，完成图像制作，如图 3-14 所示。

Tips: 降低画笔的硬度或选择"柔边圆"笔尖，可使绘制的图像边缘更柔和。

03 在工具选项栏中设置画笔属性，如图 3-11 所示。

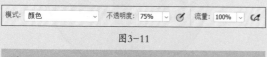

图3-11

Tips: 执行"窗口"|"画笔"命令，打开"画笔"面板，可以对画笔笔尖形状、大小和间距等属性进行设置。

04 单击前景色图标，设置前景色为深橘色（#6a3906），如图 3-12 所示。

图3-13　　　　　　图3-14

3.3 铅笔工具——不自量力

"铅笔工具"与"画笔工具"类似，都能绘制线条，但与"画笔工具"不同的是，"铅笔工具"只能创建硬边线条，且多了"自动抹除"功能。

01 启动 Photoshop 2022，执行"文件"|"打开"命令，打开"橙子"素材，如图 3-15 所示。

图3-15

02 单击"图层"面板中的"创建新图层"按钮 ⊞，创建一个新图层。

03 选择工具箱中的"铅笔工具" ✐，设置"铅笔大小"为20像素，并将前景色设置为黑色，如图 3-16 所示。

图3-16

Tips: 设置"铅笔工具"属性时，调整"硬度"或笔尖选择"柔边圆"，线条仍是硬边。

04 为左侧的橙子画上眉毛和眼睛，如图 3-17 所示。按 [键将笔尖调小，或按] 键将笔尖调大。

05 重复操作，为橙子绘制鼻子和嘴巴，如图3-18所示。

图3-17　　　　　图3-18

Tips: 按住 Shift 键，单击并拖动鼠标，可以绘制水平或垂直的直线。

06 继续为其他橙子绘制表情，制作结果如图 3-19 所示。

图3-19

3.4 颜色替换工具——百变蔷薇花

前文曾讲述通过"色彩范围"功能为女孩的衣服换颜色，本节介绍的"颜色替换工具"能更加精确地改变图像的颜色，具体的操作方法如下。

01 启动 Photoshop 2022，执行"文件"|"打开"命令，打开"蔷薇花"素材，如图 3-20 所示。

02 选择工具箱中的"颜色替换工具" ⚡，将前景色设为黄色（#ffd200）。在工具选项栏中设置参数，选择"颜色"模式，并单击"连续"按钮 ⚡，如图3-21 所示。

03 选择一朵蔷薇花进行涂抹，按 [键将笔尖调小，或按] 键将笔尖调大，对花朵颜色进行替换，如图 3-22 所示。

图3-20

图3-21

04 在"颜色替换工具"选项栏中选择"色相"模式，将前景色设置为蓝色（#000cff）。针对一朵蔷薇花进行涂抹，更改花的色相，如图3-23所示。

图3-22

图3-23

05 在"颜色替换工具"选项栏中选择"饱和度"模式，将前景色设置为红色（#ff0000），对绿叶及其他蔷薇花进行涂抹，增加花与绿叶的饱和度，如图

3-24所示。

图3-24

Tips： 饱和度是指色彩的鲜艳程度，也称色彩的纯度。纯度越高，饱和度越高，色彩越鲜艳；明度是指色彩的亮度，明度最高的颜色为白色，明度最低的颜色为黑色。

3.5 历史记录画笔工具——飞驰的高铁列车

扫描观看

使用"历史记录画笔工具"可以将图像编辑过程中的某个状态还原出来。巧妙利用"历史记录画笔工具"，可以做出超现实的效果。

01 启动Photoshop 2022，执行"文件"|"打开"命令，打开"高铁"素材，如图3-25所示。

图3-25

02 按快捷键Ctrl+J复制一个图层，执行"滤镜"|"模糊"|"动感模糊"命令，在弹出的"动感模糊"对话框中设置"角度"为-13，"距离"为100像素，如图3-26所示。

03 选择工具箱中的"历史记录画笔工具" ，在"历史记录"面板中展开历史记录，可以看到"历史记录画笔工具"的图标出现在"高铁"素材缩略图的左侧，意思是此处为"历史记录画笔工具"的源，如图3-27所示。

04 通过按[或]键控制"历史记录画笔工具"的笔尖大小，在高铁列车的头部涂抹，涂抹处即可恢复原图像的状态，如图3-28所示。

图3-26

图3-27

图3-28

Tips： 执行"编辑"|"首选项"|"性能"命令，可以在"历史记录状态"文本框中输入更大的数值，使"历史记录"面板可以显示更多的历史步骤。

05 若涂抹后发现恢复原图的区域太多，想要"动感模糊"效果更明显，可单击"历史记录"面板中的"动感模糊"步骤左侧的空白方块，设置此步骤为"历史记录画笔工具"的源，如图3-29所示。

06 在画面中需要恢复"动感模糊"效果处涂抹，涂抹处便出现"动感模糊"效果，完成图像的制作，如图3-30所示。

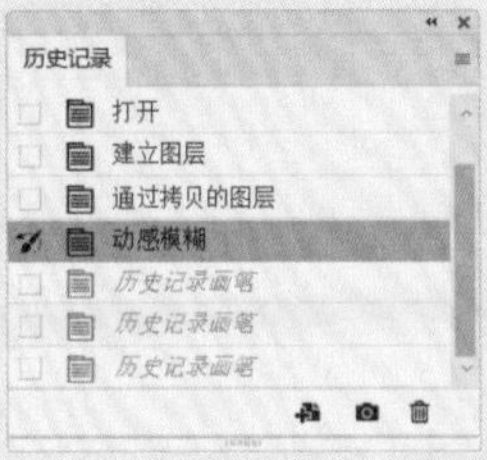

图3-29 　　　　　　　图3-30

3.6 混合器画笔工具——复古油画女孩

扫描观看

"混合器画笔工具"的效果类似绘制传统水彩或油画时通过改变颜料颜色、浓度和湿度等，将颜料混合在一起绘制到画板上的效果。利用该工具可以绘制出逼真的手绘效果，是较为高级的绘画工具。

01 启动 Photoshop 2022，执行"文件"|"打开"命令，打开"唯美"素材，如图3-31所示。

02 按快捷键 Ctrl+J 复制一个图层，选择工具箱中的"混合器画笔工具" ，分别设置参数，"笔尖"设为100 像素，选择"柔边圆"和"清理画笔"，单击"每次描边后载入画笔"按钮，选择混合画笔组合为"非常潮湿，深混合"，如图3-32所示。

图3-31

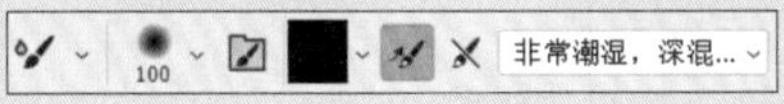

图3-32

03 在女孩头发上涂抹后，画面出现颜色混合效果，如图3-33所示。

04 更改画笔的大小、混合画笔组合等一系列的设置，用心感受每种设置下画笔的效果，完成图像制作，如图3-34所示。

图3-33　　　　　图3-34

Tips:　"混合器画笔工具"选项栏各项参数详解如下。

：在该下拉列表中设置笔尖大小、硬度及画笔种类。

：在该下拉列表中选择载入画笔、清理画笔等。

：每次描边后载入画笔，指鼠标指针下的颜色与前景色混合，如同将画笔重新蘸上颜料。

：每次描边后清理画笔，指每次绘画后清理画笔上的油彩，如同将画笔用水洗干净。

自定：选择"自定"选项时，"潮湿"值不为0%时，可以自由设置"潮湿""载入"和"混合"值；选择其他混合组合时，"潮湿""载入"和"混合"值变为预先设定值。

潮湿：50%：设置从画布拾取的油彩量。"潮湿"值越大，就像颜料中加水越多，画在画布上的色彩越淡。

载入：50%：设置画笔上载入的油彩量，"载入"值越小，画笔描边干燥的速度越快。

混合：100%：控制载入颜色和画面颜色的混合程度。"混合"值为0%时，所有油彩都来自载入的颜色；"混合"值为100%时，所有油彩都来自画布；当"潮湿"值为0%时，该选项不可用。

流量：100%：设置描边时流动的速率。当"流量"为0%时，油彩量流出速率为0；当"流量"为100%，油彩量流出速率为100%。

：启用喷枪模式后，当画笔在同一位置长按鼠标左键时，画笔会持续喷出颜色；若关闭这个模式，则画笔在同一个地方不会持续喷出颜色。

☑ 对所有图层取样：对所有可见图层的颜色进行取样。

：始终对"大小"属性使用压力，使用手绘板等能感知笔触压力的工具时可用。

3.7 油漆桶工具——热血青春

"油漆桶工具"可以为选区或颜色相近区域填充前景色或图案。本节主要通过一个实例来了解"油漆桶工具"的使用方法。

01 启动 Photoshop 2022 软件，执行"文件"|"新建"命令，创建宽度为 2360 像素，高度为 3540 像素、分辨率为 100 像素 / 英寸的文件。

02 单击"前景色"按钮■，打开"拾色器"对话框，设置颜色为灰蓝色（#436e83），如图 3-35 所示。

图3-35

03 选择工具箱中的"油漆桶工具"，设置填充区域的源为"前景"，模式为"正常"，"不透明度"为 100%，"容差"为 32，如图 3-36 所示。

图3-36

> **Tips:** 学习"魔棒工具"时，了解到"容差"的概念，即颜色取样时的范围。"容差"值越大，选择的像素范围越大；反之，"容差"值越小，选择的像素范围越小。因此，通过设置"油漆桶工具"的容差值，可以确定填色区域的范围。

04 此时鼠标指针显示为，在画布中单击，即可填充前景色，如图 3-37 所示。

05 选择"钢笔工具"，在工具选项栏中选择"路径"选项，设置"填充"颜色为无，"描边"颜色为无，绘制路径，如图 3-38 所示。

图3-37

图3-38

06 按快捷键 Ctrl+Enter，将路径载入选区，如图 3-39 所示。

07 将前景色的颜色设置为橘色（e45a4e），选择"油漆桶工具"，在选区内填充颜色，如图 3-40 所示。

图3-39   图3-40

08 重复上述操作，在画布的右上角绘制路径，建立选区，并利用"油漆桶工具"填充黄色（#f9edc3），如图 3-41 所示。

09 执行"文件"|"打开"命令，打开"邮票框架"素材，并放置到当前的文档中。

10 选择"矩形选框工具"，绘制矩形选区。单击"创建新图层"按钮，新建一个图层。将前景色设置为肉色（#efc3ae），利用"油漆桶工具"在选区内填充颜色，如图 3-42 所示。

图3-41   图3-42

11 在"图层"面板的下方单击"添加图层蒙版"按钮，添加图层蒙版。选择"画笔工具"，再选择"硬边圆"画笔，将前景色设置为黑色，在蒙版上涂抹，擦去左上角被折角隐藏的部分，如图 3-43 所示。

12 添加文字和插画内容，完成青年节海报的制作，如图 3-44 所示。

Photoshop平面设计从新手到高手（第2版）（微课视频版）

图3-43   图3-44

3.8 渐变工具——风景插画

扫描观看

    "渐变工具"可以创建多种颜色之间的渐变混合效果,不仅可以填充选区、图层和背景,也能用来填充图层蒙版和通道等,具体的操作方法如下。

01 启动 Photoshop 2022 软件,执行"文件"|"打开"命令,打开"风景插画"素材,如图 3-45 所示。

图3-45

02 选择工具箱中的"渐变工具" ▇ ,在工具选项栏中单击"线性渐变"按钮 ▇ ,单击渐变色条 ▇▇▇▇ ,弹出"渐变编辑器"对话框。

03 预设区提供了多种渐变组合,单击任意一种渐变样式即可出现在可编辑渐变色条区域。单击渐变色条的上方色标 ▇ ,可以在下面的色标区域中调整不透明度;单击下方色标 ▇ ,可以在下面的色标区域中定义颜色;拖动色标可以改变不透明度或颜色的位置。这里为左下色标定义的颜色为青色(#9de4ce),右下色标定义的颜色为蓝色(#6ab6da),如图3-46 所示。

> **Tips:** 渐变条中最左侧色标指渐变起点的颜色,最右侧色标代表渐变的终点颜色。

04 单击"图层"面板中的"创建新图层"按钮 ▣ ,创建新图层。

05 在"渐变编辑器"中设置渐变参数后,在画面中单击并按住左键从下往上拖动,释放鼠标后,选区内已填

充好定义的渐变色,如图 3-47 所示。

图3-46

图3-47

> **Tips:** 鼠标的起点和终点决定渐变的方向和范围。渐变角度随着鼠标拖动的角度变化而变化。渐变的范围即渐变条起点到终点的渐变。按住 Shift 键拖动鼠标时,可以创建水平、垂直和 45° 倍数的渐变。

06 再次调出"渐变编辑器"对话框,设置参数如图 3-48 所示。

图3-48

图3-49   图3-50

图3-51

> **Tips:** 各种渐变效果详解如下。
>
> 线性渐变▨：从起点到终点的直线渐变。
> 径向渐变▨：从起点到终点的圆形渐变。
> 角度渐变▨：从起点到终点逆时针扫描渐变。
> 对称渐变▨：从起点到终点再到起点的直线对称渐变。
> 菱形渐变▨：从起点到终点再到起点的菱形渐变。

07　按住 Ctrl 键并单击"松树"图层的缩略图，创建松树的选区，如图 3-49 所示。

08　在选区中单击并按住鼠标左键从下往上拖动，释放鼠标后创建渐变填充，结果如图 3-50 所示。

09　重复上述操作，继续为松树创建渐变效果，如图 3-51 所示。

3.9　填充命令——齐心协力

扫描观看

　　使用"填充"命令和使用"油漆桶工具"填充的效果类似，都能为当前图层或选区填充前景色或图案。不同的是，"填充"命令还可以利用"内容识别"功能进行填充。

01　启动 Photoshop 2022 软件，执行"文件"|"打开"命令，打开"施工队"素材，如图 3-52 所示。

02　选择工具箱中的"魔棒工具"✨，单击"施工帽"图像，建立选区，如图 3-53 所示。

03　单击"图层"面板中的"创建新建图层"按钮➕，新建一个图层。

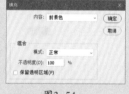

图3-54   图3-55

06　重复上述操作，继续填充图案，如图 3-56 所示。

图3-52   图3-53

04　设置前景色为黄色(#ffe70d)。执行"编辑"|"填充"命令或按快捷键 Shift+F5，弹出"填充"对话框，在"内容"下拉列表中选择"前景色"选项，如图 3-54 所示。

05　单击"确定"按钮，"施工帽"便填充了黄色，按快捷键 Ctrl+D 取消选区，如图 3-55 所示。

图3-56

07 选择工具箱中的"魔棒工具" ，单击"土堆"图像，建立选区，如图3-57所示。

图3-57

08 执行"编辑"|"填充"命令或按快捷键Shift+F5，弹出"填充"对话框，在"内容"下拉列表中选择"图案"选项。

09 打开"自定图案"下拉列表，选择"泥土"图案，如图3-58所示。

图3-58

10 按"确定"按钮，选区便填充了图案，如图3-59所示，按快捷键Ctrl+D取消选区。

> **Tips:** 若在"内容"下拉列表中选择"内容识别"选项进行填充，则选区内将会以选区附近的图像进行明度、色调等融合后再进行填充。

图3-59

3.10 橡皮擦工具——圣诞树冰淇淋

扫描观看

顾名思义，"橡皮擦工具"和橡皮的功能类似，用于擦除图像，具体的使用方法如下。

01 启动Photoshop 2022软件，执行"文件"|"打开"命令，打开"背景"素材，如图3-60所示。

图3-60

02 选择工具箱中的"橡皮擦工具" ，在工具选项栏中设置橡皮擦的合适大小，并选择"柔边圆"笔触，"不透明度"设置为100%，擦除冰激凌图像，如图3-61所示。

图3-61

> **Tips:** 单击"图层"面板中的"锁定透明像素"按钮 ，涂抹区域将显示为背景色。

03 执行"文件"|"打开"命令，打开"圣诞树"素材，如图3-62所示。

04 将"圣诞树"图像拖至"背景"文档，调整"圣诞树"的位置与大小，并使用"橡皮擦工具" ，擦除"圣诞树"的多余部分，制作结果如图3-63所示。

图3-62   图3-63

> **Tips:** 在"橡皮擦工具"的工具选项栏中，"模式"除了可以选择"画笔"，还能根据需要选择"铅笔"或"块"选项来进行擦除。

3.11　背景橡皮擦工具——自由飞翔

"背景橡皮擦工具"和"魔术橡皮擦工具"主要用于抠图，适合边缘清晰的图像。"背景橡皮擦工具"能智能采集画笔中心的颜色，并删除画笔内出现的该颜色像素，具体的使用方法如下。

01 启动Photoshop 2022软件，执行"文件"|"打开"命令，打开"红衣女孩"素材，如图3-64所示。

图3-64

02 选择工具箱中的"背景橡皮擦工具"，在工具选项栏中将"大小"设置为125，单击"连续"按钮，"容差"设置为15%，如图3-65所示。

图3-65

> **Tips：** "容差"值越小，擦除的颜色越相近；反之，"容差"值越大，擦除的颜色范围越广。

03 在人物边缘和背景处涂抹，将背景擦除，如图3-66所示。

04 执行"文件"|"打开"命令，打开"向日葵背景"素材。

图3-66

05 选择"移动工具"，将提取出来的"红衣女孩"图像拖入"向日葵背景"中，并放置在合适的位置，制作结果如图3-67所示。

图3-67

> **Tips：** "背景橡皮擦工具"的取样方式包括连续取样、一次取样和背景色板取样，具体使用方法如下。
>
> 连续取样：在拖动鼠标指针的过程中对颜色进行连续取样，凡在鼠标指针中心的像素都将被擦除。
>
> 一次取样：擦除第一次单击取样的颜色，适合擦除纯色背景。
>
> 背景色板取样：擦除包含背景色的图像。

3.12　魔术橡皮擦工具——生日大餐

"魔术橡皮擦工具"的效果相当于用"魔棒工具"创建选区后删除选区内的像素。锁定图层透明区域后，该图层被擦除的区域将为背景色，具体的使用方法如下。

01 启动Photoshop 2022软件，执行"文件"|"打开"命令，打开"蛋糕和鲜花"素材，如图3-68所示。

02 选择"魔术橡皮擦工具"，在工具选项栏中将"容差"设置为30，"不透明度"设置为100%，如图3-69所示。

图3-68

Photoshop平面设计从新手到高手（第2版）（微课视频版）

选择"投影"选项卡，并设置参数如图3-72所示。

图3-69

Tips: "魔术橡皮擦工具"选项栏中的参数详解如下。

容差： 设置可擦除的颜色范围。容差值越小，擦除的颜色范围与单击处的像素越相似；反之，容差值越大，则可擦除颜色的范围更广。

消除锯齿： 选中该复选框后擦除区域的边缘更平滑。

连续： 未选中该复选框时，只擦除单击处相邻的区域；选中该复选框后，将擦除图像中所有相似的区域。

对所有图层取样： 未选中该复选框时，只擦除当前图层相似颜色的像素；选中该复选框后，将擦除对所有可见图层取样后的相似颜色的像素。

不透明度： 控制擦除的强度。不透明度越高，擦除的强度越大，当不透明度为100%时，将完全擦除像素。

图3-71

图3-72

03 在背景处单击，即可删除背景，如图3-70所示。

07 单击"确定"按钮，关闭对话框，制作结果如图3-73所示。

图3-70

04 执行"文件"|"打开"命令，打开"背景"素材。

05 选择工具箱中的"移动工具"✛，将"蛋糕和鲜花"图像拖至"背景"素材中，如图3-71所示。

06 双击"蛋糕和鲜花"图层，打开"图层样式"对话框，

图3-73

3.13 模糊工具——尽情奔跑

扫描观看

"模糊工具"主要用来对照片进行修饰，通过柔化图像减少图像的细节，达到突出主体的效果。

01 启动 Photoshop 2022软件，执行"文件"|"打开"命令，打开"尽情奔跑"素材，如图3-74所示。

02 选择工具箱中的"模糊工具"◌，设置合适的笔触大小，设置"模式"为"正常"，"强度"为100%，如图3-75所示。

图3-75

Tips: "强度"值越大，图像模糊效果越明显。

03 涂抹后面奔跑的3个孩子，涂抹处即出现模糊效果，如图3-76所示。

图3-74

图3-76

3.14 减淡工具——闪亮的眼神

"减淡工具"主要用来增加图像的曝光度，通过减淡涂抹可以提亮照片中的部分区域，以增加质感。

01 启动 Photoshop 2022 软件，执行"文件"|"打开"命令，打开"眼妆"素材，如图 3-77 所示。

图3-77

02 按快捷键 Ctrl+J 复制一个图层，选择工具箱中的"减淡工具" 🔍，设置"范围"为"阴影"，如图 3-78 所示。

图3-78

Tips: "减淡工具"选项栏各项参数详解如下。

范围："阴影"可以处理图像中明度低的色调；"中间调"可以处理图像中的灰度中间调；"高光"可以处理图像中的高亮色调。

曝光度：数值越大，效果越明显。

喷枪 🖋：单击后开启画笔喷枪功能。

保护色调：选中该复选框，可以防止图像颜色发生色相偏移。

03 按 [或] 键调整笔头大小，在画面中反复涂抹，涂抹

后阴影处的曝光度提高了，如图 3-79 所示。

04 执行"文件"|"恢复"命令，将文件恢复到初始状态。按快捷键 Ctrl+J 复制一个图层，设置范围为"中间调"。

05 按 [或] 键调整笔尖大小，在画面中反复涂抹，涂抹后中间调减淡，如图 3-80 所示。

06 执行"文件"|"恢复"命令，将文件恢复到初始状态。按快捷键 Ctrl+J 复制一个图层，设置范围为"高光"。

07 按 [或] 键调整笔尖大小，在画面中反复涂抹，涂抹后高光减淡，图像变亮，如图 3-81 所示。

图3-79

图3-80

图3-81

3.15 加深工具——古朴门房

"加深工具"主要用来降低图像的曝光度，使图像中的局部亮度变得更暗。

01 启动 Photoshop 2022 软件，执行"文件"|"打开"命令，打开"门"素材，如图 3-82 所示。

图 3-82

02 按快捷键 Ctrl+J 复制一个图层，选择工具箱中的"加深工具"，在工具选项栏中设置"范围"为"阴影"，如图 3-83 所示。

图 3-83

> **Tips:** "加深工具"的工具选项栏和"减淡工具"相同。

03 按 [或] 键调整笔尖大小，在画面中反复涂抹，涂抹后阴影加深，如图 3-84 所示。

04 执行"文件"|"恢复"命令，将文件恢复到初始状态。按快捷键 Ctrl+J 复制一个图层，设置"范围"为"中间调"。

05 按 [或] 键调整笔尖大小，在画面中反复涂抹，涂抹后中间调曝光度降低，如图 3-85 所示。

图 3-84   图 3-85

06 执行"文件"|"恢复"命令，将文件恢复到初始状态。按快捷键 Ctrl+J 复制一个图层，设置"范围"为"高光"。

07 按 [或] 键调整笔尖大小，在画面中反复涂抹，涂抹后高光曝光度降低，如图 3-86 所示。

图 3-86

3.16 涂抹工具——淘气的猫咪

扫描观看

"涂抹工具"效果类似在未干的油画上涂抹，出现色彩混合扩展的效果。

01 启动 Photoshop 2022 软件，执行"文件"|"打开"命令，打开"淘气的猫咪"素材，如图 3-87 所示。

图 3-87

02 选择工具箱中的"涂抹工具"，在工具选项栏中选择柔边笔触，设置笔触大小为 6 像素，取消选中"对所有图层进行取样"复选框，如图 3-88 所示。

图3-88

03 在猫咪图像的边缘涂抹，如图 3-89 所示。

04 耐心涂抹全部连续边缘，便有了一只毛茸茸的猫咪，如图 3-90 所示。

图3-89   图3-90

> **Tips:** "涂抹工具"适合扭曲小范围的区域，主要针对细节处的调整，处理的速度较慢。若需要处理大面积的图像，结合使用滤镜效果更明显。

扫描观看

3.17 海绵工具——向日葵变色

"海绵工具"主要用来改变局部图像的色彩饱和度，但无法为灰度模式的图像增加上色彩。

01 启动 Photoshop 2022 软件，执行"文件"|"打开"命令，打开"向日葵"素材，如图 3-91 所示。

图3-91

02 选择工具箱中的"海绵工具"，设置工具选项栏中的"模式"为"去色"，如图 3-92 所示。

图3-92

> **Tips:** "海绵工具"选项栏中各项参数详解如下。

模式： 选择"去色"模式，涂抹图像后将降低饱和度；选择"加色"模式，涂抹图像后将增加饱和度。

流量： 数值越大，修改的强度越高。

喷枪： 单击该按钮后，启用画笔喷枪功能。

自然饱和度： 选中该复选框后，可避免因饱和度过高而出现的溢色。

03 按 [或] 键调整笔尖大小，按住鼠标左键在图像中反复涂抹，即可降低向日葵的饱和度，如图 3-93 所示。

04 执行"文件"|"恢复"命令，将文件恢复到初始状态。设置工具选项栏中的"模式"为"加色"，即可增加向日葵的饱和度，如图 3-94 所示。

图3-93 图3-94

扫描观看

3.18 仿制图章工具——晨练之路

"仿制图章工具"从源图像复制取样，通过涂抹的方式将仿制的源复制新的区域，以达到修补、仿制的目的。

01 启动 Photoshop 2022 软件，执行"文件"|"打开"命令，打开"晨练之路"素材，如图 3-95 所示。

02 按快捷键 Ctrl+J 复制一个图层，选择工具箱中的"仿制图章工具"，选择"柔边圆"笔触，如图 3-96 所示。

图3-95 图3-96

03 将鼠标指针放在取样处，按 Alt 键并单击进行取样，如图 3-97 所示。

04 释放 Alt 键，涂抹笔触内便出现取样图案，如图 3-98

所示。

图3-97 图3-98

> **Tips:** 取样后涂抹时，会出现一个十字指针和一个圆圈。操作时，十字指针和圆圈的距离保持不变。圆圈内区域即表示正在涂抹的区域，十字指针表示此时涂抹区域正从十字指针所在处取样。

05 在需要使用仿制图章的地方涂抹，去除多余的人像，如图 3-99 所示。

图3-99

其他人物覆盖，如图 3-100 所示。

图3-100

06 仔细观察图像寻找合适的取样点，用同样的方法将

3.19 图案图章工具——虎虎生威

扫描观看

"图案图章工具"和"图案填充"功能的效果类似，都可以使用 Photoshop 自带的图案或自定义图案对选区或者图层进行图案填充。

01 启动 Photoshop 2022 软件，执行"文件" | "打开"命令，打开"虎虎生威"素材，如图 3-101 所示。

图3-101

02 打开"纹理"素材，如图 3-102 所示。

图3-102

03 执行"编辑" | "定义图案"命令，弹出"图案名称"对话框，如图 3-103 所示，单击"确定"按钮，便自定义好了一个图案。

图3-103

04 单击"创建新图层"按钮 ，在"数字 1"图层的上方创建"纹理"图层。在"数字 1"图层和"纹理"图层之间按住 Alt 键单击，创建剪切蒙版，如图 3-104 所示。

05 选择工具箱中的"图案图章工具" ，在工具选项栏中选择一个"柔边圆笔触"，在"图案"下拉列

表中找到定义的"花纹"图案，并选中"对齐"复选框，如图 3-105 所示。

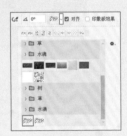

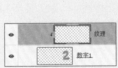

图3-104　　　　图3-105

06 按 [或] 键调整笔尖大小，在画面中涂满图案，如图 3-106 所示。

图3-106

Tips: "图案图章工具"选项栏除"对齐"与"印象派效果"选项外，其他选项基本与"画笔工具"选项栏相同，其他选项详解如下。

对齐：选中此复选框后，涂抹区域中的图像保持连续，多次单击也能实现图案之间的无缝涂抹填充；若取消选中此复选框，则每次单击时都会重新应用定义的图案，鼠标两次单击之间涂抹的图案保持独立。

印象派效果：选中此复选框后，可以模拟印象派效果的图案。

07 重复上述操作，继续涂抹数字，为其添加花纹的效果如图 3-107 所示。

图3-107

扫描观看

3.20 污点修复画笔工具——没有星星的瓢虫

"污点修复画笔工具"可以快速除去图像中的污点和其他不理想部分，并自动对修复区域与周围图像进行匹配与融合。

01 启动 Photoshop 2022 软件，执行"文件"|"打开"命令，打开"惊蛰的瓢虫"素材，如图 3-108 所示。

图3-108

02 按快捷键 Ctrl+J 复制一个图层，选择工具箱中的"污点修复画笔工具" ，设置参数如图 3-109 所示。

图3-109

Tips: "污点修复工具"选项栏"类型"选项区中的选项使用方法详解。
近似匹配：根据单击处边缘的像素及颜色修复瑕疵。
创建纹理：根据单击处内部的像素以及颜色，生成一种纹理效果来修复瑕疵。
内容识别：根据单击处周围综合性的细节信息，创建一个填充区域来修复瑕疵。

03 将鼠标指针放在黑点处，按住鼠标左键涂抹，如

图 3-110 所示。

04 释放鼠标后，即可清除黑点，如图 3-111 所示。

图3-110   图3-111

05 采用同样的方法，清除其他黑点，完成图像制作，如图 3-112 所示。

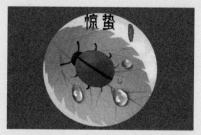

图3-112

3.21 修复画笔工具——消失的豆子

扫描观看

"修复画笔工具"和"仿制图章工具"类似，都是通过取样将取样区域复制到目标区域。不同的是，"修复画笔工具"不是完全复制，而是经过自动计算使修复处的光影和周边图像保持一致，源的亮度等信息可能会被改变。

01 启动 Photoshop 2022 软件,执行"文件"|"打开"命令,打开"端午节粽子"素材,如图 3-113 所示。

图3-113

02 按快捷键 Ctrl+J 复制一个图层,选择工具箱中的"修复画笔工具" ⬛,在工具选项栏中设置"笔触"的"大小"和"硬度",将"源"设置为"取样",如图 3-114 所示。

> **Tips:** "修复工具"选项栏模式中的"替换"和"源"选项的使用方法详解如下。
> 模式:正常模式下,取样点内的像素将与替换涂抹处的像素进行混合识别后进行修复;而"替换"模式下,取样点内的像素将直接替换涂抹处的像素。
> 源:设置修复处像素的来源,可选择"取样"或"图案"。"取样"指直接从图像上进行取样,"图案"指选择"图案"下拉列表中的图案来进行取样。

03 将鼠标指针放在没有豆子的区域,按住 Alt 键进行取样,如图 3-115 所示。

图3-114

图3-115

04 释放 Alt 键,在豆子处涂抹,即可将豆子去除,如图 3-116 所示。

05 重复取样、涂抹,豆子被完全消除,如图 3-117 所示。

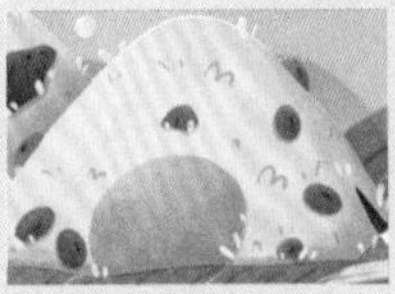

图3-116　　　　　　图3-117

06 重复上述操作,利用"修复画笔工具" ⬛,按 [或] 键调整笔尖大小,继续消除豆子,制作结果如图 3-118 所示。

图3-118

3.22 修补工具——没脾气的棉花糖

扫描观看

"修补工具"的原理和"修复画笔工具"类似,都是通过仿制源图像中的某一区域,去修补另外一个区域并自动融入图像的周围环境。与"修复画笔工具"不同的是,"修补工具"主要通过创建选区对图像进行修补。

01 启动 Photoshop 2022 软件,执行"文件"|"打开"命令,打开"棉花糖女孩"图像,如图 3-119 所示。

图3-119

02 按快捷键 Ctrl+J 复制一个图层,选择"修补工具" ⬛,单击工具选项栏中的"源"按钮,如图 3-120 所示。

图3-120

> **Tips:** "修补工具"选项栏的修补模式包括"正常模式"和"内容识别模式",具体的使用方法如下。
> 正常模式:该模式下,选择"源"时,是用后选择的区域覆盖先选择的区域;选择"目标"时与"源"相反,是用先选择的区域覆盖后来的区域。选中"透明"后,修复后的图像将与原选区的图像进行叠加。

修补工具创建选区后，还可以使用图案进行修复。

内容识别模式：自动对修补选区周围像素和颜色进行识别融合，并能选择适应强度对选区进行修补。

03 单击画面并拖动鼠标，在棉花糖上创建选区，如图3-121所示。

图3-121

04 将鼠标指针放在选区内，拖动选区到空白处，按快捷键 Ctrl+D 取消选区，即可去除表情，如图 3-122 所示。

图3-122

3.23 内容感知移动工具——脚下留情

扫描观看

"内容感知工具"可以用来移动和扩展对象，并自然融入原来的图像。

01 启动 Photoshop 2022 软件，执行"文件"|"打开"命令，打开"脚下留情"素材，如图 3-123 所示。

图3-123

02 按快捷键 Ctrl+J 复制背景图层后，选择工具箱中的"内容感知移动工具" ✕，在工具选项栏中将"模式"选为"扩展"，如图 3-124 所示。

图3-124

Tips： "结构"是指调整原结构的保留严格程度，数值越大，图像与周围的融合度越好。

03 在画面上单击并移动鼠标指针，创建选区，如图3-125 所示。

04 将鼠标指针放在选区内，向左拖动，即可将选区的内容移动复制到新的位置，如图 3-126 所示。

图3-125　　　　　图3-126

05 按快捷键 Ctrl+D 取消选区。重复上述操作，创建选区，继续向左复制。将鼠标指针放置在定界框的角点，按住鼠标左键不放向图形内部拖动，缩小图形，如图 3-127 所示。

图3-127

06 按 Enter 键关闭定界框，复制并缩小蚂蚁的图像如图 3-128 所示。

图3-128

07 重复上述操作，继续复制并调整蚂蚁的大小，制作结果如图 3-129 所示。

Tips： "移动" 模式即剪切并粘贴选区内容后融合图像；"扩展" 模式即复制并粘贴选区内容后融合图像。

图3-129

3.24 红眼工具——炯炯有神

扫描观看

"红眼工具" 能很方便地去除红眼问题，弥补相机使用闪光灯或者其他原因出现的红眼缺陷。

01 启动 Photoshop 2022 软件，执行 "文件" | "打开" 命令，打开 "炯炯有神" 素材，如图 3-130 所示。

02 选择工具箱中的 "红眼工具" ，设置工具选项栏中的 "瞳孔大小" 为 50%，"变暗量" 为 50%，如图 3-131 所示。

Tips： 若一次没有处理好，可多次单击，直到去除红眼为止。

04 也可选择 "红眼工具" 后，用鼠标指针在红眼处绘制一个虚线框，即可去除框内红眼，如图 3-133 所示

图3-133

05 去除红眼后的效果如图 3-134 所示。

图3-130

图3-131

03 将鼠标指针放在左眼处单击，即可去除红眼，如图 3-132 所示。

图3-134

图3-132

第4章
图层和蒙版

图层是 Photoshop 的核心功能之一，图层的引入，为图像的编辑带来了极大的便利。本章通过 16 个实例，详细讲解图层的创建、图层样式、混合模式、图层蒙版等功能在平面广告设计中的具体应用方法。

4.1 编辑图层——情人节

扫描观看

图层是组成图像的基本元素，增减图层会影响整个图像的呈现。图像相当于一摞透明的纸，而图层则代表每一张透明纸，每张纸上有着不同的内容并可独立编辑，叠加组合形成图像。

01 启动 Photoshop 2022，执行"文件"|"打开"命令，打开"情侣"素材，如图 4-1 所示。

图4-1

02 打开"大雪"和"中雪"素材并拖入当前文档中，按 Enter 键确认。此时的"图层"面板如图 4-2 所示。

图4-2

03 选择"图层"面板中的"中雪"图层，将该图层拖至"创建新图层"按钮 ⊞ 上，或者执行"图层"|"复制图层"命令，在弹出的对话框中输入图层名称为"中雪 拷贝"后单击"确定"按钮，即可复制一个相同图层，如图 4-3、图 4-4 所示。

04 按快捷键 Ctrl+T，调整"中雪 拷贝"图层的大小和位置后，按 Enter 键确认。

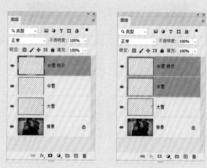

图4-3   图4-4

05 按住 Ctrl 键并单击不同图层，可以选择多个图层，如图 4-5 所示。

06 选择图层后，单击"链接图层"按钮 ⊖⊖，或将图层拖至"链接图层"按钮 ⊖⊖ 上，即可对图层进行链接，如图 4-6 所示。此时，选择任意一个链接图层并移动，链接的所有图层将同时移动。若要取消某个图层链接，单击该图层上的"链接图层"图标 ⊖⊖ 即可。

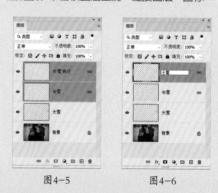

图4-5   图4-6

07 双击图层名称，即可对图层名称进行修改，如图4-7所示。

08 选择"大雪""中雪"和"小雪"图层，拖至"创建新组"按钮□上，可以为图层添加组，如图4-8所示。

09 选择"图层"面板中的"组1"并右击，在弹出的快捷菜单中选择"合并组"选项，即可对组内图层进行合并，如图4-9所示。

图4-7　　　　　　　　图4-8

Tips: 合并组后，所有图层将合并成一个栅格化的图层。

10 选择"片名"素材并拖入文档中，调整位置和大小后，按Enter键确认，完成图像的制作，如图4-9所示。

图4-9

Tips: "图层"面板中各项功能详解如下。

🔍类型 ▾：用于选择图层类型，当图层较多时，可在该下拉列表中选择图层类型，包括名称、效果、模式、属性、颜色、智能对象、选定和画板等。选择其中任意一类图层，将隐藏其他类型的图层。

▨ ◯ T 凵 ◧ ● ：用于图层过滤，可以组合使用，当按下全部按钮时显示所有图层。按下"像素图层过滤器"按钮▨时，将隐藏栅格化图层以外的图层；按下"调整图层过滤器"按钮◯时，将隐藏调整图层以外的图层；按下"文字图层过滤器"按钮 T 时，将隐藏文字图层以外的图层；按下"形状图层过滤器"按钮凵时，将隐藏形状图层以外的图层；按下"智能对象过滤器"按钮◧时，将隐藏智能矢量图层以外的图层。单击"打开或关闭图层过滤"按钮●，可打开或关闭图层过滤功能。

正常 ▾ ：用于设置图层的混合模式，在该下拉列表中共27种图层混合模式，包括正常、溶解等。

不透明度：100% ▾ ：用于设置图层的不透明度。

锁定：▨ ✔ ✛ 凵 🔒 ：用于锁定当前图层的属性。按下"锁定透明像素"按钮▨后，图层的透明像素区域不能再进行操作；按下"锁定图像像素"按钮✔后，可防止绘画工具修改图层的像素；按下"锁定位置"按钮✛后，图层位置将被固定；按下"防止在画板内外自动嵌套"按钮凵后，可防止图层或组移出画板边缘时在组层视图中移除画板；按下"锁定全部"按钮🔒后，当前图层的透明像素、图像像素和位置将全被锁定。

填充：100% ▾ ：用于设置填充的不透明度。

▢ ：隐藏当前图层。

👁 ：显示当前图层。

🔗 ：链接选中的多个图层。

fx. ：为当前图层添加图层样式，在该下拉列表中可选择混合选项中的10种效果，包括填充、描边等。

▢ ：为当前图层添加蒙版。

◑. ：创建新的填充图层或调整图层。

▢ ：创建图层组。

⊞ ：创建图层。

🗑 ：删除图层或图层组。

4.2 投影图层样式——虎年吉祥

　　添加投影可为图层内容增加立体感，具体的操作方法如下。

01 启动 Photoshop 2022，执行"文件"|"打开"命令，打开"背景"素材，如图4-10所示。

扫描观看

图4-10

02 再次执行"文件"|"打开"命令，打开"老虎闹新春"素材，如图 4-11 所示。

图4-11

03 使用"移动工具"✛，将"老虎闹新春"素材拖至"背景"中，并放置在合适的位置，如图 4-12 所示。

图4-12

04 双击"老虎闹新春"图层，打开"图层样式"对话框，选择"投影"选项卡，设置投影的"不透明度"为 75%，"颜色"为暗红色（＃ 8a0000），"角度"为120 度，"距离"为 204 像素，"扩展"为 0%，"大小"为 207 像素，如图 4-13 所示。

图4-13

05 单击"确定"按钮，添加投影的效果如图 4-14 所示。

图4-14

Tips: 投影的图层样式功能详解如下。

混合模式：用来设置投影与下面图层的混合方式，默认为"正片叠底"模式。

投影颜色：默认为黑色，单击该色块可在拾色器中选择其他颜色。

不透明度：用来设置投影的不透明度，默认值为75%。不透明度值越大，投影越明显。

角度：可以通过拖动圆形内指针或在文本框内输入数值来设置投影的角度，指针的指示方向即光源方向，投影在光源的相反方向。

使用全局光：选中该复选框后所有图层的投影角度保持一致。反之，则可以单独为图层设置不同角度的投影。

距离：可通过拖动滑块或在文本框内输入数值来设置投影与图层的偏移距离，距离越大，则投影与图像的距离越远。

扩展：可以通过拖动滑块或在文本框内输入数值来设置阴影的大小。扩展的数值越大，阴影面积越广，具体效果与"大小"值相关。当"大小"值为 0 时，调整扩展值无效。

大小：可以通过拖动滑块或在文本框内输入数值来设置投影的模糊范围，其值越大，模糊的范围越广。

等高线：用来对阴影部分进行进一步设置，以控制阴影的形状。

消除锯齿：选中该复选框后，可以使投影更平滑。

杂色：为投影添加随机透明点，杂色值较大时阴影呈点状。

图层挖空投影：默认为选中，此时若图层的填充不透明度小于100%，半透明区域投影不可见；反之，若取消选中该复选框，半透明区域投影将可见。

06 重复上述操作，为背景中的其他素材添加投影，制作效果如图 4-15 所示。

图4-15

4.3 斜面和浮雕图层样式——龙的传人

扫描观看

"斜面和浮雕"效果主要是通过对图层添加阴影和高光等图层样式，使图层立体感增强。

01 启动 Photoshop 2022，执行"文件"|"打开"命令，打开"背景"素材，如图 4-16 所示。

图4-16

02 执行"文件"|"打开"命令，打开"长城"素材。使用"移动工具"✛，将"长城"拖至"背景"素材中，如图 4-17 所示。

图4-17

03 执行"文件"|"打开"命令，打开"边框"素材。使用"移动工具"✛，将边框拖至"背景"素材中，如图 4-18 所示。

图4-18

04 执行"文件"|"打开"命令，打开"金龙"素材。使用"移动工具"✛，将"金龙"拖至"背景"素材中，如图 4-19 所示。

图4-19

05 双击"金龙"图层，在弹出的"图层样式"对话框中，选择"斜面和浮雕"选项卡，设置参数如图 4-20

所示。

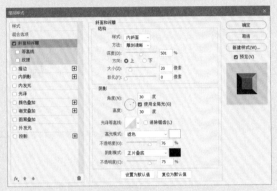

图4-20

> **Tips:** 斜面和浮雕效果包括外斜面、内斜面、浮雕效果、枕状浮雕和描边浮雕，具体解释如下。
> 外斜面：可以在图层的边缘外侧呈现雕刻效果。
> 内斜面：可以在图层的边缘内侧呈现雕刻效果。
> 浮雕效果：可以在图层的边缘内部和外部均呈现浮雕效果。
> 枕状浮雕：可以在图层的边缘内部呈现浮雕效果，边缘外部产生压入下层图层的效果。
> 描边浮雕：针对描边效果且只在描边区域才有效果。

06 单击"确定"按钮，为"金龙"添加浮雕效果，如图 4-21 所示。

图4-21

07 选择"横排文字工具"**T**，输入文字，如图 4-22 所示。

图4-22

Photoshop平面设计从新手到高手（第2版）（微课视频版）

Tips: 本节使用的字体为"汉标高清大作行书"

08 双击文字图层，在弹出的"图层样式"对话框中，选择"斜面和浮雕"选项卡，设置参数如图 4-23 所示。

图4-23

Tips: 在"方法"下拉列表中包括"平滑""雕刻清晰"和"雕刻柔和"3 个选项，具体使用方法如下。
平滑：浮雕效果比较平滑，雕刻边缘柔和。
雕刻清晰：雕刻面转折处较硬，雕刻面对比较强。
雕刻柔和：雕刻面转折处柔和，雕刻面对比较弱。

09 单击"确定"按钮，为文字添加浮雕效果，如图 4-24 所示。

图4-24

10 继续添加文字和其他元素，制作结果如图 4-25 所示。

图4-25

4.4 渐变叠加图层样式——阳光下的舞蹈

扫描观看

"渐变叠加"图层样式主要是指通过渐变叠加使图层产生渐变的效果，渐变位置和区域为整个图层。

01 启动 Photoshop 2022，执行"文件"|"打开"命令，打开"桥"素材，如图 4-26 所示。

图4-26

02 双击背景图层，弹出"新建图层"对话框，单击"确定"按钮，将背景图层转换为普通图层。

03 单击"图层"面板中的"添加图层样式"按钮 *fx*，在弹出的菜单中选择"渐变叠加"选项。在弹出的"图层样式"对话框中，显示渐变叠加的参数设置，

如图 4-27 所示。

图4-27

04 单击渐变条，设置渐变位置为 0% 的颜色为深蓝色（#251816），位置为 35% 的颜色为砖红色（#dc8867），位置为 48% 的颜色为黄色（#fadd9f），位置为 64% 的颜色为灰色（#e0e2de）和位置为 100% 的颜色为深灰色（#031c34），如图 4-28

所示，单击"确定"按钮。

05 设置渐变的"混合模式"为"滤色"，"不透明度"为 85%，"样式"为"线性"，"角度"为 90，如图 4-29 所示。

图4-28　　　　　　图4-29

06 单击"确定"按钮，图层添加了渐变，如图 4-30 所示。

图4-30

07 打开"舞蹈"素材，并拖入文档中，用同样的方法设置渐变的"混合模式"为"正常"，"不透明度"为 100%，"样式"为"线性"，"角度"为 -90。单击渐变条，设置位置为 5% 的颜色为深蓝色（#150916），位置为 57% 的颜色为深紫色（#301158），位置为 100% 的颜色为砖红色

（#7a4942），单击"确定"按钮，如图 4-31 所示。

图4-31

08 单击"确定"按钮，具体效果如图 4-32 所示。

09 采用同样的方法，打开"阳光"和"影子"素材，分别添加合适的渐变色并设置各项参数，图像制作完成，如图 4-33 所示。

图4-32　　　　　　图4-33

Tips: 图层样式中的渐变叠加与"渐变工具"相比，更方便调整，且不损失图层原本的颜色，并可通过打开或关闭叠加效果前的眼睛图标 👁，查看原图层和添加渐变效果后的情况。

4.5　外发光图层样式——炫彩霓虹灯

扫描观看

Photoshop 2022 中的发光效果有外发光和内发光两种，外发光是指在图像边缘的外部制作发光效果，内发光效果和外发光效果类似，只是产生发光处为图像边缘内部。

01 启动 Photoshop 2022，执行"文件"|"打开"命令，打开"背景"素材，如图 4-34 所示。

02 打开"舞女"素材，并拖入文档中，调整大小和位置后，

按 Enter 键确定，如图 4-35 所示。

图4-34

图4-35

03　选择"图层"面板中的"舞女"图层并右击，在弹出的快捷菜单中选择"栅格化图层"命令，将智能矢量图层转换为栅格化图层。

04　选择工具箱中的"套索工具" ♀，将需要添加外发光的区域选中，如图 4-36 所示，按快捷键 Ctrl+J 将选区内容复制为新图层。

图4-36

05　单击"图层"面板中的"添加图层样式"按钮 **fx.**，在弹出的菜单中选择"外发光"选项。在弹出的"图层样式"对话框中，出现外发光属性设置，选择外发光形式为纯色填充，并设置"颜色"为蓝色（#01a9d4），"扩展"为 18%，"大小"为 38 像素，"范围"为 50%，"抖动"为 0%，如图 4-37 所示。

图4-37

Tips: 外发光的混合模式默认为"滤色"。

06　单击"确定"按钮后，图层便出现了蓝色的外发光效果，如图 4-38 所示。

07　采用同样的方法，为舞女的其他部分添加不同颜色

的外发光效果，如图 4-39 所示。

图4-38

08　打开"圆角矩形"素材并拖入文档中，添加"颜色"为玫红色（#b41ff9），"不透明度"为 84%，"扩展"为 0，"大小"为 27 像素，"范围"为 29%，"抖动"为 0% 的外发光效果，如图 4-40 所示。

图4-39

图4-40

09　按快捷键 Ctrl+J 复制"圆角矩形"图层并移至合适的位置。双击图层右侧的"图层样式"图标 **fx.**，更改外发光的颜色。采用同样的方法制作其他外发光矩形，完成图像制作，如图 4-41 所示。

图4-41

4.6 描边图层样式——可爱卡通

Photoshop 中有 3 种描边方式，在前文学习了"编辑"菜单下的"描边"命令，除此之外，还有图层样式"描边"和形状工具"描边"，本节主要学习"描边"图层样式的使用方法。

01 启动 Photoshop 2022，执行"文件"|"打开"命令，打开"背景"素材，如图 4-42 所示。

02 打开"卡通"素材并拖入文档中，调整大小和位置后，按 Enter 键确定，如图 4-43 所示。

03 单击"图层"面板中的"添加图层样式"按钮 fx.，在弹出的菜单中选择"描边"。在弹出的"图层样式"对话框中，设置"描边大小"为18 像素，"位置"为"外部"，"混合模式"为"正常"，"填充类型"为"颜色"，填充黑色，如图 4-44 所示。

图4-42　　　　　　　　图4-43

图4-44

Tips： 利用图层样式进行描边和执行"编辑"|"描边"命令不同。"编辑"菜单下的"描边"命令只能针对位图，"描边"图层样式可以针对文字、形状、智能矢量图层和位图等。

04 单击"确定"按钮，卡通人物边缘便出现了黑色描边，如图 4-45 所示。

Tips： 在图层样式下，可以使用颜色、渐变或图案对对象的轮廓进行描边。

05 打开"对话框"素材并拖入文档中，调整大小和位置后，按 Enter 键确定，如图 4-46 所示。

06 单击"图层"面板中的"添加图层样式"按钮 fx.，在弹出的菜单中选择"描边"选项。在弹出的"图层样式"对话框中，设置"描边大小"为 20 像素，"位置"为"外部"，"混合模式"为"正常"，"填充类型"为"图案"，选择"红色纹理纸"图案，如图 4-47 所示。

图4-45　　　　　　　　图4-46

图4-47

07 单击"确定"按钮，对话框边缘外便出现了图案描边效果，如图 4-48 所示。

08 采用同样的方法，打开"文字"素材并拖入文档，并设置"填充类型"为"渐变"，为文字添加渐变描边效果，完成图像制作，如图 4-49 所示。

图4-48　　　　　　　　图4-49

4.7 图层混合模式 1——森林的精灵

图层混合模式主要用来设置图层与图层的混合方式，创建各种特殊的混合效果，本节主要运用正片叠底图层混合模式来制作图像效果。

01　启动 Photoshop 2022 软件，执行"文件"|"打开"命令，打开"背景"素材，如图 4-50 所示。

图4-50

02　打开"小精灵"素材，如图 4-51 所示。

图4-51

03　使用"移动工具" ✛，将"小精灵"图像拖至"背景"素材中，如图 4-52 所示。

图4-52

04　选择"画笔工具" ✏，将前景色设置为黄色（#f1d325），选择合适的笔触，为"小精灵"添加翅膀，如图 4-53 所示。

图4-53

05　选择"小精灵翅膀"图层，设置"图层混合"模式为"线性减淡（添加）"，提亮小精灵的翅膀，如图 4-54 所示。

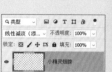

图4-54

Tips： 图层混合模式分为 6 组，分别是正常模式组、变暗模式组、变亮模式组、叠加模式组、差值模式组和色相模式组。

正常模式组包括：正常、溶解。

变暗模式组包括：变暗、正片叠底、颜色加深、线性加深和深色。

变亮模式组包括：变亮、滤色、颜色减淡、线性减淡（添加）和浅色。

叠加模式组包括：叠加、柔光、强光、亮光、线性光、点光和实色混合。

差值模式组包括：差值、排除、减去和划分。

色相组包括：色相、饱和度、颜色和明度。

06　选择"画笔工具" ✏，将前景色设置为暗黄色（#797647），选择合适的笔触，绘制光线，如图 4-55 所示。

图4-55

07　选择"光线"图层，设置"图层混合"模式为"线性减淡（添加）"，如图 4-56 所示。

图4-56

08　提高光线的亮度，制作结果如图 4-57 所示。

Photoshop平面设计从新手到高手（第2版）（微课视频版）

图4-57

4.8 图层混合模式 2——多重曝光

扫描观看

本节主要运用"滤色"图层混合模式来制作图像效果。

01 启动 Photoshop 2022 软件，执行"文件"|"打开"命令，打开"背影"素材，如图 4-58 所示。

02 选择工具箱中的"渐变工具" ，在工具选项栏中单击"线性渐变"按钮 ，单击渐变色条编辑渐变，弹出"渐变编辑器"对话框，在起点位置选择蓝色（#2fa3f3），在终点位置选择粉色（#c30de9），如图 4-59 所示。

> **Tips:** "滤色"模式即查看每个通道中的颜色信息，并将混合色的互补色与基色复合，结果色总是较亮的颜色。任何颜色与白色混合产生白色，任何颜色与黑色混合保持不变。

05 此时的图像效果如图 4-62 所示。

图4-62

图4-58

图4-59

03 单击"图层"面板中的"新建图层"按钮 ⊞，新建一个图层，从上往下单击拖曳填充渐变，如图 4-60 所示。

04 在"图层"面板中，设置图层"混合模式"为"滤色"，并设置"不透明度"为 50%，如图 4-61 所示。

06 打开"城市"素材，调整大小后按 Enter 键确认，如图 4-63 所示。

图4-63

07 在"图层"面板中，设置"城市"图层的"混合模式"为"滤色"，如图 4-64 所示。

08 此时，多重曝光效果便做好了，如图 4-65 所示。

图4-60

图4-61

图4-64 图4-65

4.9 图层混合模式 3——老照片

扫描观看

本节主要学习利用"柔光"图层混合模式制作老照片效果。

01 启动 Photoshop 2022 软件，执行"文件"|"打开"命令，打开"马车"素材，如图 4-66 所示。

图4-66

02 单击"图层"面板中的"新建图层"按钮田，新建一个图层，为新图层填充土黄色（#91753a），如图 4-67 所示。

图4-67

03 在"图层"面板中设置图层"混合模式"为"柔光"，并设置"不透明度"为60%，如图 4-68 所示。

图4-68

Tips: "柔光"混合模式即使颜色变亮或者变暗，具体取决于混合色。

04 此时，图像出现复古效果，如图 4-69 所示。

图4-69

05 打开"裂痕"素材，并拖入文档中，调整大小后按 Enter 键确认，如图 4-70 所示。

图4-70

06 将"裂痕"图层的"混合模式"设置为"柔光"，并设置"不透明度"为80%，如图 4-71 所示。

07 此时，裂痕效果出现在图像中，如图 4-72 所示，一张老照片便制作好了。

图4-71

图4-72

4.10 图层混合模式 4——豪车换装

扫描观看

本节主要利用"明度"和"饱和度"混合模式,将一辆银色的汽车换成金色。

01 启动 Photoshop 2022 软件,执行"文件"|"打开"命令,打开"背景"素材,如图 4-73 所示。

图4-73

02 打开"豪车"素材并拖入文档中,调整大小后按 Enter 键确认,如图 4-74 所示。

图4-74

03 选择"图层"面板中的"豪车"图层,在"混合模式"下拉列表中选择"明度",如图 4-75 所示。

图4-75

Tips: "明度"混合模式是指利用混合色(这里即豪车本身)的明度以及基色(这里即背景图层)的色相与饱和度创建结果色。

04 此时,车的原来颜色被去除,如图 4-76 所示。

图4-76

05 选择"豪车"图层,按住 Ctrl 键的同时,单击"图层"面板中的该图层缩略图,载入汽车的选区。选择工具箱中的"快速选择工具" ❷,并单击工具选项栏中的"从选区减去"按钮 ❷,将汽车的车灯、车轮、挡风窗和门把手处的选区减去,如图 4-77 所示。

图4-77

06 单击"图层"面板中的"新建图层"按钮 ⊞,新建一个图层,在新图层中为选区填充土黄色(#cc8620),如图 4-78 所示。

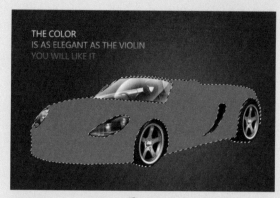

图4-78

图4-79

07 设置颜色图层的图层"混合模式"为"饱和度"，如图 4-79 所示。

Tips： "饱和度"混合模式是指用混合色（这里即豪车本身）的饱和度以及基色（这里即背景图层）的色相和明度创建结果色。

08 此时，图像制作完成，如图 4-80 所示。

图4-80

4.11 调整图层 1——多彩风景

扫描观看

　　调整图层主要用于调整图像的颜色和色调，但不会改变原图像的像素。本节主要利用"调整"面板中的"亮度/对比度""自然饱和度"和"曲线"调整图层来丰富风景图像的色彩。

01 启动 Photoshop 2022 软件，执行"文件"|"打开"命令，打开"风景"素材，如图 4-81 所示。

图4-81

02 单击"调整"面板中的"亮度/对比度"按钮新建一个调整图层。在"属性"面板中设置"亮度"为 43，"对比度"为 49，如图 4-82 所示。

Tips： 亮度：指图像的明亮程度。

对比度：指图像中最亮区域和最暗区域不同亮度层级的测量，差异范围越大说明对比越大，差异范围

越小代表对比越小。

03 调整"亮度/对比度"参数的效果，如图 4-83 所示。

图4-82　　　　　　　　　图4-83

04 单击"调整"面板中的"自然饱和度"按钮▽，创建一个调整图层。在"属性"面板中设置"自然饱和度"为 +100，"饱和度"为 +41，如图 4-84 所示。

Tips: "自然饱和度"与"饱和度"效果相同,均用来增加图像的饱和度。"自然饱和度"主要调整饱和度过低的像素,不容易出现失真现象;而"饱和度"数值较高时,图像色彩可能会产生过饱和现象。

05 调整"自然饱和度"参数后,效果如图4-85所示。

图4-84

图4-85

06 此时,海水部分有些偏绿,可以利用"曲线"功能调整海水部分,使其变得更蓝。单击"调整"面板的"曲线"按钮,创建一个调整图层。在"属性"面板的RGB下拉列表中选择"蓝"选项,调整蓝色曲线,如图4-86所示。

Tips: 曲线左下角代表暗调,右上角代表高光,中间的过渡代表中间调。在RGB图像中,利用曲线可以单独调整图像的RGB、红、绿和蓝通道的暗调、中间调和高光;在CMYK图像,利用曲线可以单独调整图像的CMYK、青色、洋红、黄色和黑色通道的暗调、中间调和高光。

07 调整后的效果如图4-87所示。

图4-86

图4-87

4.12 调整图层2——梦幻蓝调

扫描观看

本节主要通过"调整"面板中的"可选颜色"和"曲线"功能,将图像调出梦幻色调。

01 启动Photoshop 2022软件,执行"文件"|"打开"命令,打开"捧花"素材,如图4-88所示。

图4-88

02 在调整颜色前,先认识一下六色轮盘,如图4-89所示。了解基本的调色原理后,能更好地利用可选颜色对图像进行调整。

相反关系:红色和青色、绿色和洋红色、蓝色和黄色是相反色。一种颜色的增多将引起其相反色的减少。反之,一种颜色减少,其相反色将增加。例如,一幅偏绿色的图像,可以添加洋红,从而减少绿色。

相邻关系:红色=洋红色+黄色,绿色=青色+黄色,蓝色=青色+洋红色,依此类推。若要增加一种颜色,可以通过增加本身颜色或增加其相邻颜色,

也可以减少相反色或减少相反色的相邻色。例如,要增加红色,既可以直接增加红色或增加洋红色和黄色,也可以减少青色或减少绿色和蓝色。

图4-89

Tips: "可选颜色"中,白色、中性色和黑色分别调整图像中的高光、中间色和阴影。而红色、黄色、绿色、青色、蓝色、洋红的调整需要了解调色原理。我们通过六色轮盘来了解调色原理,如图4-89所示,可以更好地理解"可选颜色"和"曲线"的原理。

03 单击"调整"面板的"可选颜色"按钮,创建一个调整图层。

Tips: "可选颜色"可单独调整每种颜色而不影响其他的颜色，调整的主色分为三组：

光的三原色RGB：红色、绿色和蓝色。

色的三原色CMY：黄色、青色和洋红。

黑白灰明度：白色、中性色和黑色。

04 此时，"属性"面板将显示"可选颜色"的相关属性。在"颜色"下拉列表中选择"红色"选项，设置"青色"为+100%，选中"相对"单选按钮，如图4-90所示。

图4-90

Tips: 相对和绝对选项：在相同的条件下，通常"相对"对颜色的改变幅度小于"绝对"。选择"相对"单选按钮时，调整图像中没有的颜色，图像的颜色不会发生改变；选择"绝对"单选按钮时，可以在图像中某种原色内添加图像中原本没有的颜色。油墨的最高值是100%，最低值是0%，"相对"与"绝对"的计算值只能在这个范围内变化。

05 在"颜色"下拉列表中选择"黄色"选项，设置"青色"和"洋红"为+100%，"黄色"为-100%，"黑色"为+60%，如图4-91所示。

06 在"颜色"下拉列表中选择"绿色"选项，设置"青色"和"洋红"为+100%，"黄色"为-100%，"黑色"为+50%，如图4-92所示。

图4-91　　　　　图4-92

07 在"颜色"下拉列表中选择"白色"选项，设置"青色"为-20%，"黄色"为+40%，如图4-93所示。

08 在"颜色"下拉列表中选择"黑色"选项，设置"黑色"为+30%，如图4-94所示。

09 完成可选颜色调整后，图像整体呈现蓝色，但蓝色有些灰暗，如图4-95所示。

10 单击"调整"面板的"曲线"按钮，创建一个调整图层，在颜色下拉列表中选择"蓝"选项，调整蓝色曲线，如图4-96所示。

图4-93　　　　　图4-94

图4-95

11 在颜色下拉列表中选择RGB选项，调整RGB曲线，如图4-97所示。

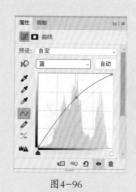　　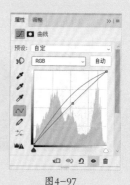

图4-96　　　　　图4-97

12 调整后的效果，如图4-98所示。

图4-98

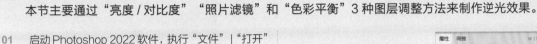
4.13 调整图层 3——逆光新娘

本节主要通过"亮度/对比度""照片滤镜"和"色彩平衡" 3 种图层调整方法来制作逆光效果。

01 启动 Photoshop 2022 软件,执行"文件"|"打开"命令,打开"新娘"素材,如图 4-99 所示。

02 单击"调整"面板中的"亮度/对比度"按钮☀,新建一个调整图层,设置"亮度"为 30,如图 4-100所示。

图4-99

图4-100

03 增加亮度后的效果,如图 4-101 所示。

04 单击"调整"面板中的"照片滤镜"按钮🎞,在"滤镜"下拉列表中选择 Sepia 滤镜,"浓度"为 71%,如图 4-102 所示。

图4-101

图4-102

Tips: 在使用"照片滤镜"时,需要先了解冷暖色。色彩学上根据心理感受把颜色分为暖色调、冷色调和中性色调。暖色调包括红、黄、橙以及由它们构成的色系;冷色调包括青、蓝以及由它们构成的色系;中性色调包括紫、绿、黑、灰、白。

05 此时,图像效果变成暖色,如图 4-103 所示。

06 单击"调整"面板中的"色彩平衡"按钮🎚,新建一个"色彩平衡"调整图层。在"色调"下拉列表中选择"阴影"选项,并设置"洋红一绿色"为 -60,如图 4-104 所示。

07 选择"色调"中的"高光"选项,并设置"青色一红色"为 +10,如图 4-105 所示。

图4-103

图4-104

Tips: "色彩平衡"命令可以用来调整图像的阴影、中间调和高光的颜色分布,使图像达到色彩平衡的效果。颜色控制由"青色——红色""洋红——绿色"和"黄色——蓝色"三组互补色组成,要减少某个颜色,就增加这种颜色的补色。反之,要增加某个颜色,就减少这种颜色的补色。

08 调整"色彩平衡"后的效果如图 4-106 所示。

图4-105

图4-106

09 选择工具箱中的"渐变工具"▊,设置渐变色,将位置为 0% 的颜色设置为黄色(#fcff84)、位置为50% 时颜色为橙色(#fb5a29),位置为 100% 的颜色为砖红色(#823424),如图 4-107 所示。

图4-107

10 在工具选项栏中单击"径向渐变"按钮，从右上角朝左下角单击并拖曳填充渐变色，如图 4-108 所示。

11 在"图层"面板中，设置渐变图层的"混合模式"为滤色，"不透明度"为 40%，如图 4-109 所示。

图4-108　　　　　图4-109

12 添加"滤色"图层后，阳光效果更明显了，完成后的图像如图 4-110 所示。

图4-110

Tips: 调整图层只能针对整个图层进行调整，此处添加的径向渐变滤色图层为图像进行局部调整，模拟自然光源，使光线更自然。

4.14 图层蒙版——海上帆船

扫描观看

蒙版可以对图像进行非破坏性编辑。图层蒙版通过蒙版中的黑色、白色及灰色来控制图像的显示与隐藏，起到遮盖图像的作用。

01 启动 Photoshop 2022 软件，执行"文件"|"打开"命令，打开"大海"素材，如图 4-111 所示。

图4-111

02 打开"帆船"素材并拖入文档中，调整大小后按 Enter 键确定，如图 4-112 所示。

图4-112

03 单击"图层"面板中的"添加图层蒙版"按钮或执行"图层"|"图层蒙版"|"显示全部"命令，为图层添加蒙版。此时蒙版的颜色为白色，如图 4-113 所示。

图4-113

Tips: 按住 Alt 键单击"添加图层蒙版"按钮或执行"图层"|"图层蒙版"|"隐藏全部"命令，添加的蒙版为黑色。

04 将前景色设置为黑色，选择蒙版，按快捷键 Alt+Del 将蒙版填充为黑色。此时帆船被完全覆盖，显示内容为"海水"，如图 4-114 所示。

图4-114

Tips: 图层蒙版只能用黑色、白色及其中间的过渡色灰色来填充。在蒙版中，填充黑色即蒙住当前图层，显示当前图层以下的可见图层；填充白色则是显示当前层的内容；填充灰色则当前图层呈半透明状，且黑色值越大，图层越透明。

05 选择工具箱中的"渐变工具" ，在工具选项栏中编辑渐变为"黑白渐变"，选择渐变模式为"线性渐变" ，"不透明度"为100%，如图4-115所示。

图4-115

06 在蒙版上，以垂直方向由下往上单击拖曳填充黑白渐变，海中的帆船便出现了，如图4-116所示。

图4-116

4.15 剪贴蒙版——苏州园林

剪贴蒙版是利用图层中的一个像素区域来控制该图层上方的图层显示范围。与图层蒙版不同，剪贴蒙版可以控制多个图层的可见内容。

01 启动 Photoshop 2022 软件，执行"文件"|"打开"命令，打开"苏州园林"素材，如图 4-117 所示。

02 打开"八边形"素材，并拖入文档中，调整大小和位置后，按 Enter 键确认，如图 4-118 所示。

图4-117   图4-118

03 打开"天空"素材，并拖入文档中，调整大小和位置后，按 Enter 键确认置入。

04 执行"图层"|"创建剪贴蒙版"命令，或按住 Alt 键，当鼠标指针移至"天空"和"八边形"两个图层之间，图标变成 ⬇□ 时单击，即可为"天空"图层创建剪贴蒙版。此时该图层前有剪贴蒙版标识 ⬇，如图4-119 所示。

Tips: 在剪贴蒙版编辑中，图层名称带有下画线的图层叫作"基底图层"，用来控制其上方图层的显示区域；位于该图层上方的图层叫作"内容图层"。基底图层的透明区域可以将内容图层中的同一区域显示，移动基底图层即改变内容图层的显示区域。

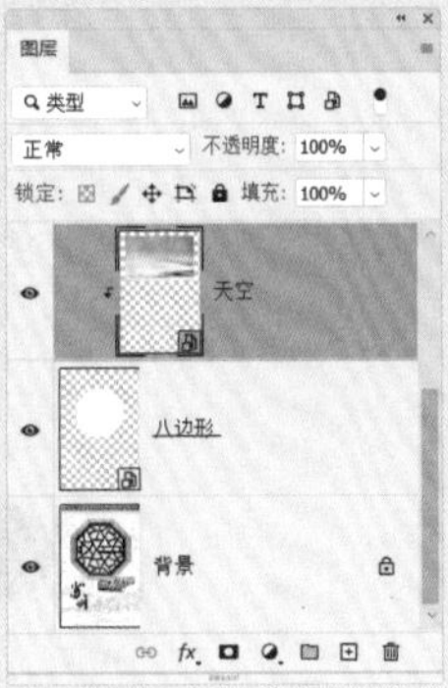

图4-119

05 打开"凉亭"素材并拖入文档中，调整大小和位置后，按 Enter 键确认置入。

06 执行"图层"|"创建剪贴蒙版"命令，为"凉亭"图层创建剪贴蒙版，如图 4-120 所示。

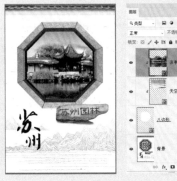

图4-120

扫描观看

07 采用同样的方法，将"竹子"素材，拖入文档中并创建剪贴蒙版，图像制作完成，如图 4-121 所示。

图4-121

4.16 矢量蒙版——浪漫七夕

扫描观看

图层蒙版和剪贴蒙版都是基于像素区域的蒙版，而矢量蒙版则是由"钢笔工具"或形状工具等矢量工具创建的蒙版，无论图层缩小还是放大，均能保持蒙版边缘处光滑无锯齿。

01 启动 Photoshop 2022 软件，执行"文件"|"打开"命令，打开"背景"素材，如图 4-122 所示。

02 选择工具箱中的"文字工具" T，当鼠标指针移至图像窗口变成文字图标 I 时单击，并输入文字2022。在工具选项栏中选择合适的字体，设置合适的字号大小，并填充黑色，如图 4-123 所示。

图4-122　　　　　　　图4-123

03 选择"图层"面板中的文字图层并右击，在弹出的快捷菜单中选择"创建工作路径"选项，将文字转换成为形状，如图 4-124 所示。

04 打开"花瓣"素材并拖入文档中，调整大小后按Enter 键置入，如图 4-125 所示。

图4-124　　　　　　　图4-125

05 执行"图层"|"矢量蒙版"|"当前路径"命令，或按住 Ctrl 键并单击"图层"面板中的"添加图层蒙版"图标 ▣，为"花瓣"图层创建矢量蒙版，如图 4-126 所示。

Tips: 矢量蒙版的灰色区域表示被遮住的区域，白

色区域表示显示的区域。

06 双击添加了矢量蒙版的图层空白处，打开"图层样式"对话框，选中"内阴影"复选框，设置"距离"为 30 像素，"大小"为 10 像素，如图 4-127 所示，单击"确定"按钮为矢量蒙版添加内阴影图层效果。

图4-126　　　　　　　图4-127

07 选择工具箱中的"直接选择工具" ▷，单击或框选路径上的点。当点显示为实心点时，可以对路径进行拖移、删除或其他编辑。调整"2"和"1"的形状，如图 4-128 所示。

08 打开"美女"素材并拖入文档中，调整大小后移至合适位置，按 Enter 键置入，完成图像制作，如图 4-129 所示。

图4-128　　　　　　　图4-129

第5章
路径和形状

路径是以矢量形式存在、不受分辨率影响且能够被调整和编辑的线条。路径是形状的轮廓，独立于所在图层，本章主要学习运用"钢笔工具"和形状工具创建路径或形状的方法。

5.1 钢笔工具——映日荷花

扫描观看

"钢笔工具"是最基本的路径绘制工具，可以用来绘制矢量图形和抠图。钢笔工具组中包括"钢笔工具""自由钢笔工具""添加锚点工具""删除锚点工具"和"转换点工具"。

01 启动 Photoshop 2022，执行"文件"|"打开"命令，打开"荷花"素材，如图 5-1 所示。

02 选择工具箱中的"钢笔工具" ⌀，在工具选项栏中选择"路径"选项，再将鼠标指针移至画面上，当鼠标指针变成 ⌀.时单击，即可创建一个锚点，如图5-2 所示。

图5-1　　　　　　图5-2

> **Tips:** 锚点是连接路径的点，锚点两端有用于调整路径形状的方向线。锚点分为平滑点和角点两种，平滑点的连接可以形成平滑的曲线，而角点的连接可以形成直线或转角曲线。

03 将鼠标指针移至下一处并单击，创建另一个锚点，两个锚点将连接成一条直线，即创建了一条直线路径，如图 5-3 所示。

04 将鼠标指针移至下一处，单击并按住鼠标左键拖动，在拖动过程中观察方向线的方向和长度，当路径与边缘重合时释放鼠标，直线和平滑的曲线形成了一条转角曲线路径，如图 5-4 所示。

图5-3　　　　　　图5-4

05 将鼠标指针移至下一处，单击并按住鼠标左键拖动，在拖动过程中观察方向线的方向和长度，当路径与边缘重合时释放鼠标，则该锚点与上一个锚点形成了一条平滑的曲线路径，如图 5-5 所示。

图5-5

06 按住 Alt 键并单击该锚点，将该平滑锚点转换为角点，如图 5-6 所示。

图5-6

07 采用同样的方法，沿整个荷花和荷叶边缘创建路径，当起始锚点和结束锚点重合时，路径将闭合，如图 5-7 所示。

> **Tips:** 在路径的绘制过程中或结束后，可以利用"添加锚点工具" ⌀ 添加锚点，"删除锚点工具"删除锚点，"转换点工具" ⌀ 调整方向线。

08 在路径上右击，在弹出的快捷菜单中选择"建立选区"命令，在弹出的"建立选区"对话框中，设置"羽化半径"为 0，如图 5-8 所示，单击"确定"按钮即可将路径转换为选区。

图5-7

图5-8

Tips: 按快捷键 Ctrl+Enter，可以直接将路径转换为选区。

09 打开"背景"素材，如图 5-9 所示。

10 切换到"荷花"文档，选择工具箱中的"移动工具" ✛，将荷花选区内容拖入"背景"文档中，调整大小后，按 Enter 键确认，完成图像制作，如图 5-10 所示。

图5-9

图5-10

5.2 自由钢笔工具——雪山雄鹰

扫描观看

"自由钢笔工具"和"套索工具"类似，都可以用来绘制比较随意的图形。不同的是，"自由钢笔工具"起始点和结束点重合后，产生的是封闭的路径，而"套索工具"产生的是选区。

01 启动 Photoshop 2022，执行"文件"|"打开"命令，打开"背景"素材，如图 5-11 所示。

02 选择工具箱中的"自由钢笔工具" ✑，在工具选项栏中选择"路径"选项，在画面中单击并拖动鼠标，绘制较随意的山峰路径，如图 5-12 所示。

图5-13   图5-14

06 打开"雄鹰"素材，如图 5-16 所示。

图5-15

图5-16

图5-11

图5-12

Tips: 单击即可添加一个锚点，双击可结束编辑。

03 单击"图层"面板中的"创建新图层"按钮 ⊞，新建一个空图层。按快捷键 Ctrl+Enter 将路径转换为选区，如图 5-13 所示。

04 设置前景色颜色为浅黄色（#f2efed），按快捷键 Alt+Del 为选区填充颜色，按快捷键 Ctrl+D 取消选区，如图 5-14 所示。

05 重复第 02 步和第 03 步，绘制山峰阴影并填充深灰色（#060606），如图 5-15 所示。

07 选择工具箱中的"自由钢笔工具" ✑，在工具选项栏中选择"路径"选项，选中"磁性的"复选框，并单击设置图标 ✿，在下拉面板中设置"曲线拟合"为 2 像素，"宽度"为 10 像素，"对比"为 10%，"频率"为 57，如图 5-17 所示。

Tips: 曲线拟合：该值越高，生成的锚点越少，路径越简单。

磁性的：选中"磁性的"复选框后出现"宽度""对比"和"频率"参数。"宽度"用于定义磁性钢笔的检测范围，值越大，磁性钢笔寻找的范围越大，但边缘准确性会降低；"对比"用来控制对图像边缘识别的灵敏度，图像边缘与背景色对比越接近，对比值需要设置得越高；"频率"用来确定锚点的密度，值越高，锚点越多。

钢笔压力：与数位板等工具配合使用。

08 此时移动鼠标指针到画面中，鼠标指针变成 。单击创建第一个锚点，如图 5-18 所示。

图5-17 　　　　　　图5-18

09 沿雄鹰的边缘拖动，锚点将自动吸附在边缘处。此时每单击一次，将在单击处创建一个新锚点，移动鼠标指针直到与起始锚点重合，单击闭合路径，如图 5-19 所示。

10 按快捷键 Ctrl+Enter 将路径转换为选区，并选择工具箱中的"移动工具" ，将雄鹰选区内容拖入"背景"文档中，调整大小后按 Enter 键确认，图像制作完成，如图 5-20 所示。

图5-19　　　　　　图5-20

5.3　矩形工具——多彩字体

扫描观看

"矩形工具"主要用来绘制矩形形状，也可以为"矩形工具"绘制的矩形设置圆角。

01 启动 Photoshop 2022，执行"文件"|"打开"命令，打开"背景"素材，如图 5-21 所示。

02 选择工具箱中的"文字工具" **T**，在工具选项栏中设置字体为"黑体"，文字大小为 200 点，文字颜色为白色，在画面中单击输入文字"设计"，如图 5-22 所示。

图5-21 　　　　　　图5-22

03 选择工具箱中的"矩形工具" □，在工具选项栏中选择"形状"选项。单击填充色条 ，在弹出的"设置形状填充类型"界面中单击彩色图标 ，设置填充颜色为红色（#d50c14）；描边颜色为无，单击并拖动鼠标，依照"设"字的型状创建矩形，如图 5-23 所示。

Tips: 选择"矩形工具"后，按住 Shift 键拖动可以创建正方形；按住 Alt+Shift 键拖动可以创建以单击点为中心的正方形。

04 选择工具箱中的"直接选择工具" ，将矩形的左下和右下两个锚点框选。选中的锚点变为实心点，未被选中的点为空心点，如图 5-24 所示。

图5-23　　　　　　图5-24

05 按键盘上的→键，此时弹出对话框提示"此操作会将实时形状转变为常规路径。是否继续？"，单击"确认"按钮。

Tips: 用"矩形工具""圆角矩形工具"或"椭圆工具"绘制的形状或路径为实时形状，用"钢笔工具"和其他形状工具绘制的形状或路径为常规路径。移动实时形状的锚点可以将实时形状转换为常规路径。实时形状可以在"属性"面板中设置其描边的对齐类型、描边的线段端点、描边的线段合并类型以及形状的圆角半径。

06 继续按键盘上的→键，移动锚点至矩形与"设"字的重合点，并设置图层的"不透明度"为 75%，如图 5-25 所示。

07 采用同样的方法，利用"矩形工具" □绘制其他矩形覆盖白色字，并用"直接选择工具" 结合键盘的↑、↓、←、→键调整锚点位置，设置每个矩形形状图层的"不透明度"均为 75%，分别填充橘色（#ec5830）、绿色（#7fb134）、青色（#3fabab）

第5章　路径和形状

和蓝色（#004288）。删除文字图层后，效果如图 5-26 所示。

颜色为白色。在画面中单击，输入文字 FONT DESIGN，如图 5-27 所示。

09 采用同样的方法，利用"矩形工具"□绘制其他颜色的半透明矩形后，调整锚点覆盖英文字母。删除英文文字图层，图像制作完成，如图 5-28 所示。

图5-25　　　　　图5-26

图5-27　　　　　图5-28

08 选择工具箱中的"文字工具"T，在工具选项栏中选择合适的字体，设置合适的字号大小，文字

扫描观看

5.4　圆角矩形工具 1——涂鸦笔记本

"圆角矩形工具"主要用来绘制圆角矩形，使用方法和"矩形工具"类似，工具选项栏与"矩形工具"相比，多了一个"半径"选项。

01 启动 Photoshop 2022，将背景色颜色设置为浅青色（#7eaeb6），执行"文件"|"新建"命令，新建一个宽为 3000 像素、高为 2000 像素、分辨率为 300 像素/英寸，背景内容为背景色的 RGB 颜色模式文档，如图 5-29 所示。

02 选择工具箱中的"矩形工具"□，在工具选项栏中选择"形状"选项。单击填充色条■，在弹出的"设置形状填充类型"界面中单击彩色图标▣，设置填充颜色为青色（#2c7682），描边颜色为无，"圆角半径"值为 80，单击并拖动鼠标创建圆角矩形，如图 5-30 所示。

"扩展"为 0%，"大小"为 20 像素，单击"确定"按钮为圆角矩形添加投影效果，如图 5-33 所示。

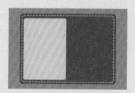

图5-31　　　　　图5-32

06 复制该圆角矩形并移至合适位置，采用同样的方法，绘制两个颜色为浅黄色（#f4f3ee）的圆角矩形，并移至合适的位置，如图 5-34 所示。

07 选择"椭圆工具"○，拖动鼠标并按住 Shift 键，绘制两个圆形，设置填充颜色为黑色，描边颜色为无，如图 5-35 所示。

08 设置"圆角半径"值为 100，单击并拖动鼠标，创建圆角矩形，设置填充为渐变■，分别双击渐变条下端两个色块，设置渐变起点颜色为浅灰色（#c6c6c4），终点颜色为白色（#ffffff），渐变角度为 90 度，并设置描边颜色为无，如图 5-36 所示。

图5-29　　　　　图5-30

Tips: 圆角半径值越大，圆角弧度越明显。

03 单击并拖动鼠标，创建略小的圆角矩形，在弹出的"属性"面板中更改填充颜色为无，描边颜色为白色，描边大小为 3 点，描边样式为"虚线" ---∨，如图 5-31 所示。

04 将"圆角半径"设置为 50 像素，单击并拖动鼠标，创建新的圆角矩形，设置填充颜色为浅黄色（#e5dfc4），更改描边颜色为无，如图 5-32 所示。

05 单击"图层"面板中的"添加图层样式"按钮 fx.，在弹出的菜单中选择"投影"选项，在弹出的对话框中设置"角度"为 120 度，投影"距离"为 5 像素，

图5-33　　　　　图5-34

09 填充好渐变的圆角矩形，如图 5-37 所示。

图5-35

图5-36

10　复制多组第 07 步和第 08 步制作的圆角矩形，整体效果完成，如图 5-38 所示。

图5-37

图5-38

11　找到"涂鸦"素材、"文字"素材和"笔"素材文件，拖入文档中，并调整大小后按 Enter 键确认，图像制作完成，如图 5-39 所示。

图5-39

Tips： 未经变形的圆角矩形为实时形状，在"属性"面板中可以对圆角矩形的填充颜色、描边类型和圆角半径等参数进行修改。

5.5　圆角矩形工具 2——笔记本电脑

本节主要利用"圆角矩形工具"结合叠加渐变，绘制逼真的笔记本电脑效果图。

01　启动 Photoshop 2022，执行"文件"|"打开"命令，打开"背景"素材，如图 5-40 所示。

02　选择工具箱中的"矩形工具" □，在工具选项栏中选择"形状"选项，设置"圆角半径"为 30，单击并拖动鼠标创建圆角矩形。在弹出的"属性"面板中设置填充为渐变 ■，分别双击渐变条下端两个色块，设置渐变起点颜色为浅灰色（#e8e9e9），终点颜色为白色（#fefefe），渐变角度为 125 度，并设置描边颜色为无，如图 5-41 所示。

图5-40

图5-41

Tips： 利用形状工具绘制的形状，在工具选项栏中均可对填充和描边设置透明、纯色、渐变和图案填充。

03　单击并拖动鼠标，创建略小的圆角矩形，将描边颜色设置为灰色（#959595），描边大小为 0.5 点，如图 5-42 所示。

04　采用同样的方法绘制一个带描边的渐变圆角矩形和颜色为浅灰色（#d1d1d1）的圆角矩形，如图 5-43 所示。

图5-42

图5-43

05　在"图层"面板中选择带描边的渐变圆角矩形图层并右击，在弹出的快捷菜单中选择"创建剪贴蒙版"命令，将纯色圆角矩形拖至合适的位置，如图 5-44 所示。

06　在工具选项栏中设置"圆角半径"为 10，单击并拖动鼠标，创建圆角矩形。设置填充颜色为深灰色（#3c3c3b），设置描边颜色为无，创建多个圆角矩形，如图 5-45 所示。

07　单击并拖动鼠标，创建新的圆角矩形，并更改颜色为灰色（#706f6f），如图 5-46 所示。

08　设置"圆角半径"为 50，单击并拖动鼠标，创建圆角矩形，设置填充颜色为深灰色（#575756）。按快捷键 Ctrl+T 并右击，在弹出的快捷菜单中选择"透视"选项，按住 Shift 键向左水平移动右下角的锚点，将圆角矩形变形，如图 5-47 所示。

图5-44　　　　　　　　　　图5-45

图5-46　　　　　　　　　　图5-47

09 复制该圆角矩形，往下移动较短距离，更改填充颜色为渐变▨，设置渐变起点颜色为灰色（#c6c6c6），终点颜色为浅灰色（#f1efef），渐变角度为125度，并设置描边颜色为无，如图5-48所示。

10 设置"圆角半径"为10，单击并拖动鼠标创建圆角矩形，设置填充颜色为白色，描边颜色为黑色，描边大小为1点。按快捷键Ctrl+T并右击，在弹出的快捷菜单中选择"透视"选项，按住Shift键向左水

平移动右下角的锚点，将圆角矩形变形，如图5-49所示。

图5-48　　　　　　　　　　图5-49

11 打开"屏幕"素材并拖入文件中，调整大小并进行透视变形后，按Enter键确认。按住Alt键，在屏幕圆角矩形图层和屏幕素材的图层之间单击，创建剪贴蒙版，图像制作完成，如图5-50所示。

图5-50

5.6 椭圆工具——一树繁花

"椭圆工具"主要用来绘制椭圆和圆形形状或路径。

01 启动Photoshop 2022软件，执行"文件"|"打开"命令，打开"背景"素材，如图5-51所示。

02 先来绘制一只小鸟，选择"椭圆工具"○，在工具选项栏中选择"形状"选项。单击填充色条■，在弹出的"设置形状填充类型"界面中单击彩色图标▨，设置填充颜色为亮粉色（#f8366a），设置描边颜色为无。单击并拖动鼠标，绘制椭圆作为小鸟的身子，如图5-52所示。

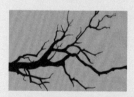

图5-51　　　　　　　　　　图5-52

Tips： "椭圆工具"和"矩形工具"的使用方法基本相同，可以在工具选项栏的设置面板✿中更改设置，创建不受约束的椭圆；按住Shift键单击并拖动，可以创建不受约束的圆形，也可以创建固定大小或比例的椭圆形或圆形。

03 单击并拖动鼠标绘制其他椭圆形，按快捷键Ctrl+T旋转椭圆形角度，按Enter键确认，并分别将颜色更改为玫红色（#ba2751）、黄色（#e3c00e）和橘色（#eb7b09）作为小鸟的翅膀、头顶羽毛和爪，如图5-53所示。

04 选择工具箱中的"移动工具"✛，将椭圆形移至合适的位置，并在"图层"面板中将翅膀和爪的椭圆图层拖至小鸟身子图层的下方，如图5-54所示。

05 选择工具箱中的"椭圆工具"○，设置填充颜色为白色，描边颜色为无。按住Shift键，单击并拖动鼠标，绘制白色圆形作为小鸟的眼睛。在未释放Shift键和鼠标左键的同时按住空格键，拖动鼠标可以移动该圆形到合适的位置，如图5-55所示。

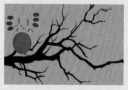

图5-53　　　　　　　　　　图5-54

06 采用同样的方法，绘制一个白色的圆形作为另一只

眼睛，绘制两个略小的黑色圆形作为眼珠，如图
5-56 所示。

图5-55　　　　　　　　　　图5-56

07 单击并拖动鼠标，分别绘制颜色为黄色（#f6d322）
和土黄色（#e3c00e）的两个椭圆形作为小鸟的上
喙和下喙。按住 Alt 键，在"图层"面板中单击"上喙"
和"下喙"图层的中间，创建剪贴蒙版，小鸟制作完成，
如图 5-57 所示。

08 接下来绘制花朵。按住 Shift 键，单击并拖动鼠标绘
制白色圆形，并调整图层的"不透明度"为 50%，
如图 5-58 所示。

图5-57　　　　　　　　图5-58

09 按快捷键 Ctrl+T，调出自由变换框，将鼠标指针移
至中心点，鼠标指针变成。按住鼠标左键拖动中
心点到底边的中心位置，如图 5-59 所示。

10 在工具选项栏的"旋转"文本框中输入 72，按两次

Enter 键确认旋转。按快捷键 Ctrl+Alt+Shift+T 重
复上一步操作，共执行 4 次，如图 5-60 所示。

图5-59　　　　　　　　图5-60

> **Tips：** 快捷键 Ctrl+Alt+Shift+T 用来重复上一次的
> 操作并可对操作结果进行积累，同时重复结果将复
> 制到新图层上；快捷键 Ctrl+Shift+T，用来重复上
> 一次的操作，但只重复不复制。

11 选择工具箱中的"椭圆工具"○，设置填充颜色为
红色（#e60012），描边颜色为无。按住 Shift 键，
单击并拖动鼠标，绘制红色圆形作为花心，并将花
心图形移至"花瓣"图层下面，花朵制作完成，如
图 5-61 所示。

12 将花朵编组，复制多个花朵并调整大小和位置，图
像制作完成，如图 5-62 所示。

图5-61　　　　　　　　图5-62

5.7 直线工具——城市建筑

"直线工具"主要用来绘制直线和带方向的直线。

01 启动 Photoshop 2022 软件，执行"文件"|"打开"
命令，打开"背影"素材，如图 5-63 所示。

02 选择工具箱中的"直线工具"／，在工具选项栏中
选择"形状"选项。单击填充色条■，在弹出的"设
置形状填充类型"界面中单击彩色图标▣，设置填
充颜色为深灰色（#454c53），描边颜色为无，粗
细为 350 像素。按住 Shift 键绘制一条直线，如图
5-64 所示。

03 同样，分别将粗细设置为 280 像素、160 像素和
120 像素，按住 Shift 键，绘制 3 条颜色分别为深
紫色（#5e5a60）、灰色（#8d8b81）和深青色
（#454c53）的直线，并叠加到一起。

图5-63　　　　　　　　图5-64

04 选中"图层"面板中第 03 步绘制的 3 条直线的图层，
选择工具箱中的"移动工具"✛，在工具选项栏中
单击"垂直居中对齐"图标▯，将直线居中对齐，
如图 5-65 所示。

05 将粗细设置为 800 像素，按住 Shift 键，单击并拖
动鼠标绘制直线。在未放开 Shift 键和鼠标左键的同

时按住空格键，拖动鼠标调整该直线的上边线与此前的直线居中对齐，更改填充颜色为无，描边颜色为白色，描边大小为3点，描边类型为"虚线"，描边的对齐类型为"居中"，如图5-66所示。

图5-65　　　　　图5-66

Tips: 直线有粗细之分，与直线的描边和矩形的描边类似，都是在边缘处进行描边的。

06 此时，道路制作完成，如图5-67所示。

07 设置填充颜色为紫色（#5f52a0），描边颜色为无。将粗细设置为360像素，在工具选项栏中单击"设置"图标✿，在下拉面板中选中"起点"复选框，并设置"宽度"为10像素，"长度"为10像素，"凹度"为50%，如图5-68所示。

Tips: 起点：在直线的起点添加箭头。
终点：在直线的终点添加箭头。
宽度：用来设置箭头宽度与直线宽度的百分比，范围为10%~1000%，值越大，箭头越宽（箭头由窄变宽：➤ ➤）。

长度：用来设置箭头长度与直线宽度的百分比，范围为10%~5000%，值越大，箭头越长（箭头由短变长：➤——➤）。
凹度：用来设置箭头的凹陷程度，范围为−50%~50%。当凹度值为0时，箭头尾部平齐◀；值大于0%时，向内凹陷◀；值小于0%时，向外凸起◀。

图5-67　　　　　图5-68

08 按住Shift键，单击并从上往下拖动，绘制大楼，如图5-69所示。

09 采用同样的方法，设置不同的粗细和颜色，绘制城市的其他建筑物，图像制作完成，如图5-70所示。

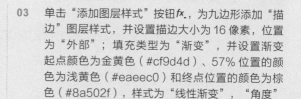

图5-69　　　　　图5-70

5.8 多边形工具——制作奖牌

扫描观看

"多边形工具"主要用来绘制多边形。

01 启动Photoshop 2022软件，执行"文件"|"打开"命令，打开"背景"素材，如图5-71所示。

02 选择工具箱中的"多边形工具"⬡，设置填充颜色为白色，描边颜色为无，设置"边"为9，单击并拖动鼠标，绘制一个九边形，如图5-72所示。

图5-71　　　　　图5-72

03 单击"添加图层样式"按钮*fx*，为九边形添加"描边"图层样式，并设置描边大小为16像素，位置为"外部"；填充类型为"渐变"，并设置渐变起点颜色为金黄色（#cf9d4d）、57%位置的颜色为浅黄色（#eaeec0）和终点位置的颜色为棕色（#8a502f），样式为"线性渐变"，"角度"为−90度。

04 单击"图层样式"面板左侧的"渐变叠加"选项，设置渐变叠加起点的颜色为浅黄色（#d4c182）、49%位置的颜色为明黄色（#f4f2c4）、52%位置的颜色为棕色（#5e3923）和终点位置的颜色为浅黄色（#e4d08b），样式为"线性渐变"，"角度"为−90度，单击"确定"按钮，效果如图5-73所示。

05 单击并拖动鼠标，绘制一个略小的九边形，添加"描边"和"渐变叠加"图层样式。设置填充类型为纯色，大小为10像素；渐变叠加的样式为"角度"，设置渐变叠加起点的颜色为黄色（#e1d678）、25%位置的颜色为土黄色（#b58c4c）、45% 位置的颜色为黄色（#d9cc74）、75% 位置的颜色为深黄色（#b58c4c）、88% 位置的颜色为蛋黄色（#d2c06d）和终点颜色为浅蛋黄色（#e4d08b），如图 5-74 所示。

图5-73　　　　　　　图5-74

06　在工具选项栏中设置"边"为 5，"圆角的半径"为 0，单击设置图标✿，设置"星形比例"为 50%，如图 5-75 所示。

> **Tips：** 调整"星形比例"值，可以设置星形边缘向中心缩进的数量，数值越大，星形越"瘦"。
> 选中"平滑星形缩进"复选框，可以使星形的边平滑地向中心缩紧，星形的直线将变成弧线缩进。

07　单击并拖动鼠标，绘制一个五角星，更改填充颜色为棕色（#5c3821），描边颜色为无，绘制完成后按快捷键 Ctrl+T 进行旋转，如图 5-76 所示。

图5-75　　　　　　　图5-76

08　采用同样的方法，绘制其他五角星，并将"文字"素材拖至文档中，调整大小后按 Enter 键确认，如图 5-77 所示。

09　在工具选项栏中设置"边"为 4，"圆角的半径"为 90 像素，按住 Shift 键，单击并拖动绘制圆角四边形。

10　在工具选项栏中更改填充为渐变▨，填充渐变起点颜色为淡黄色（#ede5ad），终点颜色为土黄色

（#b8914f），渐变角度为 -90 度的线性渐变，并设置描边颜色为无，如图 5-78 所示。

图5-77　　　　　　　图5-78

11　按快捷键 Ctrl+J 复制该图层，将前景色设置为黑色，按快捷键 Alt+Del 填充颜色，设置图层的"不透明度"为 60%，并将图层下移一层作为阴影，如图 5-79 所示。

12　将奖牌的部分移至图层的上方，如图 5-80 所示。

13　在工具选项栏中设置"边"为 5，单击设置图标✿，设置"星形比例"为 50%，颜色设置成白色，绘制五角星，并按快捷键 Ctrl+T 进行旋转，如图 5-81 所示。

14　采用同样的方法制作蓝色（#6cbee4）的星形，完成图像制作，如图 5-82 所示。

图5-79　　　　　　　图5-80

图5-81　　　　　　　图5-82

5.9　自定形状工具 1——魔术扑克

"自定形状工具"主要使用 Photoshop 2022 中自带的形状绘制图形。

01　启动 Photoshop 2022 软件，执行"文件"|"打开"命令，打开"背景"素材，如图 5-83 所示。

扫描观看

02 选择工具箱中的"矩形工具"▭，在工具选项栏中选择"形状"选项。单击填充色条 ▬，在弹出的"设置形状填充类型"面板中单击彩色图标▭，设置填充颜色为白色，描边颜色为无颜色，"圆角半径"为 60 像素。

03 单击并拖动鼠标，绘制圆角矩形，按快捷键 Ctrl+T，将圆角矩形旋转后按 Enter 键确认，如图 5-84 所示。

图5-83　　　　　　　　图5-84

04 单击"图层"面板中的"添加图层样式"按钮 fx，在弹出的菜单中选择"投影"选项，在弹出的对话框中设置"角度"为 45 度，"距离"为 3 像素，"扩展"为 0%，"大小"为 40 像素。添加投影后，效果如图 5-85 所示。

05 选择工具箱中的"自定义形状工具" ⬚，在工具选项栏中"形状"选项右侧，单击 图标，在弹出的列表中选择"黑桃"形状，如图 5-86 所示。

图5-85　　　　　　　　图5-86

06 选择"黑桃"形状 ♠，在工具选项栏中选择"形状"选项，按住 Shift 键，拖动鼠标绘制黑桃形状。

Tips: 在 Photoshop 中，支持 emoji 表情包在内的 svg 字体，此处的桃心等图标可以在字形中选择。执行"窗口"|"字形"命令，调出"字形"面板。在该面板中选择 EmojiOne 字体，在"完整字体"选项中选择 ♠♥♦♣ 即可。

07 设置填充颜色为黑色，描边颜色为无，创建图形后按快捷键 Ctrl+T 对形状进行旋转，如图 5-87 所示。

所示。

08 选中黑桃图层并拖至"图层"面板中的"创建新图层"按钮 ⊞ 上，复制该图层。按快捷键 Ctrl+T 后缩小，按 Enter 键确认。采用同样的方法，复制小黑桃图形，按快捷键 Ctrl+T 并右击，在弹出的快捷菜单中选择"旋转 180 度"选项，如图 5-88 所示。

图5-87　　　　　　　　图5-88

09 选择工具箱中的"文字工具" T，在画面中单击，输入文字 A，并设置字体为黑体，大小为 22 点。

10 选择工具箱中的"移动工具" ✛，移动文字 A 到合适的位置，按快捷键 Ctrl+T 对文字进行旋转。复制该图层并旋转 180°，一张"黑桃 A"就做好了，如图 5-89 所示。

11 复制圆角矩形图层并在"图层"面板中将该图层移至顶部，在"形状"列表中选择"方块"选项并填充红色，如图 5-90 所示。

图5-89　　　　　　　　图5-90

12 添加文字并填充红色后旋转，一张"方块 A"也完成了。采用同样的方法制作另两张扑克，完成图像制作，如图 5-91 所示。

图5-91

5.10 自定形状工具 2——丘比特之箭

扫描观看

除了软件自带的形状，还可以设置新形状并添加到自定义形状中。

01 启动 Photoshop 2022 软件，执行"文件"|"打开"命令，打开"丘比特"素材，如图 5-92 所示。

02 选择工具箱中的"魔棒工具" ，为"丘比特"载入选区，如图 5-93 所示。

图5-92   图5-93

03 在选区边缘右击，在弹出的快捷菜单中选择"建立工作路径"选项，弹出"建立工作路径"对话框，如图 5-94 所示。

图5-94

04 设置"容差"值为 2.0 像素，单击"确定"按钮，将选区转换为路径，如图 5-95 所示。

05 选择工具箱中的"路径选择工具" ，将鼠标指针移至路径边缘并右击，在弹出的快捷菜单中选择"定义自定形状"选项，弹出"形状名称"对话框。

06 设置形状名称为"丘比特"，按 Enter 键确定，自定义一个形状。

07 执行"文件"|"打开"命令，打开"背景"素材，如图 5-96 所示。

08 选择工具箱中的"自定义形状工具" ，在工具选项栏中选择"形状"选项。单击填充色条 ，在弹出的"设置形状填充类型"面板中单击彩色图标 ，设置填充颜色为亮粉色（#eb505e），描边颜色为无。在"形状"列表中，选择刚刚定义的形状，如图 5-97 所示。

图5-95   图5-96

09 按 Shift 键，单击并拖动鼠标绘制图形，然后同时按住空格键，拖动鼠标移动形状的位置，调整后的效果如图 5-98 所示。

图5-97   图5-98

10 按 Alt 键拖动鼠标，复制该形状。按快捷键 Ctrl+T 调出自由变换框并右击，在弹出的快捷菜单中选择"水平翻转"选项，按 Enter 键确认，如图 5-99 所示。

11 在形状拾色器中选择其他形状进行绘制，并更改部分形状的颜色为粉色（#ef8591），如图 5-100 所示。

12 在工具箱中选择"椭圆工具" ，在工具选项栏中选择"形状"选项，设置填充颜色为淡黄色（#f3e9d3），描边颜色为无。单击并拖动鼠标绘制椭圆形，并将椭圆图层移至其他形状图层的下面，如图 5-101 所示。

图5-99   图5-100

13 将所有形状图层拖至"图层"面板中的"创建新组"按钮 上，将所有形状图层编组。

14 单击"添加图层样式"按钮 ，为形状组增加"描边"和"投影"图层样式，并设置描边"大小"为 35 像素，位置为"外部"，颜色为淡黄色（#f3e9d3）；设置投影的"不透明度"为 45%，"角度"为 120 度，"距离"为 73 像素，"扩展"为 0%，"大小"为 1 像素。

15 打开"文字"素材并拖入文档中，调整大小后按 Enter 键确认，图像制作完成，如图 5-102 所示。

图5-101   图5-102

Tips: 在绘制矩形、圆形、多边形、直线和自定义形状时，在创建形状的过程中均可按下空格键并拖动鼠标来移动形状位置。

5.11 路径的运算——金鸡报晓

路径运算是指将两条路径组合在一起,包括合并形状、减去顶层形状、与形状区域相交和排除重叠形状,操作完成后还能选择合并形状组件,将经过运算的路径合并为形状组件。

01 启动 Photoshop 2022 软件,执行"文件"|"打开"命令,打开"背景"素材,如图 5-103 所示。

02 选择工具箱中的"椭圆工具" ○,在工具选项栏中选择"形状"选项,在画面中单击,弹出"创建椭圆"对话框,设置"宽度"和"高度"均为 258 像素,如图 5-104 所示。

03 单击"确定"按钮,绘制一个固定大小的圆。设置填充颜色为橘色(#ed6941),描边颜色为无,并在圆心处创建参考线,如图 5-105 所示。

图5-103 　　　　　　　　图5-104

04 在工具选项栏中单击"路径操作"按钮 □,在弹出的菜单中选择"合并形状"选项,如图 5-106 所示。

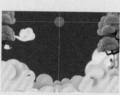

图5-105 　　　　　　　　图5-106

05 选择工具箱中的"矩形工具" □,在工具选项栏中选择"形状"选项,按住 Shift 键,从圆心处单击并拖动鼠标,绘制一个正方形。将正圆形和正方形合并成一个形状,如图 5-107 所示。

Tips: 合并形状:选择该选项后,新绘制的形状或路径将与原来的形状或路径合并。

06 清除参考线。新建一个图层,选择"椭圆工具" ○,在画面中单击,弹出"创建椭圆"对话框,在"宽度"和"高度"文本框中输入 1064 像素,绘制一个圆形,并设置填充颜色为黄色(#fac33e),描边颜色为无,并在圆心处创建参考线,如图 5-108 所示。

07 在工具选项栏中单击"路径操作"按钮 □,在弹出的菜单中选择"减去顶层形状"选项。

08 选择工具箱中的"矩形工具" □,单击并拖动鼠标,沿参考线向左拖动绘制一个正方形,正圆形减去矩

形后成为半圆,如图 5-109 所示。

图5-107 　　　　　　　　图5-108

Tips: 减去顶层形状:选择该选项后,从现有形状中减去新绘制的形状或路径。

09 新建一个图层,选择工具箱中的"矩形工具" □,按住 Shift 键,从圆心处单击并向左拖动鼠标,绘制一个正方形。设置填充颜色为黄色(#f5ae25),描边颜色为无,如图 5-110 所示。

图5-109 　　　　　　　　图5-110

10 在工具选项栏中单击"路径操作"按钮 □,在弹出的菜单中选择"与形状区域相交"选项。

11 选择工具箱中的"椭圆工具" ○,在画面中单击,弹出"创建椭圆"对话框,设置"宽度"和"高度"均为 1064 像素,绘制一个圆形,正方形与正方形相交后的效果,如图 5-111 所示。

Tips: 与形状区域相交:选择该选项后,新绘制的形状或路径与原来的形状或路径相交的区域为新形状或路径。

12 新建一个图层,选择工具箱中的"椭圆工具" ○,在画面中单击,弹出"创建椭圆"对话框,设置"宽度"和"高度"均为 230 像素,绘制一个圆形,设置填充颜色为黄色(#fac33e),描边颜色为无,如图 5-112 所示。

13 在工具选项栏中单击"路径操作"按钮 □,在弹出的菜单中选择"排除重叠形状"选项。

14 选择工具箱中的"椭圆工具" ○,在画面中单击,弹出"创建椭圆"对话框,设置"宽度"和"高度"

均为 47 像素，绘制一个圆形，正圆形与小正圆形排除重叠形状后的效果，如图 5-113 所示。

图5-111　　　　　　　图5-112

Tips： 排除重叠形状：选择该选项后，新绘制的形状或路径与原来的形状或路径排除重叠的区域为新形状或路径。

15　采用同样的方法，绘制公鸡的其他部分，完成图像制作，如图 5-114 所示。

图5-113　　　　　　　图5-114

Tips： 合并形状组件可以合并重叠的形状或路径，使形状或路径可以被整体移动或复制。

5.12 描边路径——光斑圣诞树

扫描观看

在前文我们学习了"描边"图层样式的使用方法。用图层样式进行的描边是封闭的，而采用路径描边，则支持开放或间断路径的描边。

01　启动 Photoshop 2022 软件，执行"文件"|"打开"命令，打开"背景"素材，如图 5-115 所示。

02　选择工具箱中的"自由钢笔工具" ⟋，在工具选项栏中选择"路径"选项，在图像中绘制路径，如图 5-116 所示。

图5-115　　　　　　　图5-116

03　选择工具箱中的"画笔工具" ✎，单击"切换画笔设置面板"按钮 ▨，打开"画笔"面板，如图 5-117 所示。

Tips： 执行"窗口"|"画笔"命令或按 F5 键也可以打开"画笔"面板。

04　选择一个硬边圆笔尖，设置"画笔笔尖形状"的属性，"大小"为 43 像素，"硬度"为 100%，选中"间距"复选框并设置"间距"为 50%，如图 5-118 所示。

05　双击"画笔"面板左侧的"形状动态"复选框，设置"大小抖动"为 100%，在"控制"下拉列表中选择"钢

笔压力"选项，如图 5-119 所示。

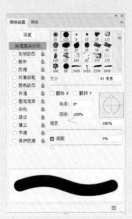 

图5-117　　　　　　　图5-118

Tips： 选择"钢笔压力"选项后，即使没有使用数位板等有压感的绘图工具，也能模拟压力效果。

06　双击"画笔设置"面板左侧的"散布"复选框，设置"散布"值为 400%，并选中"两轴"复选框，设置"数值"为 2，"数量抖动"为 0%，如图 5-120 所示。

07　双击"画笔设置"面板左侧的"传递"复选框，设置"不透明度抖动"为 0%，"流量抖动"值为 100%，如图 5-121 所示。

08　单击"图层"面板中的"创建新图层"按钮 ⊞，新建一个空白图层，并设置前景色为白色。

图5-119

图5-120

09 在"路径"面板中右击，在弹出的快捷菜单中选择"描边路径"选项，如图 5-122 所示。

图5-121

图5-122

10 在弹出的"描边路径"对话框中选中"模拟压力"

复选框，并在"工具"下拉列表中选择"画笔"选项，如图 5-123 所示。

图5-123

Tips: "模拟压力"复选框可以使描边产生粗细变化。

11 单击"确定"按钮后，路径将按画笔预设值进行描边。在"路径"面板中单击，隐藏路径，效果如图 5-124 所示。

12 采用同样的方法，利用"自由钢笔工具" 绘制其他路径，并对画笔进行预设后进行路径描边，完成图像制作，如图 5-125 所示。

图5-124

图5-125

Tips: 描边路径需要预设工具的参数，可以选择画笔、铅笔、橡皮擦、背景橡皮擦、仿制图章、历史记录画笔、加深和减淡等工具进行描边。

扫描观看

5.13 填充路径——经典时尚

"填充路径"功能可以为绘制的路径填充不同的颜色或图案。

01 启动 Photoshop 2022 软件，执行"文件"|"打开"命令，打开"背景"素材，如图 5-126 所示。

02 选择工具箱中的"钢笔工具" 绘制路径，如图 5-127 所示。

图5-126

图5-127

03 单击"图层"面板中的"创建新图层"按钮 ，新建一个空白图层，并设置前景色为深灰色（#414143），背景色为白色。

04 单击"路径"面板中的路径并右击，在弹出的快捷菜单中选择"填充路径"选项，弹出"填充路径"对话框，如图 5-128 所示。

05 在"内容"下拉列表中选择"前景色"选项，单击"确定"按钮后，路径将被填充前景色，如图 5-129 所示。

06 单击"路径"面板中的"创建新路径"按钮 ，利用"钢笔工具" 绘制新路径，如图 5-130 所示。

07　切换到"图层"面板，单击"图层"面板中的"创建新图层"按钮 ⊞，新建一个空白图层。

08　单击"路径"面板中的路径并右击，在弹出的快捷菜单中选择"填充路径"选项，在弹出的"填充路径"对话框中选择"背景色"选项，效果如图 5-131 所示。

图5-128

图5-129

图5-130

图5-131

09　采用同样的方法，绘制其他路径，并对路径进行填充。在"填充路径"对话框中选择"颜色"选项，在"拾色器（颜色）"对话框中为衣领、口袋、扣子分别填充黑色，为左侧衣袖填充深灰色（#414143），为右侧衣身和衣袖填充灰色（#282828），为右侧衬衣填充浅灰色（#dedede），如图 5-132 所示。

10　执行"文件"|"打开"命令，打开"格子"素材，如图 5-133 所示。

11　执行"编辑"|"定义图案"命令，将格子定义为新图案。

12　选择工具箱中的"钢笔工具" ⌀ 绘制领带，如图 5-134 所示。

图5-132　　　　　图5-133

13　切换到"图层"面板，单击"图层"面板中的"创建新图层"按钮 ⊞，新建一个空白图层。

14　单击"路径"面板中的路径并右击，在弹出的快捷菜单中选择"填充路径"选项，在弹出的"填充路径"对话框中选择"图案"选项，选择格子图案进行填充。

15　在"图层"面板中，将"领带"图层移至"衬衣"与"领子"图层中间，图像制作完成，如图 5-135 所示。

图5-134　　　　　图5-135

Tips: "填充路径"对话框中的参数详解如下。

使用：可以选择前景色、背景色、颜色、图案、黑色、50% 灰色和白色来填充路径。

模式：设置填充效果的图层模式。

不透明度：设置填充效果的不透明度。

保留透明区域：选中该复选框后仅能填充包含像素的区域。

羽化半径：设置填充路径的羽化程度。

消除锯齿：选中该复选框后，可减少填充区域边缘的锯齿状像素，使填充区域与周围像素的过渡更平滑。

5.14 调整形状图层——过马路的小蘑菇

扫描观看

在曲线路径中，每个锚点都有一条或两条方向线，通过对方向线和锚点的调整，可以改变曲线的形状。

01　启动 Photoshop 2022 软件，执行"文件"|"打开"命令，打开"背景"素材，如图 5-136 所示。

02　选择工具箱中的"椭圆工具" ◯，在工具选项栏中选择"形状"选项。单击填充色条 ■，在弹出的"设置形状填充类型"面板中单击彩色图标 ▣，设置填充颜色为深红色（#730000），描边颜色为无。单击并拖动鼠标绘制椭圆形，并按快捷键 Ctrl+T 将椭圆旋转，如图 5-137 所示。

图5-136　　　　　图5-137

Tips: 对"椭圆工具"绘制的椭圆形进行旋转操作，会将实时形状转变为常规路径。

03 选择工具箱中的"直接选择工具"，框选一个锚点，选中的锚点为实心点，如图 5-138 所示。

04 单击并按住鼠标左键，拖动锚点，如图 5-139 所示。

图5-138　　　　　　　　图5-139

Tips: 使用"直接选择工具"拖动平滑点上的方向线时，方向线始终保持为一条直线。

05 选择工具箱中的"转换点工具"，拖曳一侧方向线，调整形状，如图 5-140 所示。

Tips: 使用"转换点工具"拖动方向线时，可以单独调整平滑点一侧的方向线，而不影响另一侧的方向线；若使用"直接选择工具"拖动方向线，按住 Alt 键并拖动，也可以单独调整平滑点一侧的方向线而不影响另一侧方向线。

06 选择工具箱中的"添加锚点工具"，在形状边缘单击，可为形状添加一个锚点，如图 5-141 所示。

图5-140　　　　　　　　图5-141

07 选择工具箱中的"删除锚点工具"，在锚点上单击，如图 5-142 所示，单击后的锚点将被删除。

08 利用工具箱中的"直接选择工具"和"转换点工具"，结合"添加锚点工具"和"减少锚点工具"，将图形调整为合适的形状，如图 5-143 所示。

图5-142　　　　　　　　图5-143

09 选择"路径选择工具"，形状图层路径的所有锚点将变成实心点，如图 5-144 所示。

10 按快捷键 Ctrl+J 复制该形状图层，并将前景色设置为肉色（#f5b18a），按快捷键 Alt+Del 为形状填充新的颜色，并按快捷键 Ctrl+T 将形状缩小，如图 5-145 所示。

图5-144　　　　　　　　图5-145

11 利用"直接选择工具"和"转换点工具"，结合"添加锚点工具"和"减少锚点工具"，将图层形状进行调整，使两个图层叠放后露出的边缘宽度大小不一。

12 采用同样的方法，结合形状工具，绘制其他形状并调整，填充合适的颜色，图像制作完成，如图 5-146 所示。

图5-146

Photoshop平面设计从新手到高手（第2版）（微课视频版）

第6章
通道与滤镜

　　图像、照片和 PSD 文档等素材，通常使用 RGB 或 CMYK 模式，通道包含图像的颜色信息，通过编辑颜色通道我们就可以对图像进行调色、抠图等操作。滤镜主要用来实现图像的各种特殊效果，它在 Photoshop 中具有非常神奇的作用。本章通过 22 个案例讲解通道和滤镜在具体情境中的使用方法。

6.1　通道调色——唯美蓝色

扫描观看

　　在文前我们学习了运用曲线、可选颜色、色彩平衡和照片滤镜等调整工具对图像进行调色的方法，本节主要学习利用通道进行调色的方法。

01 启动 Photoshop 2022，执行"文件"|"打开"命令，打开"人像"素材，如图 6-1 所示。

图6-1

02 执行"图像"|"模式"|"Lab 颜色"命令，将图像由 RGB 模式转为 Lab 模式，在"通道"面板中，通道变为 Lab、明度、a 和 b，如图 6-2 所示。

图6-2

Tips: Lab 模式与 RGB 模式和 CMYK 模式不同，Lab 模式将明度信息与颜色信息分开，能在不改变颜色明度的情况下调整色相。

03 选择 a 通道，按快捷键 Ctrl+A 将 a 通道的灰度信息全选，如图 6-3 所示。

图6-3

Tips: Lab 模式中各通道的含义如下。

明度通道：表示图像的明暗程度，范围是 0~100，0 代表纯黑，100 代表纯白。

a 通道：代表从绿色到洋红的光谱变化。通道越亮颜色越暖，即增加洋红色；反之，通道越暗，颜色越冷，即增加绿色。

b 通道：代表从蓝色到黄色的光谱变化。通道越亮颜色越暖，即增加黄色；反之，通道越暗，颜色越冷，即增加蓝色。

04 按快捷键 Ctrl+C 复制选中的颜色信息，选择 b 通道，再按快捷键 Ctrl+V 将复制的颜色信息粘贴到 b 通道中，如图 6-4 所示。

图6-4

05 按快捷键 Ctrl+D 取消选区，单击通道中 Lab 通道，可以看到图像变成蓝色调，如图 6-5 所示。

图6-5

> **Tips:** 此处将 a 通道明暗信息复制到 b 通道，即改变了 b 通道的明暗信息，图像将根据 a、b 通道新的明暗信息呈现相应的效果。同理，如果要调整相应通道的明暗信息，可以根据情况用曲线、色阶、画笔工具等改变通道的明暗信息，从而实现不同的调色效果。

06 选择 b 通道，按快捷键 Ctrl+M 打开"曲线"对话框，向右下调整曲线弧度，如图 6-6 所示，此时 b 通道将变暗。

07 单击"曲线"对话框中的"确定"按钮，选择 Lab

通道并返回"图层"面板，可以看到蓝色增加了，如图 6-7 所示。

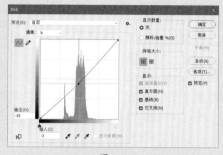

图6-6

图6-7

6.2 通道美白——美白肌肤

扫描观看

通道美白是利用通道为皮肤区域快速建立选区，并进行调整的方法。

01 启动 Photoshop 2022，执行"文件"|"打开"命令，打开"背景"素材，如图 6-8 所示。

02 选择"通道"面板中的红通道，拖至"创建新通道"按钮⊞上，复制该通道，如图 6-9 所示。

图6-8　　　　　　图6-9

> **Tips:** 人物皮肤偏红，一般选取人物肤色时，可复制红色通道。

03 按住 Ctrl 键单击，将图像部分内容载入选区，如图 6-10 所示。

04 选择"通道"面板中的 RGB 通道，回到"图层"面板，单击"创建新图层"按钮⊞，将前景色设置成白色，按快捷键 Alt+Del 将选区填充为白色，如图 6-11 所示。

图6-10　　　　　　　　图6-11

05 将填充白色图层的"不透明度"设置成 80%，完成图像制作，如图 6-12 所示。

图6-12

> **Tips:** 适当降低填充图像的不透明度，可以保留人物的更多细节，使肤色更自然。

6.3 通道抠图——完美新娘

使用通道抠图可以在背景复杂的图像中抠出想要的图层,如半透明图像、透明图像和人物头发等,本节主要利用通道抠出"新娘"。

01 启动 Photoshop 2022,执行"文件"|"打开"命令,打开"新娘"素材,如图6-13所示。

02 选择"通道"面板中的绿通道,拖至"创建新通道"按钮⊞上,复制该通道,如图6-14所示。

图6-13　　　　　图6-14

> **Tips:** 在操作时,复制的通道根据具体图像不同而改变,选择想要保留的部分和背景有鲜明颜色对比的通道即可。

03 按快捷键 Ctrl+L 调出"色阶"对话框,设置从左到右的数值分别为89、0.67和255,如图6-15所示。

图6-15

> **Tips:** 色阶可以增加背景与想保留部分的对比度。

04 单击"确定"按钮,复制的绿通道对比变得明显,如图6-16所示。

05 选择工具箱中的"画笔工具",用白色涂抹人物,背景处用"魔棒工具"选中并填充黑色,如图6-17所示。

> **Tips:** 填充颜色时,人物填充为白色,背景填充为黑色。而需要保留的透明色部分无须涂抹,维持原来的渐变灰度即可。

图6-16　　　　　图6-17

06 按住 Ctrl 键并单击该通道创建选区。单击 RGB 通道并回到"图层"面板,选择"新娘"图层,按快捷键 Ctrl+J 复制选区内容,并单击"新娘"图层前的眼睛图标 ● 将背景隐藏,如图6-18所示。

07 打开"背景"素材,选择"移动工具"✛,将抠出的"新娘"拖至"背景"文档中,调整大小后按Enter键确认,如图6-19所示。

图6-18　　　　　图6-19

08 单击"图层"面板中的"创建新的填充或调整图层"按钮●.,在弹出的菜单中选择"曲线"选项,建立曲线调整图层。按住 Alt 键,在"新娘"图层与"曲线"图层之间单击,建立剪贴蒙版。单击"曲线"图层,调整曲线弧度,使新娘与背景融合得更自然,如图6-20所示。

> **Tips:** 用通道抠图的过程中,若有明显的边缘,可以执行"图层"|"修边"|"去边"命令去边;若边缘有明显锯齿,可以根据图像使用羽化、高斯模糊等方法使边缘柔和。

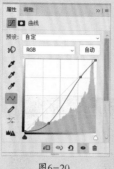

图6-20

图6-21

6.4 通道抠图——玫瑰花香水

扫描观看

本节主要利用通道抠出透明且边缘规则的物体。

01 启动 Photoshop 2022，执行"文件"|"打开"命令，打开"瓶子"素材，如图 6-22 所示。

02 在"通道"面板中选择"红"通道，并拖至"创建新通道"按钮⊞上，复制一个"红"通道。选择工具箱中的"钢笔工具" ⌀，沿瓶子的边缘绘制路径，如图 6-23 所示。

图6-22

图6-23

03 在"路径"面板中双击创建的路径，将路径保存。

Tips: 存储的路径可多次使用，避免重复工作。

04 按快捷键 Ctrl+Enter 将路径变成选区，按快捷键 Ctrl+Shift+I 反选选区。将前景色设置为黑色，按快捷键 Alt+Del 为选区填充黑色，如图 6-24 所示。

05 按快捷键 Ctrl+L，弹出"色阶"对话框，设置"输入色阶"从左往右的值分别为 171、0.43 和 241，如图 6-25 所示。

06 单击"确定"按钮，瓶子的红通道对比度增加，如图 6-26 所示。

07 按住 Ctrl 键，单击"红"通道缩略图，将瓶子的高光区域载入选区。回到"图层"面板，选择"瓶子"图层，按快捷键 Ctrl+J 从"瓶子"图层复制高光，单击"瓶子"图层前的眼睛图标 ⌀，隐藏"瓶子"

图层，如图 6-27 所示。

图6-24

图6-25

08 在"通道"面板中选择"蓝"通道，并拖至"创建新通道"按钮⊞上，复制一个"蓝"通道，如图 6-28 所示。

图6-26

图6-27

09 按快捷键 Ctrl+L，弹出"色阶"对话框，设置"输入色阶"从左往右的值分别为 106、1.97 和 202，如图 6-29 所示。

10 单击"确定"按钮，复制的"蓝"通道对比度增加，如图 6-30 所示。

11 按住 Ctrl 键，单击调整后的"蓝"通道缩略图，将瓶子的阴影载入选区。单击 RGB 通道并回到"图层"面板，选择"瓶子"图层，按快捷键 Ctrl+J 从"瓶子"图层复制阴影，瓶子便抠好了，如图 6-31 所示。

图6-28

图6-29

图6-30

图6-31

12　打开"背景"素材，将抠出的瓶子图像拖至背景文档中，按快捷键 Ctrl+T 调整大小后，按 Enter 键确认，图像制作完成，如图 6-32 所示。

Tips: 抠取形状规则的透明物体，可以结合"钢笔工具"将高光和阴影分别抠出。

图6-32

6.5　通道抠图——春意盎然

本节主要利用通道抠出人物发丝。

01　启动 Photoshop 2022，执行"文件" | "打开"命令，打开"人物"素材，如图 6-33 所示。

02　在"通道"面板中选择"蓝"通道，并拖至"创建新通道"按钮⊞上，复制一个"蓝"通道，如图 6-34 所示。

图6-33

图6-34

03　按快捷键 Ctrl+L，弹出"色阶"对话框，设置"输入色阶"从左往右的值分别为 44、0.58 和 113，如图 6-35 所示。

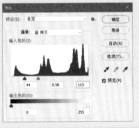

图6-35

Tips: 色阶的具体设置根据图像不同而改变，标准为发丝与背景出现清晰的对比即可。

04　单击"确定"按钮，人物的"蓝"通道对比度增加，如图 6-36 所示。

05　单击 RGB 通道并回到"图层"面板，选择工具箱中的"钢笔工具"✍，沿人物边缘（除头发外）建立路径，如图 6-37 所示。

06　按 Ctrl+Enter 键将路径变成选区，单击"通道"面板回到复制的"蓝"通道。将前景色设置为黑色，按 Alt+Del 将选区填充黑色，如图 6-38 所示。

扫描观看

图6-36　　　　　　图6-37

图6-38　　　　　　图6-39

07　按住 Ctrl 键，单击复制的"蓝"通道缩略图，将人物载入选区。回到"图层"面板，选择"人物"图层，按快捷键 Ctrl+J，从"人物"图层复制人像，人物便抠好了。单击"人物"图层前的眼睛图标 👁 隐藏"人物"图层，如图 6-39 所示。

08　打开"背景"素材，如图 6-40 所示。

09　将抠出的人物拖至背景文档中，按快捷键 Ctrl+T 调整大小后，按 Enter 键确认，图像制作完成，如图 6-41 所示。

图6-40　　　　　　图6-41

6.6　智能滤镜——木刻复古美人

扫描观看

使用智能滤镜的优势是可以无损编辑图像，还能修改和调整滤镜效果。

01　启动 Photoshop 2022 软件，执行"文件"|"打开"命令，打开"背景"素材，如图 6-42 所示。

02　选择"背景"图层，按快捷键 Ctrl+J 复制一个图层。执行"滤镜"|"转换为智能滤镜"命令，将图层转换为智能对象，如图 6-43 所示。

图6-42　　　　　　图6-43

> **Tips：** 右击图层，在弹出的快捷菜单中选择"转换为智能对象"命令，也能将图层转换为智能对象。

03　执行"滤镜"|"滤镜库"命令，弹出"滤镜库"对话框。展开"艺术效果"组，选择"木刻"效果，并设置"色阶数"为 6，"边缘简化度"为 0，"边缘逼真度"为 1，如图 6-44 所示。

图6-44

04　单击"确定"按钮，图像便呈现木刻效果，如图 6-45 所示。

05　执行"滤镜"|"滤镜库"命令，可以对设置的木刻

效果进行修改，如将"色阶数"改为8，如图6-46所示。

图6-45　　　　　图6-46

06 单击"确定"按钮，图像呈现修改后的木刻效果，如图6-47所示。

图6-47

扫描观看

6.7　滤镜库——威尼斯小镇

滤镜库就像一个大工具箱，整合了风格化、画笔描边、扭曲、纹理和艺术效果等多个滤镜组，滤镜组中包含多个滤镜。多个滤镜效果可以同时应用于同一幅图像，也能对同一幅图像多次使用同一个滤镜。

01 启动 Photoshop 2022 软件，执行"文件"|"打开"命令，打开"背景"素材，如图6-48所示。

图6-48

02 执行"滤镜"|"滤镜库"命令，弹出"滤镜库"对话框，如图6-49所示。

图6-49

03 展开"艺术效果"组，选择"调色刀"效果，如图6-50所示。

04 设置"描边大小"为10，"描边细节"为3，"软化度"为5，如图6-51所示。

图6-50　　　　　图6-51

05 单击"滤镜库"对话框右下角的"新建效果图层"按钮，新建效果图层。展开"艺术效果"组，选择"绘画涂抹"效果，使用默认设置即可。"滤镜库"对话框的右下角出现两种滤镜效果，如图6-52所示。

06 单击"确定"按钮，图像呈现调色刀和绘画涂抹的双重效果，如图6-53所示。

图6-52　　　　　图6-53

6.8 自适应广角——"掰直"的大楼

　　用广角镜头拍摄的照片会有镜头畸变的情况，即照片出现弯曲变形，"自适应广角"滤镜可对拍摄产生的变形问题进行处理，纠正变形的照片。

01 启动 Photoshop 2022 软件，执行"文件"|"打开"命令，打开"背景"素材，如图 6-54 所示。

图6-54

02 按快捷键 Ctrl+J 复制一个图层，执行"滤镜"|"自适应广角"命令，弹出"自适应广角"对话框，如图 6-55 所示。

图6-55

03 选择工具箱中的"约束工具" 🖊️，在楼顶处单击，鼠标指针移动时，出现一条自动与大楼弧度契合的蓝色弧线，如图 6-56 所示。

Tips：约束工具🖊️：单击图像或拖动端点可以添加或编辑约束。按住 Shift 键单击可以添加水平或垂直约束；按住 Alt 键可以删除约束。

多边形约束工具🔷：单击图像或拖动端点可以添加或编辑多边形约束。单击初始起点可结束约束；按住 Alt 键单击可以删除约束。

移动工具✛：拖移以在画面中移动内容。

抓手工具🖐️：拖移以在窗口中移动图像。

缩放工具🔍：单击或拖动要放大的区域，或按 Alt 键缩小。

04 在地面单击，弧线变为直线，此时弯曲的大楼一侧

被拉直，如图 6-57 所示。

05 采用同样的方法，在大楼的另一侧单击，如图 6-58 所示。

图6-56　　　　　　图6-57

06 单击后另一侧也被拉直，且没有影响之前拉直的一侧，如图 6-59 所示。

图6-58　　　　　　图6-59

07 在"自适应广角"对话框右侧，将"缩放"设置为134%，如图 6-60 所示。

Tips：鱼眼：校正由鱼眼镜头所引起的极度弯度。

透视：校正由视角和相机倾斜角所引起的汇聚线。

自动：默认情况下为自动模式。

完整球面：校正360°全景图。全景图的长宽比必须为 2:1。

缩放：对图像进行缩放，范围为50%~150%，低于100% 时，图像缩小；高于100%，图像放大。

焦距：指定镜头的焦距。如果在照片中检测到镜头信息，则会自动填写此值。

裁剪因子：指定值以确定如何裁剪最终图像。将此值与"缩放"参数配合以补偿应用滤镜时引入的任何空白区域。

08 选择"移动工具"✛将大楼向下拖移，露出完整的大楼。单击"确定"按钮后，扭曲的大楼变直了，如图 6-61 所示。

图6-60

图6-61

6.9 Camera Raw 滤镜 1——完美女孩

扫描观看

Camera Raw 滤镜中的"污点去除工具"的效果类似"污点修复画笔工具"，不同的是，"污点去除工具"不是在原始图像上直接处理，其对原始图像所做的任何编辑和修改都存储在 sidecar 文件中，因此这个过程不具有破坏性，而"污点修复画笔工具"直接在原始图像上进行处理，对原始图有破坏性。本节主要运用 Camera Raw 滤镜中的"污点去除工具"功能来去除斑点。

01　启动 Photoshop 2022 软件，执行"文件"|"打开"命令，打开"女孩"素材，如图 6-62 所示。

图6-62

02　执行"滤镜"|"Camara Raw 滤镜"命令，弹出 Camara Raw 14.0 对话框，如图 6-63 所示。

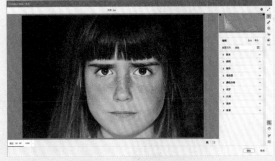

图6-63

03　选择"污点去除工具" ✐，设置类型为"修复"，"大小"为 5，"羽化"为 100，"不透明度"为 100，如

图 6-64 所示。

> **Tips:** 修复：将取样区域的纹理、光线、阴影匹配到选定区域。
>
> 仿制：将图像的取样区域应用到选定区域。
>
> 大小：用来设置修复画笔的大小。
>
> 羽化：用来设置画笔边缘的羽化值。
>
> 不透明度：用来设置画笔的不透明度。
>
> 使位置可见：选中该复选框后图像会变成黑白色，图像元素的轮廓将清晰可见，以便进一步清理图像，可以通过拖曳滑块来调整阈值。
>
> 显示叠加：选中该复选框后，修复步骤显示的手柄将与图像本身叠加在一起。
>
> 清除全部：删除所有使用"污点去除工具"所做的调整。

04　在雀斑处单击并拖动鼠标，雀斑消失了，如图 6-65 所示。

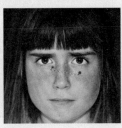

图6-64　　　　　图6-65

05　重复第 04 步，在所有的雀斑处单击并拖动鼠标，如图 6-66 所示。

06　单击"确定"按钮，污点修复完成，如图 6-67 所示。

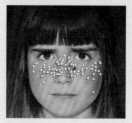

图6-66　　　　　　图6-67

扫描观看

6.10　Camera Raw 滤镜 2——晨曦中的湖

本节主要运用 Camera Raw 滤镜中的"渐变滤镜"和"径向渐变"来调整照片。

01　启动 Photoshop 2022 软件，执行"文件"|"打开"命令，打开"风景"素材，如图 6-68 所示。

02　按快捷键 Ctrl+J 复制"背景"图层，右击"图层 1"，在弹出的快捷菜单中选择"转换为智能对象"选项，将"图层 1"转换为智能对象，如图 6-69 所示。

图6-68　　　　　　图6-69

03　执行"滤镜"|"Camara Raw 滤镜"命令，打开 Camara Raw 14.0 对话框，单击"蒙版"按钮，在弹出的菜单中选择"线性渐变"选项，如图 6-70 所示。

04　在预览区单击并拖动鼠标，填充线性渐变，如图 6-71 所示。

05　设置"色温"为 +100，"色调"为 +46，如图 6-72 所示。

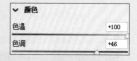

图6-71　　　　　　图6-72

06　此时，画面色调和色调发生变化，如图 6-73 所示。

07　单击"蒙版"按钮，在弹出的菜单中选择"径向渐变"选项，如图 6-74 所示。

图6-70

图6-73　　　　　　图6-74

08　在预览区单击并拖动鼠标，填充径向渐变，如图 6-75 所示。

09　设置"色温"为 -56，"色调"为 -74，如图 6-76 所示。

图6-75

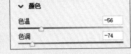
图6-76

10　观察渐变区域图像发生的变化，如图 6-77 所示。

11　重复上述操作，在合适的位置创建线性渐变与径向渐变，修改"色温"与"色调"参数，画面的调整效果如图 6-78 所示。

图6-77

图6-78

12　单击"确定"按钮关闭对话框，制作结果如图 6-79 所示。

13　此时，"图层 1"的下方显示添加智能滤镜的效果，如图 6-80 所示。如果对调整的效果不满意，双击 Camera Raw 滤镜可以打开 Camara Raw 14.0 对话框，通过再次调整参数来完善画面效果。

图6-79

图6-80

6.11　Camera Raw 滤镜 3——漫画里的学校

扫描观看

本节主要运用 Camera Raw 滤镜中的基础调整来打造动漫画风格的学校照片。

01　启动 Photoshop 2022 软件，执行"文件"|"打开"命令，打开"房屋"素材，如图 6-81 所示。

图6-81

02　执行"滤镜"|"Camara Raw 滤镜"命令，打开 Camara Raw 14.0 对话框。在该对话框的右侧展开"基本"选项，在其中设置"色调"为 -21，"曝光"为 +0.65，"对比度"为 +44，"高光"为 +100，"阴影"为 +60，"白色"为 -11，"黑色"为 -21，"清晰度"为 +10，"自然饱和度"为 +55，"饱和度"为 +32，如图 6-82 所示。

Tips: 调整画面颜色，使其呈现更明亮、更鲜艳的色彩。

图6-82

03　在"细节"选项下，设置"半径"为 1.0，"细节"为 25，如图 6-83 所示。

Tips: 此参数一般为默认设置。

图6-83

04 展开"混合器"选项，在"调整"下拉列表中选择
HSL选项，设置"绿色"为+28，如图6-84所示。

Tips: 增加图像的绿色，更符合漫画风格。

图6-84

05 单击"确定"按钮后，图像呈现漫画风格，如图
6-85所示。

图6-85

06 选择工具箱中的"魔棒工具"❗，为天空创建选区，
如图6-86所示。

图6-87

08 打开"天空"素材，如图6-88所示。

图6-88

09 将处理好的图像拖入"天空"素材中，如图6-89所示。

图6-89

10 将前景色设置为黑色，选择工具箱中的"矩形工
具"▢，创建两个黑色的矩形，图像制作完成，如
图6-90所示。

图6-90

Tips: Camera Raw滤镜能对RAW文件进行编辑调整，
也可以作为插件单独安装。RAW是一种专业摄影师常
用的格式，即原始图像存储格式，能原始地保存信息，
让用户最大限度地对照片进行后期制作，如调整色温、
色调、曝光程度、颜色对比等。无论后期制作如何调整，
相片均能无损地恢复最初状态。

07 将选区内的像素删除，并按快捷键Ctrl+D取消选区，
如图6-87所示。

6.12 液化——夸张人物

"液化"滤镜可以对图像进行收缩、推拉、扭曲、旋转等变形处理。

01 启动 Photoshop 2022 软件，执行"文件"|"打开"命令，打开"背景"素材，如图 6-91 所示。

图6-91

02 按快捷键 Ctrl+J 复制图层，右击该图层，在弹出的快捷菜单中选择"转换为智能对象"选项，将复制的图层转换为智能对象。

03 执行"滤镜"|"液化"命令，弹出"液化"对话框，如图 6-92 所示。

图6-92

04 选择"液化"对话框中的"向前变形工具" 🖉，设置"大小"为 300，"压力"为 100。在图像人物的鼻尖处单击并拖动，鼻尖产生液化效果，如图 6-93 所示。

Tips 向前变形工具 🖉：移动图像中的像素，得到变形的效果。

重建工具 🗹：在变形的区域单击或拖动进行涂抹，可以使变形区域的图像恢复原始状态。

平滑工具 🖊：对变形区域进行平滑处理。

顺时针旋转扭曲工具 🄮：在图像中单击或移动时，图像会被顺时针旋转扭曲；当按住 Alt 键单击时，

图像则会被逆时针旋转扭曲。

褶皱工具 🄵：在图像中单击或拖动时，可以使像素向画笔中心移动，使图像产生收缩的效果。

膨胀工具 ◈：在图像中单击或拖动时，可以使像素向画笔中心区域以外的方向移动，使图像产生膨胀的效果。

左推工具 🄳：可以使图像产生挤压变形的效果。垂直向上拖动鼠标时，像素向左移动；向下拖动鼠标时，像素向右移动。当按住 Alt 键垂直向上拖动鼠标时，像素向右移动；向下拖动鼠标时，像素向左移动。若使用该工具围绕对象顺时针拖动鼠标，可以增加其大小，若逆时针拖动鼠标，则减小其大小。

冻结蒙版工具 🄴：可以在预览窗口绘制冻结区域，调整时冻结区域内的图像不会受到变形工具的影响。

解冻蒙版工具 🄵：涂抹冻结区域能够解除该区域的冻结。

脸部工具 🄸：自动检测人脸，以便单独针对人物面部进行各项调整。

抓手工具 🖐：用来平移图像。

缩放工具 🔍：对预览区图像进行放大或缩小。

图6-93

05 利用"向前变形工具" 🖉，重复涂抹，将鼻子变长、耳朵变尖，如图 6-94 所示。

06 选择"膨胀工具" ◈，在人物眼睛处反复单击，眼睛出现膨胀效果，如图 6-95 所示。

图6-94

图6-95

07 单击"确定"按钮，完成图像制作，如图 6-96 所示。

图6-96

6.13 油画滤镜——湖边小船

扫描观看

"油画"滤镜可以快速为图像添加油画效果。

01 启动 Photoshop 2022 软件，执行"文件"|"打开"命令，打开"小船"素材，如图6-97所示。

图6-97

02 执行"滤镜"|"风格化"|"油画"命令，弹出"油画"对话框，如图6-98所示。

03 在"油画"对话框右侧设置各项参数，其中"描边样式"为10.0，"描边清洁度"为10.0，"缩放"为5.7，"硬毛刷细节"为3.5，光照"角度"为151度，"闪亮"为4.85，如图6-99所示。

Tips: 油画滤镜参数详解如下。

描边样式：用来设置笔触样式，范围值从0.1到10，值越高，褶皱越少，越平滑。

描边清洁度：用来设置纹理的柔化程度，范围值从0到10，值越高，清洁度越好，即纹理和细节越少，柔化效果越好。

缩放：用来控制纹理大小，范围值从0.1到10，值较小时，笔刷纹理小而浅；值越高，纹理越大越厚。

硬笔刷细节：用来控制画笔笔毛的软硬程度。范围值从0到10，值越低，笔触越轻软；值越高，笔触越硬重。

角度：用来控制光源的角度。

闪亮：用来控制油画效果的光照强度，范围值从0到

10，值越高，纹理越清晰，对比度越强，锐化效果越明显。

图6-98

图6-99

04 单击"确定"按钮后，图像呈现油画效果，如图6-100所示。

图6-100

102

6.14 消失点——礼盒包装

"消失点"滤镜主要用于透视平面，可以对图像的透视效果进行校正。

01 启动 Photoshop 2022 软件，执行"文件"|"打开"命令，打开"背景"素材，如图 6-101 所示。

图6-101

02 按快捷键 Ctrl+J 复制该图层，执行"滤镜"|"消失点"命令，打开"消失点"对话框，如图6-102所示。

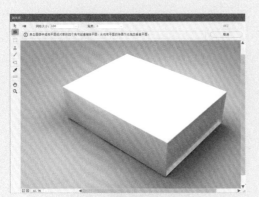

图6-102

03 单击该对话框中的"创建平面工具" ▦，当视图区鼠标指针变成 ✛ 时，在盒子的四个角点单击，即可创建一个透视平面，透视面将自动铺满蓝色格子，如图 6-103 所示。

> **Tips:** 在未创建透视平面时，只有"创建平面工具"可用。创建好平面后，若为蓝色格子，代表透视角度正确，若出现红色，则代表透视角度错误。
> 若要删除创建的透视平面或点，按 Backspace 键即可。

04 继续创建其他的透视平面。重新选择"创建平面工具" ▦，将鼠标指针移至已创建的透视平面与需要创建透视平面的重合边的中点处，此时鼠标指针变成 ▸⊞，单击并按住鼠标左键拖动，即可创建另一个透视平面，如图 6-104 所示，按 Enter 键确认。

05 执行"文件"|"打开"命令，打开"包装"素材，如图 6-105 所示。

图6-103　　　　图6-104

图6-105

06 按快捷键 Ctrl+A 全选，并按快捷键 Ctrl+C 进行复制。回到背景文档，执行"滤镜"|"消失点"命令，打开"消失点"对话框，按快捷键 Ctrl+V 粘贴复制的内容，如图 6-106 所示，此时，粘贴的内容为选中状态。

图6-106

07 选择"变换工具" ⊞，按住 Shift 键，沿图像的角点等比例缩小包装图，如图 6-107 所示。

08 将鼠标指针移至包装画面上，鼠标指针变成 ▸，按住鼠标左键拖动包装图到构建的透视平面上，包装图将自动沿透视平面进行视觉变换，如图 6-108 所示。

图6-107　　　　图6-108

09 将鼠标指针移至包装图的角点，指针变成 ⟲ 状态后，按住 Shift 键，将包装图旋转 90°并拖移画面铺满透视平面，单击"确认"按钮，如图6-109所示。

10　在"图层"面板中将图层混合模式改为"正片叠底"，图像制作完成，如图6-110所示。

图6-109　　　　　　图6-110

6.15　风格化滤镜——画里人家

扫描观看

　　"风格化"滤镜通过置换像素和查找并增加图像的对比度，在选区中生成绘画或印象派的效果，完全模拟真实艺术手法进行创作，其中包含9种滤镜，分别是查找边缘、等高线、风、浮雕效果、扩散、拼贴、曝光过度、凸出和油画。

01　启动Photoshop 2022软件，执行"文件"|"打开"命令，打开"背景"素材，如图6-111所示。

图6-111

02　按快捷键Ctrl+J复制图层，执行"滤镜"|"风格化"|"查找边缘"命令，图像自动生成一个清晰的轮廓，如图6-112所示。

图6-112

Tips："查找边缘"滤镜能自动搜索图像对比明显的边界，用相对于白色背景的深色线条来勾画图像的边缘，得到图像清晰的轮廓。

03　执行"图像"|"调整"|"去色"命令或按快捷键Shift+Ctrl+U，图层变成黑白色，如图6-113所示。

图6-113

04　打开"纸纹"素材并拖入文档中，按Enter键确认，如图6-114所示。

图6-114

05　将"背景"图层的混合模式改为"正片叠底"，完成图像制作，如图6-115所示。

图6-115

Tips：除查找边缘外，风格化滤镜组的其他滤镜的用法如下。

等高线：类似"查找边缘"滤镜的效果，为每个颜色的通道勾画图像的色阶范围。

风：在图像中增加细小的水平短细线来模拟风吹效果。

浮雕效果：生成凸出的浮雕效果，对比度越大的图像，浮雕的效果越明显。

扩散：使图像扩散，产生类似透过磨砂玻璃观看图像的效果。

拼贴：将图像分为块状并随机偏离原来的位置，产生类似不同形状的瓷砖拼贴的图像效果。

曝光过度：产生原图像与原图像的反相进行混合后的效果，该滤镜不能应用在Lab模式下。

凸出：将图像分割为指定的三维立方体或棱锥体，产生特殊的3D效果，该滤镜不能应用在Lab模式下。

6.16 模糊滤镜——背景虚化

模糊滤镜主要用来降低图像的对比度,使图像产生模糊的效果。模糊滤镜组分成"模糊"和"模糊画廊"两个模糊滤镜组。"模糊"滤镜组包括:表面模糊、动感模糊、方框模糊、高斯模糊 、进一步模糊、径向模糊、镜头模糊、模糊、平均、特殊模糊和形状模糊;"模糊画廊"滤镜组包括:场景模糊、光圈模糊、移轴模糊、路径模糊和旋转模糊 。本节主要利用高斯模糊使背景虚化。

01 启动 Photoshop 2022 软件,执行"文件"|"打开"命令,打开"人物"素材,如图 6-116 所示。

02 按快捷键 Ctrl+J 复制一个图层,右击该图层,在弹出的快捷菜单中选择"转换为智能对象"选项,将复制的图层转换为智能对象。

03 执行"滤镜"|"模糊"|"高斯模糊"命令,弹出"高斯模糊"对话框,设置"半径"为 22.3 像素,如图 6-117 所示。

Tips: 各模糊滤镜使用方法详解。

表面模糊:保留图像边缘的同时模糊图像,用来创建特殊效果或消除杂色及颗粒。

动感模糊:沿指定方向模糊,产生类似对移动物体拍照时的模糊效果。

方框模糊:基于相邻像素的平均颜色值来模糊图像,产生类似方块状的特殊模糊效果。

高斯模糊:使图像产生一种朦胧的效果,模糊强度可以设置得很大。

进一步模糊:"进一步模糊"效果比"模糊"效果强烈几倍。

径向模糊:模拟缩放或旋转相机所产生的模糊效果。

镜头模糊:模拟大光圈镜头拍摄的景深效果。

模糊:对边缘过于清晰、对比度过于强烈的区域进行光滑处理,产生轻微的模糊效果。

平均:通过查找图像的平均颜色,以该颜色填充图像,创建平滑的外观。

特殊模糊:提供了半径、阈值和模糊品质等设置选项,可以精确地模糊图像。

形状模糊:可以使用指定形状创建特殊的模糊效果。

场景模糊:可以对一个图像的全局或多个局部进行模糊处理,效果类似相机对焦距的调整。

光圈模糊:通过控制点选择模糊位置,调整范围框控制模糊作用范围,通过设置模糊的强度值控制模拟景深的程度。

移轴模糊:模拟移轴镜头拍摄的模糊效果。

路径模糊:沿着路径创建运动模糊效果。

旋转模糊:用来创建圆形或椭圆形的模糊特效。

图6-116　　　　　　图6-117

Tips: 半径值可以设置模糊效果程度,以像素为单位,范围值是 0.1 到 1000,数值越大,效果越强烈。

04 单击"确定"按钮,图像便呈现高斯模糊效果,如图 6-118 所示。

05 在"图层"面板中选择复制的图层,单击"添加图层蒙版"按钮■,为该图层创建图层蒙版,如图 6-119 所示。

图6-118　　　　　　图6-119

06 将前景色设置为黑色(# 000000),选择工具箱中的"画笔工具"✎,选择柔边笔触,按 [或] 键调整笔尖大小,在图像中的人物处涂抹,将人物涂抹出来,完成图像制作,如图 6-120 所示。

图6-120

6.17 扭曲滤镜——水中涟漪

扭曲滤镜组中包含9种滤镜，分别是波浪、波纹、极坐标、挤压、切变、球面化、水波、旋转扭曲和置换。该组滤镜用来对图像创建扭曲效果，本节主要利用"水波"滤镜制作水中的涟漪效果。

01 启动 Photoshop 2022 软件，执行"文件"|"打开"命令，打开"背景"素材，如图6-121所示。

图6-121

02 按快捷键 Ctrl+J 复制一个图层，右击该图层，在弹出的快捷菜单中选择"转换为智能对象"选项，将复制的图层转换为智能对象。

03 执行"滤镜"|"扭曲"|"水波"命令，弹出"水波"对话框，设置"数量"为74，"起伏"为20，样式选择"水池波纹"，如图6-122所示。

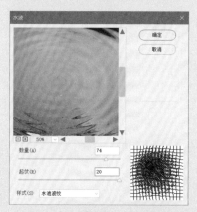

图6-122

Tips: "水波"滤镜参数详解如下。

数量：用来设置波纹的密度，范围值从−100到100，负值产生凹波纹，正值产生凸波纹，其绝对值越大，波纹越明显。

起伏：用来设置波纹的波长，范围值从0到20，数值越大，波长越短，波纹则越多。

样式：用来设置水波的形成方式，包括围绕中心、从中心向外和水波波纹，可以从右侧的网格波纹预览图中观察到不同波纹的形成方式。

04 单击"确定"按钮，图像便呈现水波效果，如图6-123所示。

图6-123

05 在"图层"面板中选择水波图层，单击"添加图层蒙版"图标，给该图层创建图层蒙版，如图6-124所示。

图6-124

06 将前景色设置为黑色，选择"画笔工具"，并选择柔边笔触，按 [或] 键调整笔尖大小，在图像中的湖面周围涂抹，将湖面周围的涟漪隐去，如图6-125所示。

图6-125

07 打开"天鹅"素材，拖入文档中并调整大小和位置后，按 Enter 键确认，完成图像制作，如图6-126所示。

图6-126

6.18 锐化滤镜——神秘美女

锐化滤镜可以增加相邻像素之间的对比度，使模糊的图像变得更清晰，锐化滤镜组中包括6种滤镜，分别是USM锐化、防抖、进一步锐化、锐化、锐化边缘和智能锐化。

01 启动Photoshop 2022软件，执行"文件"|"打开"命令，打开"背景"素材，如图6-127所示。

图6-127

02 执行"滤镜"|"锐化"|"智能锐化"命令，打开"智能锐化"对话框，设置锐化参数，如图6-128所示。

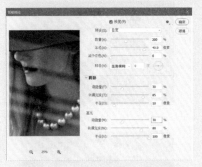

图6-128

> **Tips:** "智能锐化"滤镜可以设置锐化算法，控制在阴影和高光区域中的锐化量，避免色晕等问题。

数量：用来设置锐化量，值越大，像素边缘的对比度越强，锐化效果越明显。

半径：决定边缘像素周围受锐化影响的数量，值越大，受影响的边缘就越宽，锐化的效果就越明显。

减少杂色：减少杂色，降低图像的噪点，值越大，杂色越柔和，图像越模糊。

移去：用来设置图像的锐化算法。"高斯模糊"是"USM锐化"滤镜使用的方法；"镜头模糊"将检测图像中的边缘和细节；"动感模糊"尝试减少由于相机或主体移动而导致的模糊效果。

渐隐量：调整高光或阴影的锐化量。

色调宽度：控制阴影或高光中间色调的修改范围，其值越大，控制的修改范围越大。

半径：用来控制每个像素周围的区域的大小。其值越大，控制的区域越大。

03 单击"确定"按钮后，图像明显更加清晰了，如图6-129所示。

图6-129

07
08
09
10

6.19 防抖滤镜——海边狂欢

利用防抖滤镜，可以通过锐化边缘达到去模糊的目的。

01 启动Photoshop 2022软件，执行"文件"|"打开"命令，打开"海边人物"素材，如图6-130所示。

02 执行"滤镜"|"锐化"|"防抖"命令，弹出"防抖"对话框，设置"模糊描摹边界"为10像素，"平滑"和"伪像抑制"均为50.0%，如图6-131所示。

> **Tips:** "防抖"滤镜参数详解如下。
> **模糊描摹边界：**防抖处理最基础的锐化，数值越大锐化效果越明显。当该参数值较高时，图像边缘的

对比会明显加深，并会产生一定的晕影。

源杂色：对图像质量的界定，即图像杂色的值，分为4个值：自动、低、中、高。一般选中"自动"即可。

平滑：对锐化效果进行平滑处理，即通过柔化杂色来去除噪点。其取值范围为0%~100%，值越大去杂色效果越好，但细节损失也越多。

伪像抑制：用来处理锐化过度的问题，其取值范围为0%~100%，值越大，对锐化的抑制越明显。

11
12
13
14
15

第6章 通道与滤镜

图6-130 图6-131

后可手动指定取样范围。

03 单击"确定"按钮后，模糊的图像变清晰了，如图6-132所示。

Tips: 对于更多细节的调整，可选中"高级"复选框。未选中时，防抖取样是针对整幅照片的取样，选中

图6-132

扫描观看

6.20 像素化滤镜——车窗风景

像素化滤镜可以使单元格内相似颜色集结成块，形成彩块、点状、晶格和马赛克等效果。像素化滤镜组包括7种滤镜，分别是彩块化、彩色半调、点状化、晶格化、马赛克、碎片和铜版雕刻。

01 启动Photoshop 2022软件，执行"文件"|"打开"命令，打开"人物"素材，如图6-133所示。

图6-133

02 按快捷键Ctrl+J复制背景图层，执行"图像"|"调整"|"去色"命令或按快捷键Shift+Ctrl+U，将图层去色，如图6-134所示。

图6-134

03 选择"通道"面板中的"绿"通道，按住Ctrl键并单击"绿"通道缩略图，将图像高光载入选区，如图6-135所示。

04 回到"图层"面板，将去色后的高光部分删除，并单击"背景"图层上的眼睛图标 ◉ 隐藏该图层，按快捷键Ctrl+D取消选区，如图6-136所示。

图6-135

图6-136

05 按快捷键Ctrl+L，弹出"色阶"对话框，设置"输入色阶"从左往右的值分别为0、0.45和144，如图6-137所示。

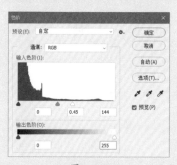

图6-137

Photoshop平面设计从新手到高手（第2版）（微课视频版）

06 单击"确定"按钮，图层的对比度增加，如图 6-138 所示。

图6-138

07 执行"滤镜"|"像素化"|"彩色半调"命令，输入"最大半径"值为 35 像素，如图 6-139 所示。

彩色半调			×
最大半径(R):	35	（像素）	确定
网角（度）			取消
通道 1(1):	45		
通道 2(2):	45		
通道 3(3):	45		
通道 4(4):	45		

图6-139

Tips: "彩色半调"滤镜可使图像变成网点效果。其参数的含义如下。

最大半径：设置生成的最大网点的半径。

网角：设置各个通道的网点角度，当各个通道设置为相同数值时，生成的网点将重叠显示。当图像模式为"灰度"模式时，只能设置通道 1；当图像模式为 RGB 时，可使用 3 个通道的数值；当图像模式为 CMYK 时，可设置 4 个通道的数值。

08 单击"确定"按钮后，图像出现彩色半调效果，如图 6-140 所示。

图6-140

09 将前景色设置为白色，单击"图层"面板中的"创建新图层"按钮⊞，创建一个空白图层，按快捷键 Alt+Del，将图层填充为前景色并置于彩色半调图层下方，如图 6-141 所示。

图6-141

10 将前景色设置为蓝色（#0068b7），单击"图层"面板中的"创建新图层"按钮⊞，创建一个空白图层，按快捷键 Alt+Del 将图层填充为前景色，并设置图层混合模式为"颜色"，完成图像制作，如图 6-142 所示。

图6-142

Tips: 像素化滤镜组中 7 个滤镜的作用如下。

彩块化：使相近颜色的像素生成彩块，产生类似油画的效果。

彩色半调：使图像呈现网点状效果。

点状化：使图像中的颜色随机分布为点状，背景色将作为点之间画布的颜色出现。

晶格化：使图像中相近颜色的像素形成类似结晶块状的效果。

马赛克：使图像中相近颜色的像素形成方形色块，并平均其颜色创建出马赛克效果。

碎片：将图像中的像素复制多次后，将其相互偏移，产生类似相机没对准焦的模糊效果。

铜版雕刻：使图像随机生成不规则的直线、曲线和点，颜色类似金属版雕刻的效果。

6.21 渲染滤镜——浪漫爱情

扫描观看

渲染滤镜是非常重要的特效制作滤镜，渲染滤镜组中包括 8 种滤镜，分别是火焰、图像框、树、分层云彩、光照效果、镜头光晕、纤维和云彩。

01 启动 Photoshop 2022 软件，执行"文件"|"打开"命令，打开"浪漫爱情背景"素材，如图 6-143 所示。

02 单击"图层"面板下方的"创建新图层"按钮回，新建一个空白图层。

03 将前景色和背景色分别设置为天蓝色（#40bbfc）和海蓝色（#0254fc），执行"滤镜"|"渲染"|"云彩"命令，图层随机生成云彩图案，如图 6-144 所示。

Tips: "云彩"滤镜使用前景色和背景色随机生成柔和的云彩图案。

04 将"云彩"图层的混合模式改为"柔光"。按住 Alt 键，单击"图层"面板中的"添加矢量蒙版"按钮，给云彩图层创建蒙版。

图6-143 　　　　　图6-144

05 将前景色设置为白色，选择"画笔工具"，选择一种柔边圆笔触，在"云彩"图层的蒙版上涂抹，将人物周围的云彩显现出来，如图 6-145 所示。

图6-145

06 单击"图层"面板的"创建新图层"按钮，创建一个新图层。将前景色设置为黑色，按快捷键 Alt+Del 为图层填充黑色。

07 执行"滤镜"|"渲染"|"镜头光晕"命令，弹出"镜头光晕"对话框。设置"亮度"为169，镜头类型选择"50-300 毫米变焦"，按住鼠标左键拖动光晕的位置，如图 6-146 所示。

Tips: "镜头光晕"滤镜用来模拟亮光照射到相机镜头时产生折射的光晕效果。"亮度"用来控制光晕的强度；"镜头类型"用来模拟不同镜头产生的光晕效果。

图6-146

08 将"光晕"图层的混合模式改为"滤色"，效果如图 6-147 所示。

09 选择"文字"素材并拖入文档中，调整大小后按 Enter 键确认，完成图像制作，如图 6-148 所示。

图6-147 　　　　　图6-148

扫描观看

6.22 杂色滤镜——繁星满天

　　杂色滤镜可以添加或减少杂色等，杂色滤镜组包括 5 种滤镜，分别是减少杂色、蒙尘与划痕、去斑、添加杂色和中间值。

01   启动 Photoshop 2022 软件，执行"文件"|"打开"
      命令，打开"灯塔"素材，如图 6-149 所示。

图6-149

02   单击"图层"面板中的"创建新图层"按钮⊞，创
      建一个新图层。将前景色设置为黑色，按快捷键
      Alt+Del 为图层填充黑色，如图 6-150 所示。

图6-150

03   执行"滤镜"|"杂色"|"添加杂色"命令，弹出"添
      加杂色"对话框，将"数量"设置为 5，并 选中"高
      斯分布"单选按钮和"单色"复选框，如图6-151 所示。

图6-151

Tips: "添加杂色"滤镜参数含义详解如下。
数量：用来设置杂色的数目。
平均分布：杂点随机分布，但比较平均、柔和。
高斯分布：高斯分布即正态分布，杂点分布对比较强烈，
原图的像素信息保留得更少。
单色：选中该复选框后，杂点只影响原图像素的亮度，
而不改变其颜色。

04   单击"确定"按钮，放大图像，可以看到黑色的
      背景上出现随机分布的单色杂色，如图 6-104
      所示。

图6-152

05   按快捷键 Ctrl+L，弹出"色阶"对话框，选择 RGB
      通道，"输入色阶"从左往右的值分别为 29、1.89
      和 57，如图 6-153 所示。

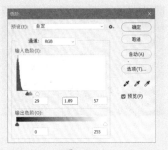

图6-153

06   单击"确定"按钮，放大图像，可以看到原来的杂
      色变得清晰了，如图 6-154 所示。

图6-154

07   选择"矩形选框工具"，框选部分杂色，如图
      6-155 所示。

图6-155

08   按快捷键 Ctrl+J 将框选的杂色部分复制为新图层，
      并命名为"星空"，删除下面的杂色图层，如图
      6-156 所示。

图6-156

09 按快捷键 Ctrl+T，拉大星空图层，铺满整个画面，按 Enter 键确认，并将图层叠加模式设置为"排除"，如图 6-157 所示。

图6-157

10 按住 Alt 键，单击"图层"面板下方的"添加矢量蒙版"按钮 ，为星空图层创建蒙版。

11 将前景色设置为白色，选择"画笔工具" ，选择一个柔边圆笔触，并将"不透明度"设置为 80%。在星空图层的蒙版上涂抹，将灯塔外的星空显现出来，完成图像制作，如图 6-158 所示。

图6-158

Tips： 杂色滤镜组中 5 种滤镜的具体作用如下。

减少杂色：降低图像的噪点。

蒙尘与划痕：通过更改差异大的像素来减少杂色，适合于对图像中蒙尘、杂点、划痕和折痕等进行处理，得到除尘和涂抹的效果。

去斑：检测图像边缘颜色变化显著的区域，模糊除边缘外的其他区域，以消除图像中的斑点，同时保留图像的细节。

添加杂色：添加随机的杂色应用于图像。

中间值：选取杂点和其周围像素的折中颜色作为两者之间的颜色，缩小相邻像素之间的差异，如减少图像的动感效果等。

第7章
数码照片处理

本章通过 22 个案例，讲述对数码照片进行校正、修复和润饰等优化处理，以及调整图像色彩、制作写真相册的方法，为数码艺术爱好者提供良好的示范和广阔的创作空间。

7.1 高反差保留磨皮——去除面部瑕疵

扫描观看

前文学习过用 Camara Raw 滤镜去除人物面部的斑点的方法，本节主要是利用高反差保留计算磨皮的方法去除面部瑕疵，此方法的优势在于能较好地保留人物面部的质感。

01 启动 Photoshop 2022，执行"文件"|"打开"命令，打开"去斑"素材，如图 7-1 所示。

图7-1

02 按快捷键 Ctrl+J 复制一个图层。单击"通道"面板，选择斑点对比较明显的"绿"通道，并拖至"创建新通道"按钮 上，复制一个"绿"通道，如图 7-2 所示。

03 执行"滤镜"|"其他"|"高反差保留"命令，弹出"高反差保留"对话框，设置"半径"为 10.0 像素，如图 7-3 所示，单击"确定"按钮。

图7-2 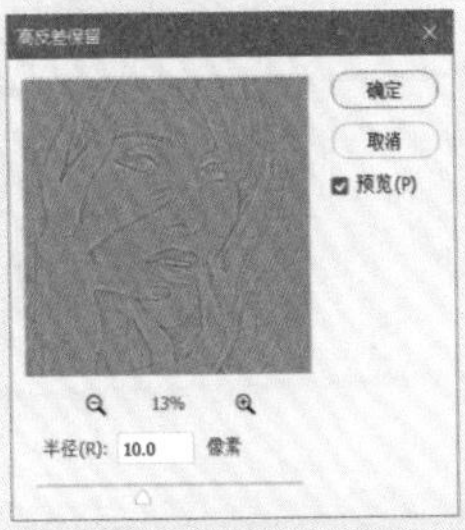　　　　　　　图7-3

Tips: 高反差保留主要是将图像中的颜色、明暗反差较大的两部分的交界保留下来，反差大的地方提取出来的图案效果明显，反差小的地方则生成中灰色，可

以用来移除图像中的低频细节。

04 单击"确定"按钮后的效果，如图 7-4 所示。

图7-4

05 执行"图像"|"计算"命令，弹出"计算"对话框，"通道"选择"绿 拷贝"通道，设置混合模式为"亮光"，如图 7-5 所示。

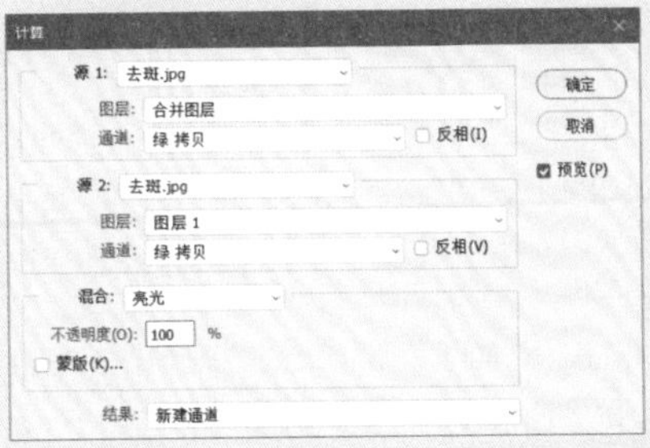

图7-5

Tips: "计算"命令用于混合两个来自一个或多个源图像的单个通道，并将结果应用到新图像、新通道，或者编辑的图像选区中。不能对复合通道如 RGB 通道应用"计算"命令。

06 单击"确定"后，通道的对比度增加，如图 7-6 所示。

图7-6

07 采用同样的参数重复执行"计算"命令3次,每次计算将生成一个新通道,第3次计算后,通道的对比度明显增加,如图7-7所示。

图7-7

08 按住Ctrl键,单击计算后的通道缩略图,此时白色区域载入选区。按快捷键Ctrl+Shift+I反选选区,将包含斑点的黑色区域载入选区,如图7-8所示。

图7-8

09 选中RGB通道,回到"图层"面板,按快捷键Ctrl+J将选区复制为新图层。

10 单击"图层"面板中的"创建新的填充或调整图层"按钮 ⊘.,在弹出的菜单中选择"曲线"选项,并按住Alt键,在"斑点"图层与"曲线"图层之间单击,创建剪贴蒙版,如图7-9所示。

11 调整曲线,如图7-10所示,将斑点部分调亮。

12 将前景色设置成黑色,选择"画笔工具" ✔,并选择一种柔边画笔,选择曲线的蒙版缩略图,在斑点

区域之外涂抹,使斑点区域之外的部分保持原来的细节,如图7-11所示。

图7-9　　　　图7-10

图7-11

13 按快捷键Ctrl+Alt+Shift+E盖印,所有效果即合成了一个新图层。

Tips: 盖印图层与合并可见图层的区别在于,合并可见图层是把所有可见图层合并到一起变成新的效果图层,原图层被直接合并;盖印图层的效果与合并可见图层后的效果一样,但新建了图层而不影响原来的图层。

14 选择"污点修复画笔工具" ✔,进行细节的修饰,人物去斑操作完成,如图7-12所示。

图7-12

7.2 美容必备——美白肌肤

本节主要学习利用"通道"和"曲线"功能美白肌肤的方法。

扫描观看

01　启动 Photoshop 2022，执行"文件"|"打开"命令，打开"美白"素材，如图 7-13 所示 。

图7-13

02　选择"通道"面板中的"红"通道并拖至"创建新通道"按钮⊞上，复制该通道，如图 7-14 所示。

图7-14

03　按快捷键 Ctrl+M 调出"曲线"对话框并调整曲线，如图 7-15 所示，单击"确定"按钮，此时"红"通道的对比度增加。

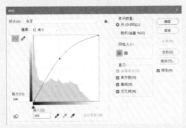

图7-15

04　选择工具箱中的"画笔工具"✐，将前景色设置为黑色，选择一种柔边画笔，涂抹皮肤之外的区域，如图 7-16 所示。

图7-16

05　按住 Ctrl 键，单击该通道缩略图，将白色皮肤区域载入选区，如图 7-17 所示。

图7-17

06　选中 RGB 通道，回到"图层"面板，单击"创建新图层"按钮⊞，创建一个新图层。

07　将前景色设置为白色，按快捷键 Alt+Del 将选区填充为白色，如图 7-18 所示。

图7-18

08　按住 Ctrl 键，单击"图层"面板下方的"添加矢量蒙版"按钮◻，为填充的图层创建蒙版。将前景色设置为黑色，选择一种柔边画笔，在眼睛、眉毛和嘴唇上涂抹，将涂抹处原本的颜色显露出来，如图7-19 所示。

> **Tips:** 采用添加蒙版，而不是直接使用橡皮擦等工具擦除要删除的像素是为了保留图层的可编辑性。

图7-19

09　单击"图层"面板下方的"创建新的填充或调整图层"按钮◉.，在弹出的菜单中选择"曲线"选项，并在曲线图层与下方图层之间单击，创建剪贴蒙版。

10　调整"红"通道的曲线，如图 7-20 所示，调整后画面整体红色增加。

11　选择"画笔工具"✐，将前景色设置为黑色，选择一种柔边画笔，单击"曲线"图层的蒙版缩略图，涂抹面部之外区域，使脸部区域之外的部分保持原有色调，人物美白完成，如图 7-21 所示。

图7-20

图7-21

Photoshop平面设计从新手到高手（第2版）（微课视频版）

7.3 貌美牙为先，齿白七分俏——美白光洁牙齿

扫描观看

美白牙齿的思路是利用"可选颜色"功能对牙齿的颜色进行调整。

01 启动 Photoshop 2022，执行"文件"|"打开"命令，打开"人物"素材，如图 7-22 所示。

图7-22

02 按快捷键 Ctrl+J 复制背景图层，按住 Alt 键，单击"图层"面板下方的"添加图层蒙版"按钮 ▣，为复制的图层创建蒙版。

Tips: 按住 Alt 键的同时添加图层蒙版可以添加黑色蒙版，即画面全部隐藏；按住 Ctrl 键的同时添加图层蒙版可以添加白色蒙版，即画面全部显现。

03 选择工具箱中的"画笔工具" ✎，将前景色设置为白色，选择一种柔边画笔，涂抹牙齿区域，单击"背景"图层前的眼睛图标 👁，将背景图层隐藏，如图 7-23 所示。

图7-23

Tips: 将图层隐藏是为了观察牙齿区域是否被全部涂抹出来。

04 单击"背景"图层前的空白眼睛图标 ▢，"背景"图层重新显现。单击"图层"面板中的"创建新的填充或调整图层"按钮 ◑，在弹出的菜单中选择"可选颜色"选项，并按住 Alt 键在"牙齿"图层与调整图层之间单击，创建剪贴蒙版，如图 7-24 所示。

图7-24

05 在"颜色"下拉列表中选择"红色"选项，设置"黑色"为 +10，如图 7-25 所示。

Tips: 利用可选颜色修改牙齿颜色的思路是：从红色（牙齿的牙龈阴影处）、黄色（牙齿本身的颜色），白色（高光的黄色）3 个可选颜色入手，降低其黄色值，从而使牙齿变白。

06 选择的"黄色"选项，设置"洋红"为 +50，设置"黄色"为 -100，如图 7-26 所示。

图7-25

图7-26

116

07 选择"白色"选项，设置"黄色"为-100，如图 7-27 所示。

图 7-27

08 调整可选颜色后，牙齿变白了，如图 7-28 所示。

7-28

7.4 不要衰老——去除面部皱纹

扫描观看

本节主要利用"蒙尘与划痕"滤镜结合蒙版去除面部皱纹。

01 启动 Photoshop 2022，执行"文件"|"打开"命令，打开"去皱"素材，如图 7-29 所示。

图 7-29

02 按快捷键 Ctrl+J 复制"背景"图层，右击该图层，在弹出的快捷菜单中选择"转换为智能对象"选项，将复制的图层转换为智能对象。

Tips: 复制背景图层和将复制的图层转换为智能矢量对象均是为了不破坏原照片。

03 执行"滤镜"|"杂色"|"蒙尘与划痕"命令，弹出"蒙尘与划痕"对话框，设置"半径"为 26 像素，如图 7-30 所示。

图 7-30

Tips: "蒙尘与划痕"滤镜通过更改图像中相异的像素来减少杂色，能在一定程度上保留图像的层次感。

04 单击"确定"按钮后，图层出现蒙尘与划痕效果，如图 7-31 所示。

图 7-31

05 按住 Alt 键，单击"图层"面板下方的"添加图层蒙版"按钮 ，为使用滤镜后的图层创建蒙版。选择工具箱中的"画笔工具" ，将前景色设置为白色，选择一种柔边画笔，在皱纹处涂抹，人物去皱处理完成，如图 7-32 所示。

图 7-32

117

7.5 让头发色彩飞扬——染出时尚发色

　　修改头发颜色的方法有很多，在前文学习了如何利用通道抠出头发，结合该方法，本节将学习将抠出的头发改变颜色的方法。

01 启动 Photoshop 2022，执行"文件"|"打开"命令，打开"染发"素材，如图 7-33 所示。

02 选择"通道"面板中的"蓝"通道，并拖至"创建新通道"按钮田上，复制该通道如图 7-34 所示。

图7-33

图7-34

03 按快捷键 Ctrl+L，弹出"色阶"对话框，设置"输入色阶"从左往右的值分别为 0、0.31 和 178，如图 7-35 所示。

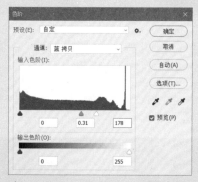

图7-35

04 单击"确定"按钮，人物的"蓝"通道对比度增加，如图 7-36 所示。

05 选择工具箱中的"画笔工具"，将前景色和背景色分别设置为黑色和白色，选择一种柔边画笔，将头发区域涂抹成黑色，其他部分涂抹成白色，如图 7-37 所示。

图7-36

图7-37

06 按住 Ctrl 键，单击涂抹后的蒙版缩略图，载入白色区域选区，按快捷键 Ctrl+Shift+I 将选区反选，如图 7-38 所示。

图7-38

07 选中 RGB 通道并回到"图层"面板，将前景色设置为紫色（#8957a1），单击"图层"面板中的"创建新图层"按钮田，创建新的空白图层，按快捷键 Alt+Del 在空白图层上填充前景色，如图 7-39 所示。

图7-39

Tips: 此处实例前面步骤可以省略，直接新建空白图层然后用"画笔工具"涂抹头发也可，但考虑到大多数情况下发丝分散且细小，而前面的步骤适合大部分情况。

08　将填充图层的混合模式更改为"颜色"，人物头发染色完成，如图 7-40 所示。

Tips: 为头发换颜色的思路是：先选择头发区域，可以利用"钢笔工具""魔棒工具"通道抠图等方法，然后利用图层混合模式如颜色、正片叠底等，使上色效果更自然。

图7-40

扫描观看

7.6　妆点眼色秘诀——人物的眼睛变色

　　有时为了使数码照片中人物的眼睛与道具、服饰或者妆容的颜色相匹配，需要改变眼睛的颜色，本节来学习利用图层混合模式和调整工具对人物的眼睛进行变色的方法。

01　启动 Photoshop 2022 软件，执行"文件"|"打开"命令，打开"变色"素材，如图 7-41 所示。

02　将前景色设置为蓝色（#00a0e9），单击"图层"面板中的"创建新图层"按钮⊞，创建新的空白图层。选择工具箱中的"画笔工具"✎，选择一种柔边画笔，涂抹人物的眼球，如图 7-42 所示。

图7-43　　　　　　图7-44

06　此时，人物眼睛颜色发生变化，如图 7-46 所示。

图7-41　　　　　　图7-42

03　将涂抹的图层混合模式设置为"颜色"，并将"不透明度"调整为 70%，如图 7-43 所示。

04　此时，人物眼睛变色处理完成，如图 7-44 所示。

05　单击"图层"面板中的"创建新的填充或调整图层"按钮◑，在弹出的菜单中选择"色阶"选项，并按住 Alt 键在"眼睛"图层与调整图层之间单击，创建剪贴蒙版。随后对眼睛颜色的效果进行修改。如将色阶值分别设置为 0、1.16 和 139，如图 7-45 所示。

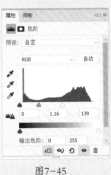

图7-45　　　　　　图7-46

Tips: 为眼睛变颜色的思路是：先用"画笔工具"为眼睛上色并调整图层混合模式，再利用调整工具如色阶、可选颜色和色相/饱和度等调整明暗和颜色。

7.7 对眼袋说不——去除人物眼袋

扫描观看

本节主要利用"仿制图章工具"和"修补工具",轻松去除讨厌且深的黑眼袋。

01 启动 Photoshop 2022 软件,执行"文件"|"打开"命令,打开"眼袋"素材,如图 7-47 所示。

02 按快捷键 Ctrl+J 复制一个图层,选择工具箱中的"修补工具"，将眼袋部分选出,如图 7-48 所示。

> **Tips:** "修补工具"是直接对画面的像素进行调整的,为了不破坏原图像,所以需要复制背景为新图层。

图7-47

图7-48

03 当鼠标指针移至选区内时,鼠标指针变成，此时按住鼠标左键,向皮肤光洁处拖动,如图 7-49 所示。

04 释放鼠标后,眼袋便消失了,按快捷键 Ctrl+D 取消选区,如图 7-50 所示,此时还有一些黑眼圈。

图7-49 图7-50

05 选择工具箱中的"仿制图章工具"，按住 Alt 键,此时鼠标指针变成，在皮肤白皙处单击,即可确定取样点。

06 取样后在黑眼圈处涂抹,黑眼圈消失,如图 7-51 所示。

图7-51

07 采用同样的方法,为另一只眼睛去除眼袋和黑眼圈。

08 将去皱后图层的"不透明度"更改为 80%,使效果更自然,如图 7-52 所示。

图7-52

7.8 扫净油光烦恼——去除面部油光

扫描观看

本节主要利用"减少杂色"滤镜和"画笔工具"去除人物面部的油光。

01 启动 Photoshop 2022 软件,执行"文件"|"打开"命令,打开"油光"素材,如图 7-53 所示。

02 按快捷键 Ctrl+J 复制背景图层,右击该图层,在弹出的快捷菜单中选择"转换为智能对象"选项,将复制的图层转换为智能对象。

03 执行"滤镜"|"杂色"|"减少杂色"命令,弹出"减少杂色"对话框,设置"强度"为 10,"减少杂色"为 100%,"锐化细节"为 50%,如图 7-54 所示。

Photoshop平面设计从新手到高手(第2版)(微课视频版)

图7-53

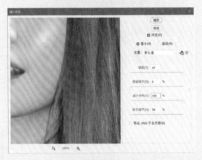

图7-54

Tips: "减少杂色"滤镜可以在保留整个图像边缘的同时减少杂色，但是效果有限。

04　单击"确定"按钮后，人物面部的油光细节减弱，如图 7-55 所示。

05　单击"图层"面板中的"创建新图层"按钮✚创建新的图层，选择"画笔工具"✐，选择一种柔边画笔，结合"吸管工具"✐，吸取高光附近的皮肤颜色。

在空白图层上涂抹，直到油光全被覆盖，如图 7-56 所示。

图7-55　　　　　　　图7-56

06　将图层混合模式设置为"变暗"，"不透明度"调整为 65%，使涂抹区域的肤色过渡更加自然，如图 7-57 所示。

07　此时，人物面部的油光不见了，如图 7-58 所示。

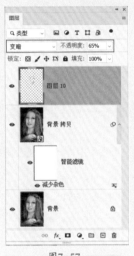　

图7-57　　　　　　　图7-58

7.9　人人都可以拥有一双美丽大眼睛——打造明亮双眸

扫描观看

"液化"滤镜的人脸识别功能，可自动识别眼睛、鼻子、嘴唇和其他面部特征，能轻松对其进行调整。

01　启动 Photoshop 2022 软件，执行"文件"|"打开"命令，打开"女孩"素材，如图 7-59 所示。

图7-59

02　按快捷键 Ctrl+J 复制背景图层，右击该图层，在弹出的快捷菜单中选择"转换为智能对象"选项，将复制的图层转换为智能对象。

03　执行"滤镜"|"液化"命令，弹出"液化"对话框，如图 7-60 所示。

04　单击"脸部"按钮✍，识别脸部，此时脸旁出现两条弧线，如图 7-61 所示。

05　展开"眼睛"选项区，设置"眼睛大小"为 50、50，"眼睛高度"为 20、50，"眼睛斜度"为 20、20，"眼睛距离"为 -8，如图 7-62 所示。

图7-60

图7-61

图7-62

图7-63

06 单击"确定"按钮，女孩的眼睛变大了，如图7-63所示。

Tips: 使用"人脸识别液化"前，需要确保已启用图形处理器。若未启动，执行"编辑"|"首选项"|"性能"命令，在"图形处理器设置"选项区中，选中"使用图形处理器"复选框。如果不能选中，则可能是使用的计算机显卡配置过低。

7.10 对短腿说不——打造修长美腿

本节主要运用"液化"命令和内容识别变形功能来打造修长美腿。

01 启动 Photoshop 2022 软件，执行"文件"|"打开"命令，打开"模特"素材，如图 7-64 所示。

02 按快捷键 Ctrl+J 复制背景图层，选择工具箱中的"矩形选框工具"[::]，框选模特的腿，如图 7-65 所示。

图7-64　　　　　　　图7-65

03 执行"编辑"|"内容识别缩放"命令，调出内容识别缩放框，如图 7-66 所示。

图7-66

Tips: 内容识别缩放框可以在一定限度内调整画面的结构或比例，最大限度地保护画面主体内容。

04 将鼠标制作移至缩放框左侧，当鼠标指针变成◆➔时，按住鼠标左键向左侧拖曳，此时，腿被拉长了，如图 7-67 所示。

图7-67

05 按 Enter 键确认变形，按快捷键 Ctrl+D 取消选区。右击该图层，在弹出的快捷菜单中选择"转换为智能对象"选项，将复制的图层转换为智能对象。

06 执行"滤镜"|"液化"命令，弹出"液化"对话框，选中"向前变形工具" ⚫️，设置画笔工具大小为240，在腿部较粗部位进行推移，同时将变形的脚掌推成正常的大小，如图 7-68 所示。

07 选择工具箱中的"平滑工具" ✎，在液化推拉处涂抹，使边缘平滑，一双修长美腿便完成了，如图 7-69 所示。

扫描观看

122

图7-68

图7-69

7.11 更完美的彩妆——增添魅力妆容

扫描观看

本节主要运用"画笔工具",同时结合图层混合模式来打造彩妆效果。

01 启动 Photoshop 2022 软件,执行"文件"|"打开"命令,打开"素颜"素材,如图 7-70 所示。

02 单击"创建新图层"按钮⊞,创建一个新的空白图层,设置图层混合模式为"正片叠底"。

Tips: 图层混合模式的选择依据是图像的底色及添加的颜色,在操作过程中可进行不同的尝试。

03 选择工具箱中的"画笔工具"✎,在工具选项栏中设置"不透明度"为 10%,将前景色设置为粉色（#e4007f）,选择一种柔边画笔,在眼影处涂抹。将前景色设置为深红色（#4c0216）,"不透明度"增加到 60%,在眼线处涂抹,如图 7-71 所示。

图7-70　　　　　　　图7-71

04 单击"创建新图层"按钮⊞,创建新的空白图层,设置图层混合模式为"叠加"。将前景色更改为粉色（#e4007f）,"不透明度"设置为 60%,继续用柔边画笔在嘴唇上涂抹,如图 7-72 所示。

05 单击"创建新图层"按钮⊞,创建新的空白图层,设置图层混合模式为"颜色",将前景色更改为深红色（#a3002e）,"不透明度"设置为 5%,在腮红处涂抹。将前景色更改为黄色（#fff100）,"不透明度"更改为 50%,用柔边画笔在眼角处涂抹,如图 7-73 所示。

06 单击"创建新图层"按钮⊞,创建新的空白图层,设置图层混合模式为"颜色加深",将前景色更改为粉色（#e4007f）,增加"不透明度"为 100%,用画笔在指甲处涂抹。更改前景色为黄色（#fff100）,给指甲涂上不同的颜色,如图 7-74 所示。

图7-72　　　　　　　图7-73

07 选择"耳环"素材并拖入文档中,调整大小后按 Enter 键确认,如图 7-75 所示。

图7-74　　　　　　　图7-75

08 单击"图层"面板下方的"添加图层蒙版"按钮▢,为耳环图层创建蒙版。

09 利用"魔棒工具"✨,按住 Shift 键,单击耳环的白色区域,将耳环的白色区域全部选中。将前景色设置为黑色,按快捷键 Alt+Del 为蒙版选区填充黑色,如图 7-76 所示。

10 选择"画笔工具",在手指上涂抹,将手指从蒙版中露出来,人物化妆完成,如图 7-77 所示。

123

图7-76

图7-77

7.12 调色技巧1——制作淡淡的紫色调

本节主要利用"曲线"和"可选颜色"功能制作淡淡的紫色调效果。

01 启动 Photoshop 2022 软件,执行"文件"|"打开"命令,打开"人物"素材,如图 7-78 所示。

图7-78

02 单击"图层"面板中的"创建新的填充或调整图层"按钮◑.,在弹出的快捷菜单中选择"曲线"选项,调整红、绿和蓝通道,如图 7-79 所示。

图7-79

> **Tips:** 拉出直线的方法是选择曲线两端的点,沿水平或竖直方向拖动,或通过按方向键调整点的位置。

03 此时,画面呈现淡紫色,如图 7-80 所示。

图7-80

04 单击"图层"面板中的"创建新的填充或调整图层"按钮◑.,在弹出的快捷菜单中选择"可选颜色"选项,选择"黄色",设置"洋红"为 +100,"黄色"为 -100,"黑色"为 +100,如图 7-81 所示。

05 同理选择"白色",设置"黄色"为 -40,如图 7-82 所示。

图7-81

图7-82

> **Tips:** 调整曲线后,图像的草地和高光颜色偏黄,因此,利用"可选颜色"功能减少草地和高光处的黄色。

06 淡淡的紫色调调色完成,如图 7-83 所示。

图7-83

7.13 调色技巧 2——制作甜美日系效果

本节主要利用 Camare Raw 滤镜制作甜美的日系效果。

01 启动 Photoshop 2022 软件，执行"文件"|"打开"命令，打开"街头"素材，如图 7-84 所示。

图7-84

02 按快捷键 Ctrl+J 复制"背景"图层，右击该图层，在弹出的快捷菜单中选择"转换为智能对象"选项，将复制的图层转换为智能对象。

03 执行"滤镜"|"Camera Raw 滤镜"命令，弹出 Camera Raw 14.0 对话框，如图 7-85 所示。

04 在"基本"选项区，设置"色温"为 -21，"色调"为 +4，"曝光"为 +0.65，"对比度"为 -35，"白色"为 +50，"清晰度"为 -33，"饱和度"为 -13，如图 7-86 所示。

Tips: 此处的处理是为了调整画面的整体色调并降低图像的饱和度和清晰度。

图7-85

05 在"曲线"选项区下，设置"暗调"为 +28，如图 7-87 所示。

Tips: 提亮暗调可以使图像呈现日系照片中特有的暗部发灰的效果。

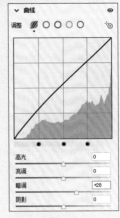

图7-86　　　　图7-87

06 在"校准"选项区，设置蓝原色的"色调"为 -37，"饱和度"为 -40，如图 7-88 所示。

图7-88

Tips: 此处是为了使照片呈现青灰色调。

07 甜美日系效果调色完成，如图 7-89 所示。

图7-89

125

7.14 调色技巧 3——制作水嫩色彩

扫描观看

本节主要利用曲线和可选颜色来制作水嫩色彩。

01 启动 Photoshop 2022 软件，执行"文件"|"打开"命令，打开"桃林"素材，如图 7-90 所示。

02 单击"图层"面板下方的"创建新的填充或调整图层"按钮 ◉，在弹出的菜单中选择"曲线"选项，调整绿通道曲线，如图 7-91 所示。

> **Tips:** 利用"可选颜色"增加暖色，并将画面中的黄色部分往粉嫩红色方向调，使画面整体呈现粉嫩色彩。

05 选择"黄色"，设置"洋红"为 +20，"黄色"为 -100，如图 7-94 所示。

06 选择"黑色"，设置"洋红"为 +100，如图 7-95 所示。

图7-90　　　　图7-91

03 选择 RGB 通道曲线并调整，如图 7-92 所示。

> **Tips:** 曲线调整是为了减少画面中的绿色，并将整体提亮，从而降低画面的对比度。

04 单击"图层"面板中的"创建新的填充或调整图层"按钮 ◉，在弹出的菜单中选择"可选颜色"选项，选择"红色"，设置"青色"为 -100，"黄色"为 -93，如图 7-93 所示。

图7-94　　　　图7-95

07 照片色彩变水嫩了，调色完成，如图 7-96 所示。

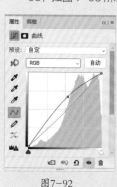

图7-92　　　　图7-93

图7-96

7.15 调色技巧 4——制作安静的夜景

扫描观看

本节主要利用 Camare Raw 滤镜制作蓝色静谧的夜景效果。

01 启动 Photoshop 2022 软件，执行"文件"|"打开"命令，打开"烟火"素材，如图 7-97 所示。

Photoshop平面设计从新手到高手（第2版）（微课视频版）

图7-97

02 按快捷键 Ctrl+J 复制"背景"图层,右击该图层,在弹出的菜单中选择"转换为智能对象"选项,将复制的图层转换为智能对象。

03 执行"滤镜"|"杂色"|"添加杂色"命令,在弹出的对话框中设置杂色"数量"为5,如图7-98 所示。

Tips: 拍摄夜景时,由于夜晚光线不足,经常出现噪点较多的情况,此处添加杂色即模拟照片的噪点。

图7-98

04 执行"滤镜"|"Camera Raw 滤镜"命令,在"基本"选项区,设置"色温"为 -30,"色调"为 +4,"曝

光"为 +0.40,"对比度"为 +27,"清晰度"为 +23,如图 7-99 所示。

Tips: 调低色温可以使画面呈现蓝色的冷色调。

05 在"校准"选项区,设置"色调"为 +5,如图 7-100 所示。

图7-99   图7-100

06 静谧的蓝色夜景色效果制作完成,如图 7-101 所示。

图7-101

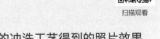

扫描观看

7.16 复古怀旧——制作反转负冲效果

反转负冲是在胶片拍摄中比较特殊的一种手法,是指正片使用了负片的冲洗工艺得到的照片效果。本节主要学习利用通道模拟这种效果。

01 启动 Photoshop 2022 软件,执行"文件"|"打开"命令,打开"气球"素材,如图 7-102 所示。

图7-102

02 选择"蓝"通道,执行"图像"|"应用图像"命令,在弹出的对话框中选中"反相"复选框,设置

混合为"正片叠底","不透明度"为 50 %,如图 7-103 所示。

图7-103

03 单击"确定"按钮,选择 RGB 通道,图像色彩如

图 7-104 所示。

图7-104

04 选择"绿"通道，执行"图像"|"应用图像"命令，在弹出的对话框中选中"反相"复选框，设置混合为"正片叠底"，"不透明度"为 10%，如图 7-105 所示。

图7-105

05 单击"确定"按钮，选择 RGB 通道，图像色彩如图 7-106 所示。

图7-106

06 选择"红"通道，执行"图像"|"应用图像"命令，在弹出的对话框中设置混合为"颜色加深"，"不透明度"为 60%，如图 7-107 所示。

图7-107

07 单击"确定"按钮，选择 RGB 通道，图像色彩如图 7-108 所示，制作完成。

Tips： "反转负冲"效果主要是在 RGB 模式下，通过改变红、绿、蓝三个通道的不同色阶、图层混合模式等属性，来改变整个图像的色彩。

图7-108

7.17 昨日重现——制作照片的水彩效果

扫描观看

本节主要学习利用通道和色阶简化人物并叠加水彩图像制作照片的水彩效果。

01 启动 Photoshop 2022 软件，执行"文件"|"打开"命令，打开"人物"素材，如图 7-109 所示。

02 在"通道"面板中选择"红"通道，拖入"创建新通道"按钮，复制通道，如图 7-110 所示。

图7-109

图7-110

03 按快捷键 Ctrl+L 调出"色阶"对话框，"输入色阶"分别为 70、0.8 和 124，如图 7-111 所示。

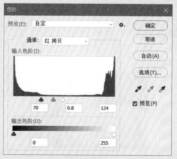

图7-111

Tips： 利用色阶简化通道像素。

04 单击"确定"按钮后，红通道对比变得明显，如图7-112所示。

05 按Ctrl键，单击该通道，白色区域将载入选区，按快捷键Ctrl+Shift+I反选选区。

06 回到"图层"面板，按快捷键Ctrl+J复制选区为新的图层，并单击"背景"图层前的眼睛图标 ⊙ 将"背景"图层隐藏，如图7-113所示。

图7-112　　　　图7-113

07 选择"水彩"素材并拖入文档，调整大小和位置后按Enter键确认，如图7-114所示。

08 按住Alt键，在"图层"面板中复制的图层和水彩图层之间单击，创建剪贴蒙版，如图7-115所示。

图7-114　　　　图7-115

09 选择"画笔工具" ✐ ，设置画笔大小为500像素。

单击设置图标 ✿. ，在弹出的菜单中选择"旧版画笔"选项，将旧版画笔追加到画笔预设中，选择其中的"缤纷玫瑰"笔刷，如图7-116所示。

10 选择复制的人像图层，按住鼠标左键在画面中拖动，创建特殊的纹理，如图7-117所示。

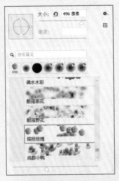

图7-116　　　　图7-117

11 单击"图层"面板下方的"创建新图层"按钮 ⊞ ，创建一个新的空白图层，按快捷键Ctrl+Shift+[，将该图层置于底层。

12 单击"图层"面板的"添加图层样式"按钮 fx. ，在弹出的菜单中选择"图案叠加"选项，选择"花纹纸"图案，如图7-118所示。

13 单击"确认"按钮后，图像制作完成，如图7-119所示。

图7-118　　　　图7-119

扫描观看

7.18　展现自我风采——非主流照片

本节主要利用"曲线"和图层混合模式来制作非主流照片效果。

01 启动Photoshop 2022软件，执行"文件"|"打开"命令，打开"非主流"素材，如图7-120所示。

02 单击"图层"面板下方的"创建新的填充或调整图层"按钮 ◑. ，在弹出的菜单中选择"曲线"选项，调整

RGB通道曲线，如图7-121所示。

03 此时的图像效果如图7-122所示。

04 选择"光晕"素材并拖入文档中，调整大小后按Enter键确认，如图7-123所示。

图7-120

图7-121

的面板中设置"星形比例"为10%，绘制一个星形，如图7-127所示。

图7-126

05 将图层混合模式改为"滤色"，如图7-124所示。

06 按Ctrl+Alt+Shift+E盖印图层，合成一个新图层。

图7-122　　　　　　　　图7-123

07 执行"滤镜"|"像素化"|"彩色半调"命令，设置"最大半径"为8像素，通道1、2、3、4的值分别为0、0、90、45，如图7-125所示，单击"确定"按钮。

图7-124　　　　　　　　图7-125

Tips: "彩色半调"滤镜作用于位图，在每个通道上产生通道颜色圆点来模拟半调网屏的效果。若图像为CMYK模式，则通道1、2、3、4分别代表C、M、Y、K通道；若图像为RGB模式，则通道1、2、3分别代表R、G、B通道，通道4无效。

08 将图层混合模式改为"叠加"，"不透明度"为40%，效果如图7-126所示。

09 选择工具箱中的"多边形工具"⬡，在工具选项栏中将填充颜色设置为白色，描边颜色为无，"边数"为4，"圆角半径"为0。单击设置图标⚙，在弹出

10 选择"星形"图层，右击并在弹出的快捷菜单中选择"栅格化图层"选项。

11 选择工具箱中的"画笔工具"✎，将前景色设置为白色，选择一种柔边画笔，在星形中间单击，星星制作完成，如图7-128所示。

图7-127　　　　　　　　图7-128

12 复制星形，调整大小和不透明度，如图7-129所示。

13 选择工具箱中的"文字工具"**T**，输入文字"迷失"，在工具选项栏中设置字体为"方正大标宋简体"，文字大小为50.89点，并用白色填充文字。采用同样的方法，输入文字"自己..."并填充黑色，图像制作完成，如图7-130所示。

图7-129　　　　　　　　图7-130

7.19 精美相册 1——可爱儿童日历

本节主要利用形状创建剪贴蒙版，并利用滤镜得到波浪图形来制作可爱儿童日历。

01 启动 Photoshop 2022，将背景色设置为白色，执行"文件"|"新建"命令，新建一个宽为 3000 像素、高为 2000 像素、分辨率为 300 像素 / 英寸，背景内容为背景色的 RGB 文档。

02 从标尺处拉出一条竖直方向居中的参考线。

Tips: 拉参考线时，在水平或垂直居中位置以及边缘位置，参考线会出现明显停顿，此时释放鼠标创建的参考线即可自动吸附在居中位置或边缘位置；也可以执行"视图"|"新建参考线"命令，在弹出的对话框中精确设置参考线位置。

03 选择"矩形工具" ▢，将填充颜色设置为青色（#8ed8ca），描边颜色为无，在参考线的左侧绘制一个白色矩形，如图 7-131 所示。

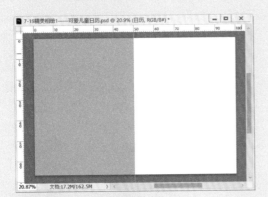
图7-131

04 选择"小孩 1"素材并拖入文档中，调整大小后按 Enter 键确认，如图 7-132 所示。

图7-132

05 单击"图层"面板下方的"创建新的填充或调整图层"按钮 ◑，在弹出的快捷菜单中选择"曲线"选项，调整 RGB 通道曲线，如图 7-133 所示。

06 此时，小孩的肤色变得白皙，如图 7-134 所示。

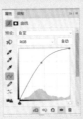 
图7-133　　　　　　　图7-134

07 选择"矩形工具" ▢，将填充颜色设置为白色，描边颜色为无，绘制一个矩形，如图 7-135 所示。

08 选择白色矩形图层，右击并在弹出的快捷菜单中选择"栅格化图层"选项，将该图层栅格化。

图7-135

09 执行"滤镜"|"扭曲"|"波浪"命令，在弹出的对话框中设置"生成器数"为 20，"波长"的"最小"为 109，"最大"为 110，"波幅"的"最小"为 1，"最大"为 6，如图 7-136 所示。

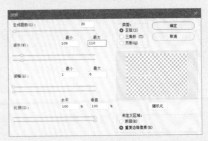
图7-136

Tips: "波浪"滤镜参数详解如下。
生成器数：设置波纹生成的数量，取值范围为 1~999。值越大，波纹的数量越多。
波长：设置相邻两个波峰之间的距离，设置的最小波长不可以超过最大波长。
波幅：设置波浪的高度，同样最小的波幅不能超过最大的波幅。
比例：设置波纹在水平和垂直方向上的缩放比例。

10 单击"确定"按钮，白色矩形变成波浪状，如图7-137所示。

图7-137

11 按住 Alt+Shift 键，选择"移动工具" ⊕，垂直拖移并复制多个左右对齐的波浪。

12 在"图层"面板中，按住 Shift 键，分别单击"图层"面板顶部和底部的两个白色矩形图层，选中全部波浪图层。选择"移动工具" ⊕，在工具选项栏中单击"垂直居中分布"按钮 ≣，将波浪等距排列，如图 7-138 所示。

图7-138

13 选择工具箱中的"矩形工具" □，将填充颜色设置为黑色，描边颜色为白色，设置描边大小为 5 点，绘制一个矩形，如图 7-139 所示。

14 单击"图层"面板中的"添加图层样式"按钮 fx，在弹出的菜单中选择"内阴影"选项，设置"角度"为 120 度，"距离"为 17 像素，"阻塞"为 27%，"大小"为 43 像素，如图 7-140 所示。

图7-139　　　　　　图7-140

15 选择"小孩 2"素材并拖入文档中，调整大小后按 Enter 键确认，如图 7-141 所示。

图7-141

16 按住 Alt 键，在"图层"面板中的"小孩 2"图层和"矩形"图层之间单击，创建剪贴蒙版，如图7-142 所示。

图7-142

17 单击"图层"面板下方的"创建新的填充或调整图层"按钮 ●，在弹出的菜单中选择"曲线"选项，在"小孩 2"图层和"曲线"图层之间单击，创建剪贴蒙版，并调整 RGB 通道曲线，如图 7-143 所示。

18 此时，小孩的肤色变得白皙，与背景更融合，如图7-144 所示。

图7-143　　　　　　图7-144

19 选择工具箱中的"矩形工具" □，将填充颜色设置为白色，描边颜色为无，绘制一个矩形，如图7-145 所示。

图7-145

20 选择"日历"素材并拖入文档中，调整大小后按 Enter 键确认，如图 7-146 所示。

Photoshop平面设计从新手到高手（第2版）（微课视频版）

图7-146

21　选择工具箱中的"椭圆工具"○，将填充颜色设置为黄色（#fff100），描边颜色为无，绘制一个椭圆，如图7-147所示。

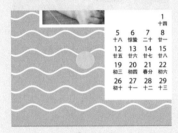

图7-147

22　采用同样的方法，绘制其他椭圆并填充合适的颜色，得到一只小鸭子，如图7-148所示。

23　选中小鸭子的所有图层，拖入"图层"面板中的"创建新组"按钮□。选择该组，按快捷键Ctrl+J复制该组。选择工具箱中的"移动工具"✛，将复制的小鸭子移至合适的位置，如图7-149所示。

图7-148

图7-149

24　选择"文字工具"**T**，输入文字，在工具选项栏中选择合适的字体，设置合适的字号大小，并填充颜色为黑色，完成图像制作，效果如图7-150所示。

图7-150

7.20　精美相册2——风景日历

本节主要利用合并形状及利用形状创建剪贴蒙版来制作风景日历。

01　启动Photoshop 2022，将背景色设置为土黄色（#dfd9cd），执行"文件"|"新建"命令，新建一个宽为3000像素、高为2000像素、分辨率为300像素/英寸，背景内容为背景色的RGB文档，如图7-151所示。

02　选择工具箱中的"矩形工具"□，将填充颜色设置为紫色（#8958a1），描边颜色为无。按住Shift键，绘制一个正方形，如图7-152所示。

03　按住Alt+Shift键，选择"移动工具"✛，水平拖移并复制该正方形。设置前景色为橘黄色（#f8b552），按快捷键Alt+Del填充，如图7-153所示。

04　选择工具箱中的"删除锚点工具"✍，在复制的正

方形右下角单击锚点，将该锚点删除，正方形变成三角形，如图7-154所示。

图7-151　　　　　图7-152

05　选择"移动工具"✛，按住Alt键拖动复制三角形，按快捷键Ctrl+T调出自由变换框，按住Shift键，将复制的三角形旋转45°，如图7-155所示。

图7-153   图7-154

06 在"图层"面板中，按住 Ctrl 键，在 3 个形状图层上单击，同时选中 3 个形状图层。右击并在弹出的快捷菜单中选择"合并形状"选项，如图 7-156 所示。

图7-155   图7-156

Tips： 合并形状后，生成的图层依然是可编辑的形状图层，并且合并形状后的颜色保留顶层形状图层的颜色。

07 选择"雏菊"素材并拖入文档中，按 Enter 键确认，如图 7-157 所示。

图7-157

08 按住 Alt 键，在"图层"面板中的"雏菊"图层和"合并形状"图层之间单击，创建剪贴蒙版，并按快捷键 Ctrl+T 调整雏菊图层大小和位置，如图 7-158 所示。

图7-158

09 采用同样的方法，创建其他三角形，并填充白色和绿色（#4a5e2d），如图 7-159 所示。

10 选择"餐具"素材并拖入文档中，按 Enter 键确认，如图 7-160 所示。

图7-159

图7-160

11 采用同样的方法，分别为左上角和白色的三角形创建剪贴蒙版，如图 7-161 所示。

图7-161

12 选择工具箱中的"文字工具" **T**，输入文字进行修饰，如图 7-162 所示。

图7-162

13 选择"日历"素材并拖入文档中，按 Enter 键确认，图像制作完成，如图 7-163 所示。

图7-163

7.21 婚纱相册——美好爱情

扫描观看

本节主要利用"钢笔工具"绘制形状并创建剪贴蒙版来制作婚纱相册。

01 启动 Photoshop 2022，将背景色颜色设置为淡蓝色（#b8daef），执行"文件"|"新建"命令，新建一个宽为 3000 像素、高为 2000 像素、分辨率为 300 像素/英寸，背景内容为背景色的 RGB 文档，如图 7-164 所示。

02 选择工具箱中的"钢笔工具"✍，在工具选项栏中选择"形状"选项，将填充颜色设置为白色，描边颜色为无，绘制形状，如图 7-165 所示。

Tips: "钢笔工具"绘制的形状闭合时，颜色将根据设置的颜色自动填充。

03 将前景色设置为灰色（#8a868c），按快捷键 Ctrl+J 复制该形状，并按快捷键 Alt+Del 填充前景色。选择工具箱中的"移动工具"✣，将复制的形状向左移动，如图 7-166 所示。

04 选择"微笑"素材并拖入文档中，如图 7-167 所示。

图7-164

图7-165

图7-166

图7-167

05 按住 Alt 键，在"图层"面板中的人物图层和灰色形状图层之间单击，创建剪贴蒙版，如图 7-168 所示。

06 选择工具箱中的"矩形工具"▢，将填充颜色设置为浅蓝色（#cbe4f3），描边颜色为白色，描边大小为 1 点，绘制一个矩形，如图 7-169 所示。

图7-168

图7-169

07 选择"对视"素材并拖入文档中，调整大小后按 Enter 键确认，如图 7-170 所示。

08 选择工具箱中的"椭圆工具"⬭，将填充颜色设置为蓝色（#8abfe2），描边颜色为白色，描边大小为 4.5 点，按住 Shift 键绘制一个圆形，如图 7-171 所示。

图7-170

图7-171

09 选择"海滩"素材并拖入文档中，如图 7-172 所示。

10 按住 Alt 键，在"图层"面板中的"海滩"图层和"圆形"图层之间单击，创建剪贴蒙版，并调整海滩图层的大小，如图 7-173 所示。

图7-172

图7-173

11 单击"图层"面板中的"创建新图层"按钮⊞，将前景色设置为黑色，按快捷键 Alt+Del 填充。执行"滤镜"|"渲染"|"光晕"命令，在弹出的对话框中选择"50-100 毫米变焦"选项，如图 7-174 所示，单击"确定"按钮。

图7-174

12 将光晕图层的图层混合模式改为"滤色"，并用"移动工具"✣调整光晕位置，如图 7-175 所示。

13 选择工具箱中的"文字工具"T，输入文字进行修饰，图像制作完成，如图 7-176 所示。

图7-175

图7-176

7.22 个人写真——青青校园

扫描观看

本节主要利用"矩形工具"绘制圆角矩形以及形状剪贴蒙版来制作个人写真效果。

01 启动 Photoshop 2022，将背景色设置为浅灰色（#eeeeee），执行"文件"|"新建"命令，新建一个宽为 3000 像素、高为 2000 像素、分辨率为 300 像素 / 英寸，背景内容为背景色的 RGB 文档。

02 选择工具箱中的"矩形工具"▢，将填充颜色设置为黄色（#cfc971），描边颜色为无，绘制一个矩形，如图 7-177 所示。

03 将填充颜色设置为棕色（#ad6c00），描边颜色为无，"圆角半径"为 120 像素，绘制一个圆角矩形，如图 7-178 所示。

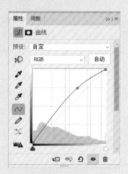

图7-181

图7-177　　　　　图7-178

04 选择"秋千"素材并拖入文档中，如图 7-179 所示。

05 按住 Alt 键，在"图层"面板中的"秋千"图层和"圆角矩形"图层之间单击，创建剪贴蒙版，如图 7-180 所示。

图7-182

图7-179　　　　　图7-180

06 单击"图层"面板下方的"创建新的填充或调整图层"按钮 ◑，在弹出的菜单中选择"曲线"选项，调整 RGB 通道曲线，如图 7-181 所示。

07 此时，嵌入的照片肤色被提亮，如图 7-182 所示。

08 选择工具箱中的"矩形工具"▢，将填充颜色设置为棕色（#ad6c00），描边颜色为无，绘制一个矩形，如图 7-183 所示。

图7-183

09 选择"女孩"素材，拖入文档中，按住 Alt 键在"图层"面板中的"女孩"图层和"矩形"图层之间单击，创建剪贴蒙版，如图 7-184 所示。

图7-184

10 选择工具箱中的"矩形工具"▢，将填充颜色设置为棕色（#ad6c00），描边颜色为无，绘制一个矩形，如图 7-185 所示。

图7-185

11 在"属性"面板中单击下面的"链接"按钮⑧，解开链接。设置左上角▢的大小为 200 像素，如图 7-186 所示。

图7-186

> **Tips:** 若不解开链接，则矩形的每个角都将出现相同大小的圆角效果。

12 此时，矩形的左上角变成弧形，如图 7-187 所示。

图7-187

13 选择"气球"素材，拖入文档中，并创建剪贴蒙版，如图 7-188 所示。

图7-188

14 选择工具箱中的"文字工具"**T**，输入文字进行修饰，如图 7-189 所示。

图7-189

15 选择工具箱中的"自定义形状工具"✿，在属性栏中单击"形状"右侧的·按钮，在弹出的列表中选择蝴蝶形状，如图 7-190 所示。

图7-190

16 找到蝴蝶形状后，将填充颜色设置为黄色（#cfc971），描边颜色为无，绘制多个蝴蝶并调整方向和大小，个人写真制作完成，如图 7-191 所示。

图7-191

第8章
文字特效

在平面设计中，特效文字的制作非常重要，可以让文字与画面的设计相辅相成。本章提供 11 个特效文字制作的思路，主要运用图层样式中的斜面和浮雕、渐变叠加、图案叠加、光泽和阴影图层样式，制作各类或巧妙或逼真的文字特效。

8.1 描边字——放飞梦想

扫描观看

本节主要利用两种描边方式制作可爱的卡通字效果。

01 启动 Photoshop 2022，将背景色颜色设置为淡蓝色（#d2f3ff），执行"文件"|"新建"命令，新建一个宽为 3000 像素、高为 2000 像素、分辨率为 300 像素 / 英寸，背景内容为背景色的 RGB 文档，如图 8-1 所示。

02 选择工具箱中的"文字工具"T，在工具选项栏中选择合适的字体，设置合适的字号大小，并设置文字填充颜色为蓝色（#00e6f7），输入文字 DREAM，如图 8-2 所示。

DREAM

图8-1　　　　　　图8-2

03 按住 Ctrl 键，单击文字图层的缩略图，将文字边缘载入选区。

04 单击"创建新图层"按钮，创建一个新的空白图层。

05 执行"编辑"|"描边"命令，弹出"描边"对话框，设置"宽度"为9像素,颜色为黑色,其他设置为默认,如图 8-3 所示，单击"确定"按钮。

图8-3

06 选择工具箱中的"移动工具"，移动"描边"图层，如图 8-4 所示。

DREAM

图8-4

07 选择工具箱中的"文字工具"T，在工具选项栏中设置字体为"华康海报体"，文字大小为 188 点，并设置文字填充颜色为蓝色（#00e6f7），输入文字 FLY。

08 选择 FLY 文字图层并单击"图层"面板中的"添加图层样式"按钮 fx，在弹出的菜单中选择"描边"选项，在弹出的对话框中设置描边"大小"为9像素，颜色为黑色，如图 8-5 所示。

图8-5

09 单击"确认"按钮，字母出现描边效果，如图 8-6 所示。

10 按快捷键 Ctrl+J 复制 FLY 图层，填充颜色为黄色（#ffd44b），选择工具箱中的"移动工具"，拖移复制的图层，如图 8-7 所示。

图8-6   图8-7

11 选择"时钟""云朵""火箭"和"点线"素材并
    拖入文档中，调整大小后按 Enter 键确定，图像制
    作完成，如图 8-8 所示。

扫描观看

图8-8

8.2 图案字——美味水果

本节主要利用自定义图案来制作美味的水果字效果。

01 启动 Photoshop 2022，执行"文件"|"新建"命令，
    新建一个宽为 3000 像素、高为 2000 像素、分辨
    率为 300 像素 / 英寸的 RGB 文档。

02 选择工具箱中的"渐变工具"，设置渐变起
    点颜色为浅蓝色（#abe5fa），终点颜色为蓝色
    （#84cee7）的径向渐变，从画面中心向外水平单
    击拖曳填充渐变色，如图 8-9 所示。

03 选择工具箱中的"文字工具"T，在工具选项栏中
    设置字体为 Sensei，文字大小为 258 点，并设置
    文字填充颜色为黑色，输入文字 fruit，如图 8-10
    所示。

图8-9   图8-10

04 打开"水果"素材，如图 8-11 所示。

图8-11

05 执行"编辑"|"定义图案"命令，弹出"图案名称"
    对话框，输入名称为"水果 .jpg"，如图 8-12 所示，
    按"确定"按钮添加图案。

图8-12

06 回到水果文字文档，单击"图层"面板中的"添加
    图层样式"按钮 fx，在弹出的菜单中选择"描边"
    选项，设置描边"大小"为 18 像素，颜色为白色，
    如图 8-13 所示。

图8-13

07 选择左侧的"图案叠加"复选框，选择定义好的图案，
    如图 8-14 所示。

图8-14

139

08 选择左侧的"投影"复选框，设置"不透明度"为 45%，"距离"为 46 像素，"扩展"为 5%，"大小"为 27 像素，如图 8-15 所示。

图8-15

09 单击"确定"按钮后，效果如图 8-16 所示，水果文字效果制作完成。

图8-16

扫描观看

8.3 巧克力文字——牛奶巧克力

本节学习利用图层样式和图层蒙版来制作美味诱人的巧克力文字。

01 启动 Photoshop 2022，执行"文件"|"打开"命令，打开"背景"素材，如图 8-17 所示。

02 选择工具箱中的"文字工具" **T**，在工具选项栏中选择合适的字体，设置合适的字号大小，并设置文字的填充颜色为棕色（#4d362d），输入文字 MILK，如图 8-18 所示。

图8-17

图8-18

03 选中文字图层并单击"图层"面板中的"添加图层样式"按钮 *fx*，在弹出的菜单中选择"斜面和浮雕"选项，在弹出的对话框中设置样式为"内斜面"，方法为"平滑"，"深度"为 500%，"方向"为"上"，"大小"为 20 像素；设置阴影的"角度"为 120 度，"高度"为 30 度，高光模式为"滤色"，"不透明度"为 50%，阴影模式为"正片叠底"，"不透明度为"50%，如图 8-19 所示。

Tips: "等高线"选项存在于图层样式多个效果中。图层样式不同，其等高线控制的内容也不同，但其共同作用是在给定的范围内创造特殊轮廓外观。使用方法一致，单击"等高线"拾色器的等高线图案，可以调出"等高线编辑器"来调整等高线；单击"等高线"拾色器的三角形按钮，出现已载入的等高线类型；单击"设置"图标 ✿，可以调出相关菜单，包括新建、载入和复位等高线等命令。

图8-19

04 选中"等高线"复选框，单击"等高线"拾色器按钮 ◪，在弹出的菜单中选择"高斯"选项 ◣，设置范围为 20%，如图 8-20 所示。

图8-20

05 选中"纹理"复选框，单击"图案"拾色器按钮 ▦，再单击设置图标 ✿，在弹出的菜单中选择"图案"选项，追加图案。选择"拼贴-平滑"图案 ▦，设置"缩放"为 100%，"深度"为 +6%，如图 8-21 所示。

图8-21

06 选中"投影"复选框，设置"不透明度"为40%，"角度"为90度，"距离"为10像素，"大小"为15像素，如图8-22所示。

07 单击"确定"按钮，巧克力效果出现了，如图8-23所示。

图8-22

图8-23

08 按快捷键Ctrl+J复制文字图层，将前景色设置为白色，按快捷键Alt+Del为文字填充白色。

09 双击图层右侧的fx.图标，弹出"图层样式"对话框，取消选中"等高线"和"纹理"复选框。选中"斜面和浮雕"复选框，设置样式为"内斜面"，方法为"平滑"，"深度"为42%，"方向"为"上"，"大小"为70像素，"软化"为3像素；设置阴影的"角度"为120度，"高度"为30度，高光模式为"滤色"，"不透明度"为75%，阴影模式为"正片叠底"，"不透明度"75%，如图8-24所示。

图8-24

10 选中"投影"复选框，设置"不透明度"为52%，"角度"为120度，"距离"为23像素，"大小"为18像素，如图8-25所示。

图8-25

11 单击"确定"按钮后，牛奶文字效果出现了，如图8-26所示。

12 按住Alt键，单击"图层"面板下方的"添加图层蒙版"按钮，为牛奶图层创建蒙版。选择工具箱中的"画笔工具"，将前景色设置为黑色，选择一个硬边画笔，按[或]键调整画笔大小，在蒙版上涂抹，制作牛奶滴落的效果，如图8-27所示。

图8-26

图8-27

13 选择"奶牛"素材并拖入文档中，调整大小后按Enter键确定，图像制作完成，如图8-28所示。

图8-28

8.4 冰冻文字——清爽冰水

扫描观看

本节学习利用图层样式和图层剪贴蒙版来制作清爽文字效果的方法。

01 启动Photoshop 2022，执行"文件"|"打开"命令，打开"背景"素材，如图8-29所示。

02 选择工具箱中的"文字工具"T，在工具选项栏中设置字体为Arciform Sans，文字大小为232点，并设置文字填充颜色为淡蓝色（#7addff），输入文字Water，如图8-30所示。

图8-29

图8-30

03 选中文字图层并右击，在弹出的快捷菜单中选择"栅格化图层"选项。再次右击，在弹出的快捷菜单中选择"转换为智能对象"选项。

04 执行"滤镜"|"风格化"|"风"命令，在弹出的对话框中将方法选择为"风"，方向选择为"从左"，如图 8-31 所示。

Tips: "风"滤镜能够将图像中的像素朝着某个指定的方向进行虚化，产生一种拉丝状的效果，类似风吹的效果。由于是对图像像素进行处理，所以使用前需将图层转换为普通图层。

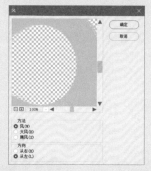

图8-31

05 单击"确定"按钮后，文字出现风吹效果，如图 8-32 所示。

图8-32

06 单击"图层"面板中的"添加图层样式"按钮 *fx.*，在弹出的菜单中选择"斜面和浮雕"选项，在弹出的对话框中设置样式为"内斜面"，方法为"平滑"，"深度"为 704%，"方向"为"上"，"大小"为 199 像素，"软化"为 0 像素；设置阴影的"角度"为 90 度，"高度"为 67 度；在"等高线"拾色器中选择"半圆" ◣，高光模式为"滤色"，"不透明度"为 100%，阴影模式为"正片叠底"，"不透明度"0%，如图 8-33 所示。

07 选中"光泽"复选框，设置混合模式为"叠加"，叠加颜色为蓝色（#60acff），"不透明度"为 100%，"角度"为 90 度，"距离"为 15 像素，"大小"为 15 像素；在"等高线"拾色器中选择"高斯"

◣，选中"消除锯齿"和"反相"复选框，如图 8-34 所示。

08 选中"投影"复选框，设置"不透明度"为 75%，"角度"为 120 度，"距离"为 11 像素，"扩展"为 6%，"大小"为 27 像素，如图 8-35 所示。

图8-33

图8-34

图8-35

09 单击"确定"按钮后，效果如图 8-36 所示。

10 选择"水底"素材并拖入文档中，调整大小与位置后按 Enter 键确定，如图 8-37 所示。

图8-36

图8-37

11 按住 Alt 键，在"文字"图层与"水底"图层之间单击，创建剪贴蒙版，完成图像制作，如图 8-38 所示。

图8-38

8.5 金属文字——拒绝战争

本节学习利用图层样式制作质感比较强的金属字效果的方法。

01 启动 Photoshop 2022，执行"文件"|"打开"命令，打开"背景"素材，如图 8-39 所示。

02 选择工具箱中的"文字工具" **T**，在工具选项栏中设置字体为 CollegiateFLF，文字大小为 220 点，并设置文字填充为灰色（#353535），输入文字 WAR，如图 8-40 所示。

图 8-39　　　　　　　　图 8-40

03 选中文字图层并单击"图层"面板中的"添加图层样式"按钮 *fx*，在弹出的菜单中选择"斜面和浮雕"选项，设置样式为"内斜面"，"方法"为"平滑"，"深度"为 1000%，"方向"为"上"，"大小"为 51 像素，"软化"为 0 像素；设置阴影的"角度"为 120 度，"高度"为 30 度，高光模式为"滤色"，"不透明度"为 100%，阴影模式为"正片叠底"，"不透明度"10%，如图 8-41 所示。

图 8-41

04 选中"光泽"复选框，设置混合模式为"颜色减淡"，叠加颜色为白色，"不透明度"为 82%，"角度"为 67 度，"距离"为 64 像素，"大小"为 65 像素；在"等高线"拾色器中选择"高斯"◢，选中"反相"复选框，如图 8-42 所示。

05 选中"投影"复选框，设置混合模式为"正片叠底"，颜色为灰色（#8b8b8b），"不透明度"为 62%，"角度"为 90 度，"距离"为 3 像素，"扩展"为 100%，"大小"为 3 像素，如图 8-43 所示。

图 8-42　　　　　　图 8-43

06 单击"确定"按钮后，金属字效果制作完成，如图 8-44 所示。

图 8-44

8.6 铁锈文字——生锈的 PS

本节学习利用图层样式制作超逼真的铁锈文字效果的方法，其中使用到了"混合颜色带"这种特殊的蒙版，它可以快速隐藏像素。与图层蒙版、剪贴蒙版和矢量蒙版只能隐藏一个图层中的像素不同，混合颜色带不仅可以隐藏一个图层中的像素，还可以使下面图层中的像素穿透上面的图层显示出来。

01 启动 Photoshop 2022 软件，执行"文件"|"打开"命令，打开"背景"素材，如图 8-45 所示。

02 选择工具箱中的"文字工具" **T**，在工具选项栏中设置字体为"方正兰亭特黑"，文字大小为 255 点，并选择文字填充颜色为黑色，输入文字 PS，如图 8-46 所示。

图8-45　　　　　　图8-46

03 选中文字图层并单击"图层"面板中的"添加图层样式"按钮 *fx.*，在弹出的菜单中选择"斜面和浮雕"选项，在弹出的对话框选中设置样式为"内斜面"，方法为"雕刻清晰"，"深度"为684%，"方向"为"上"，"大小"为117像素，"软化"为2像素；设置阴影的"角度"为120度，"高度"为30度，高光模式为"滤色"，"不透明度"为75%，阴影模式为"正片叠底"，"不透明度"为75%，如图8-47所示。

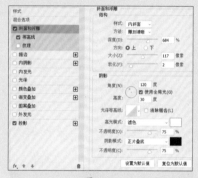

图8-47

04 选中"等高线"复选框，在"等高线"拾色器中选择"高斯" ◣，设置"范围"为57%，如图8-48所示。

图8-48

05 选中"投影"复选框，设置"不透明度"为75%，"角度"为120度，"距离"为0像素，"扩展"为0%，"大小"为21像素，如图8-49所示。

图8-49

06 选中"混合选项"复选框，在"混合颜色带"下拉列表中选择"灰色"，将"本图层"的左侧滑块向右拖至77的位置，右侧滑块向左拖至178的位置，

如图8-50所示。

> **Tips:** "混合颜色带"是用来混合上下两个图层内容的，可以根据本图层或下一图层像素的明暗度或某通道的颜色值，决定本图层或下一图层相应位置的像素是否呈现透明（黑色滑块代表阴影，向右拖动将减弱阴影对图像的影响；灰色滑块代表高光，向左拖动将减弱高光对图像的影响），包含"通道"选项、"本图层"色条和"下一图层"色条。调整"本图层"滑块，将以当前图层的明暗来设置透明区域；调整"下一图层"滑块，则以本图层下方的图像来设置透明区域；按下Alt键拖动滑块可以将滑块拆分。

图8-50

07 选择"铁锈"素材并拖入文档中，调整大小后按Enter键确认，如图8-51所示。

图8-51

08 按住Alt键，在"铁锈"图层与文字图层之间单击，创建剪贴蒙版，完成图像制作，如图8-52所示。

图8-52

8.7 玉雕文字——福

扫描观看

本节学习利用图层样式和滤镜来制作逼真的玉雕文字的方法。

01 启动 Photoshop 2022 软件，执行"文件"|"打开"命令，打开"背景"素材，如图 8-53 所示。

02 选择工具箱中的"文字工具" **T**，在工具选项栏中选择合适的字体，设置合适的字号大小，并设置文字填充颜色为滤色（#26971f），输入文字"福"，如图 8-54 所示。

图8-53 　　　　　　　　图8-54

03 选中文字图层并单击"图层"面板中的"添加图层样式"按钮 *fx.*，在弹出的菜单中选择"斜面和浮雕"选项，在弹出的对话框中设置样式为"内斜面"，方法为"平滑"，"深度"为1000%，"方向"为"上"，"大小"为21像素，"软化"为0像素；设置阴影的"角度"为120度，"高度"为30度，高光模式为"滤色"，颜色为白色，"不透明度"为100%，阴影模式为"正片叠底"，"不透明度"0%，如图 8-55 所示。

图8-55

04 选中"光泽"复选框，设置混合模式为"正片叠底"，叠加颜色为绿色（#2f9321），"不透明度"为50%，"角度"为19度，"距离"为44像素，"大小"为44像素；在"等高线"拾色器中选择"高斯"，选中"消除锯齿"和"反相"复选框，如图 8-56 所示。

05 选中"投影"复选框，设置"不透明度"为75%，"角度"为120度，"距离"为5像素，"扩展"为0%，"大小"为15像素，如图 8-57 所示。单击"确定"按钮，完成图层样式设置。

图8-56 　　　　　　　　图8-57

06 单击"创建新图层"按钮，创建一个新的空白图层。将前景色设置为白色，背景色设置为绿色（#26971f），执行"滤镜"|"渲染"|"云彩"命令，如图 8-58 所示。

07 将"云彩"图层的"不透明度"设置为50%，按住Alt 键，在"云彩"图层与"文字"图层之间单击，创建剪贴蒙版，完成图像制作，如图 8-59 所示。

图8-58 　　　　　　　　图8-59

8.8 蜜汁文字——甜甜的蛋糕

扫描观看

本节主要讲述利用图层样式制作蜜汁文字相关的方法。

01 启动 Photoshop 2022 软件，执行"文件"|"打开"命令，打开"蛋糕"素材，如图 8-60 所示。

02 选择工具箱中的"文字工具" **T**，在工具选项栏中设置字体为 Pacifico，文字大小为 160 点，并设置文字填充颜色为白色，输入文字 Sweet，如图 8-61 所示。

图8-60

图8-61

03 选中文字图层并单击"图层"面板中的"添加图层样式"按钮 *fx*，在弹出的菜单中选择"斜面和浮雕"选项，在弹出的对话框中，设置样式为"内斜面"，"方法"为"平滑"，"深度"为297%，"方向"为"上"，"大小"为49像素，"软化"为10像素；设置阴影的"角度"为90度，"高度"为70度，高光模式为"线性减淡（添加）"，"不透明度"为100%，阴影模式为"正片叠底"，"不透明度"为75%，如图 8-62 所示。

图8-62

04 选中"等高线"复选框，在"等高线"拾色器中选择"高斯" ，设置"范围"为100%，如图 8-63 所示。

05 选中"内发光"复选框，设置混合模式为"正片叠底"，"不透明度"为100%，颜色为棕色（#720b00），图素的"阻塞"为3%，"大小"为16像素，品质的"范围"为50%，如图 8-64 所示。

图8-63 　　　　　图8-64

06 选中"渐变叠加"选项，设置混合模式为"正常"，"不透明度"为100%，设置渐变的起点颜色为浅

棕色（#d6782d），结束点颜色为棕色（#ba5a1f），样式为"线性"，"角度"为90度，如图 8-65 所示。

图8-65

07 选中"投影"复选框，设置混合模式为"正常"，投影颜色为棕色（#471700），"不透明度"为100%，"距离"为0像素，"扩展"为0%，"大小"为21像素，如图 8-66 所示。

图8-66

08 单击"确定"按钮后的效果如图 8-67 所示。

图8-67

09 按快捷键 Ctrl+J 复制文字图层，双击图层上右侧的 *fx* 图标，弹出"图层样式"对话框。取消选中"内发光""渐变叠加"和"投影"复选框，选中"斜面和浮雕"复选框，设置样式为"内斜面"，方法为"平滑"，"深度"为52%，"方向"为"下"，"大小"为38像素，"软化"为0像素；设置阴影的"角度"为90度，"高度"为70度，选择高光模式为"滤色"，"不透明度"为60%，阴影模式为"正常"，"不透明度"0%，如图 8-68 所示。

10 单击"确定"按钮，并在"图层"面板中设置该图层的"填充"为0%，效果如图 8-69 所示。

Tips: 图层的填充与不透明度的区别在于，填充只对图层上的填充颜色起作用，对图层上添加的一些特效，如描边、投影、斜面和浮雕等不起作用；不透明度对整个图层起作用，包括图层特效，如阴影、外发光之类都随之变透明。

Photoshop平面设计从新手到高手（第2版）（微课视频版）

图8-68

11　按住 Ctrl 键，选中两个 Sweet 图层，拖至"图层"面板中的"创建新图层"⊞按钮上，复制这两个图层。

12　将复制图层上的文字更改为 Cake，设置文字大小为 138 点，使文字置于画面中合适位置，完成图像制作，如图 8-70 所示。

图8-69　　　　　　　　图8-70

扫描观看

8.9　霓虹字——欢迎光临

本节主要利用图层样式制作霓虹灯文字效果。

01　启动 Photoshop 2022 软件，执行"文件"|"打开"命令，打开"背景"素材，如图 8-71 所示。

02　选择工具箱中的"文字工具"**T**，在工具选项栏中设置字体为"方正兰亭特黑简体"，文字大小为 133 点，并为文字填充黄色（#ffe793），输入文字"欢迎光临"，如图 8-72 所示。

复选框，如图 8-75 所示。

图8-73　　　　　　　　图8-74

图8-71　　　　　　图8-72

03　选中文字图层并单击"图层"面板中的"添加图层样式"按钮 **fx**，在弹出的菜单中选择"斜面和浮雕"选项，设置样式为"内斜面"，方法为"平滑"，"深度"为 409%，"方向"为"上"，"大小"为 7 像素；设置阴影的"角度"为 45 度，"高度"为 58 度，光泽等高线为"半圆"▨，高光模式为"滤色"，"不透明度"为 100%，阴影模式为"正片叠底"，"不透明度"为 0%，如图 8-73 所示。

04　选中"内发光"复选框，设置混合模式为"正常"，"不透明度"为 80%，颜色为黄色（#fff000），图素的"阻塞"为 0%，"大小"为 6 像素，品质的"范围"为 61%，如图 8-74 所示。

05　选中"光泽"复选框，设置混合模式为"滤色"，叠加颜色为白色，"不透明度"为 42%，"角度"为 19 度，"距离"为 6 像素，"大小"为 7 像素；在"等高线"拾色器中选择"高斯"▨，选中"反相"

06　选中"外发光"复选框，设置混合模式为"正常"，"不透明度"为 75%，外发光颜色为棕色（#cf9700），图素的方法为"柔和"，"扩展"为 0%，"大小"为 18 像素，品质的"范围"为 32%，如图 8-76 所示。

图8-75　　　　　　　　图8-76

147

07 选中"投影"复选框，设置混合模式为"正常"，投影颜色为棕色（#904b00），"不透明度"为75%，"角度"为120度，"距离"为14像素，"大小"为48像素，如图8-77所示。

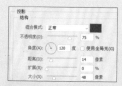

图8-77

08 单击"确定"按钮后的效果如图8-78所示。

图8-78

09 按快捷键Ctrl+J复制"欢迎光临"图层，将文字更改为Welcome，更改文字大小为66点，填充颜色为亮粉色（#ebbbff），如图8-79所示。

图8-79

10 双击图层上右侧的*fx*图标，在"图层样式"对话框中，分别将"内发光"的颜色更改为亮粉色（#dd00fe）、"外发光"的颜色更改为暗粉色（#b41ff9），投影的颜色更改为粉色（#c200df），单击"确定"按钮后，效果如图8-80所示。

Tips: 依次类推，若要制作其他颜色的霓虹字，可

分别将填充颜色、内发光、外发光和投影的颜色更改为同一色系并逐渐加深的颜色。

图8-80

11 选择工具箱中的"自定义形状工具" ，在工具选项栏的"自定形状"拾色器中选择"箭头9" ，按住鼠标左键拖动，绘制一个箭头形状，并填充绿色（#afffb8），如图8-81所示。

图8-81

12 选择Welcome图层，按快捷键Ctrl+J复制该图层，按住鼠标左键拖动该图层上的"图层样式"图标*fx*到箭头图层上。此时，复制的Welcome图层样式应用到箭头图层上。

13 双击图层上右侧的*fx*图标，在"图层样式"对话框中，分别将"内发光"的颜色更改为绿色（#00ff42）、"外发光"的颜色更改为亮绿色（#00cf05），投影的颜色更改为暗绿色（#038700），单击"确定"按钮后，效果如图8-82所示，图像制作完成。

图8-82

8.10 星光文字——新年快乐

扫描观看

本节主要利用描边路径结合图层样式制作星光文字效果。

01 启动 Photoshop 2022 软件，执行"文件"|"打开"命令，打开"背景"素材，如图 8-83 所示。

02 选择工具箱中的"文字工具" **T**，在工具选项栏中设置字体为"方正吕建德字体"，文字大小为213点，并给文字填充白色，输入文字"新年快乐"，如图 8-84 所示。

图8-83　　　　　　　图8-84

03 按住 Ctrl 键，单击文字图层缩略图，将文字边缘载入选区。移动鼠标指针到文字图层缩略图，右击并在弹出的快捷菜单中选择"创建工作路径"选项，如图 8-85 所示。

图8-85

04 单击文字图层前的眼睛图标 👁，将文字隐藏。

05 将前景色设置为白色，选择"画笔工具" ✏️，单击"切换画笔面板"按钮 ❒，打开"画笔设置"面板，如图 8-86 所示。

06 选择一个硬边圆，设置"画笔笔尖形状"的属性，其"大小"为 30 像素，"硬度"为 100%，选中"间距"复选框并设置"间距"为 100%，并取消选中"平滑"复选框，如图 8-87 所示。

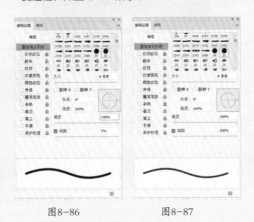

图8-86　　　　　　　图8-87

07 选中"画笔"面板左侧的"形状动态"复选框，设置"大

小抖动"为 60%，如图 8-88 所示。

图 8-88

08 选中"画笔设置"面板左侧的"散布"复选框，设置"散布"值为 695%，并选中"两轴"复选框，在"数值"文本框中输入2，"数量抖动"为 0%，如图 8-89 所示。

09 选中"画笔设置"面板左侧的"传递"复选框，设置"不透明度抖动"值为 100%，"流量抖动"值为 0%，如图 8-90 所示。

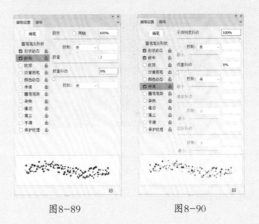

图8-89　　　　　　　图8-90

10 单击"创建新图层"按钮 ⊞，创建一个新的空白图层。

11 在"路径"面板中右击，在弹出的快捷菜单中选择"描边路径"选项，在弹出的"描边路径"对话框中单击"确定"按钮，效果如图 8-91 所示。

图8-91

12 回到"图层"面板选择该图层并右击，在弹出的快

捷菜单中选择"转换为智能对象"选项。

13　单击"图层"面板中的"添加图层样式"按钮 *fx*，在弹出的菜单中选择"外发光"选项。在弹出的"图层样式"对话框中，选中"外发光"复选框，设置混合模式为"滤色"，"不透明度"为75%，"杂色"为11%，外发光颜色为蓝色（#150ff6），图素的方法为"柔和"，"扩展"为100%，"大小"为0像素，品质的"范围"为50%，如图8-92所示。

图8-92

14　单击"确定"按钮后，效果如图8-93所示。

图8-93

15　选择工具箱中的"文字工具" **T**，在工具选项栏中设置字体为 BM receipt，文字大小为25点，并为文字填充白色，输入文字 HAPPY　NEW　YEAR，如图8-94所示。

图8-94

16　单击"图层"面板中的"添加图层样式"按钮 *fx*，在弹出的菜单中选择"外发光"选项。在弹出的"图层样式"对话框中，选中"外发光"复选框，设置混合模式为"滤色"，"不透明度"为75%，"杂色"为11%，外发光颜色为蓝色（#150ff6），图素的方法为"柔和"，"扩展"为50%，"大小"为5像素，品质的"范围"为50%，如图8-95所示。

图8-95

17　单击"确定"按钮后，效果如图8-96所示，完成图像制作。

图8-96

8.11　橙子文字——Orange

扫描观看

本节主要利用图层样式结合剪贴蒙版制作橙子文字效果。

01　启动 Photoshop 2022 软件，执行"文件"|"打开"命令，打开"背景"素材，如图8-97所示。

02　选择工具箱中的"文字工具" **T**，在工具选项栏中设置字体为 Corpulent Caps(BRK)，文字大小为161点，并为文字填充白色，输入文字 ORANGE，如图8-98所示。

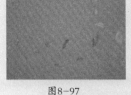

图8-97 　　　　　　　　图8-98

03 选中文字图层并单击"图层"面板中的"添加图层样式"按钮 *fx.*，在弹出的菜单中选择"描边"选项，在弹出的对话框中，设置描边大小为8像素，颜色为黄色（#fff100），如图8-99所示。

图8-99

04 选中"内发光"复选框，设置混合模式为"正片叠底"，"不透明度"为100%，颜色为棕色（#6e1e05），图素的"阻塞"为9%，"大小"为13像素，品质的"范围"为82%，如图8-100所示。

05 选中"投影"复选框，设置混合模式为"正片叠底"，"不透明度"为75%，"角度"为120度，"距离"为13像素，"扩展"为26%，"大小"为5像素，如图8-101所示。

图8-100 　　　　　　　图8-101

06 单击"确定"按钮后，效果如图8-102所示。

图8-102

07 执行"文件"|"打开"命令，打开"橙子"素材，如图8-103所示，双击"背景"图层将其转换为普通图层。

08 选择"椭圆选框工具" ○，按住 Shift 键，单击拖曳创建选区并按住鼠标左键，同时再按住空格键，将选区拖移至合适位置，如图8-104所示。

图8-103 　　　　　　　　图8-104

Tips: 在不释放鼠标左键的情况下，按住空格键，可以手动调整选区的位置。释放空格键后拖动鼠标，还可以调整选区的大小。

09 按快捷键 Ctrl+Shift+I 反选选区，执行"选择"|"修改"|"羽化"命令，在弹出的"羽化选区"对话框中输入"羽化半径"为5像素，按Del键删除选区像素，如图8-105所示。

图8-105

10 选择工具箱中的"移动工具" ✛，拖移橙子到文字的文档中，调整大小后按 Enter 键确认。

11 按住 Alt 键，拖移并复制多个橙子直到覆盖文字，如图8-106所示。

图8-106

12 按住 Shift 键，选择第一个"橙子"图层和顶部的"橙子"图层，将"橙子"图层全选并右击，在弹出的快捷菜单中选择"合并图层"选项。

Tips： 组和组之间或组在图层上方则不能创建剪贴蒙版，因为此处没有将所有图层创建组，而是直接合并图层。

13 按住 Alt 键，在"图层"面板中合并的"橙子"图层和"文字"图层之间单击，创建剪贴蒙版，如图 8-107 所示。

14 选择"叶子"素材并拖入文档中，调整大小后按 Enter 键确认，图像制作完成，如图 8-108 所示。

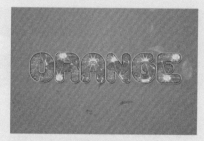

图 8-107

图 8-108

第9章
创意影像合成

Photoshop 作为一款功能极其强大的图像处理软件，可以轻松地对图像进行"移花接木"等创造性合成，创造现实世界不可能实现的图像。本章通过 12 个充满想象力的合成实例，让读者了解影像合成的基本方法。

9.1 超现实影像合成——被诅咒的公主

扫描观看

本节通过抠图、"动感模糊"滤镜和"可选颜色"图层效果合成一张具有魔幻色彩的图像作品。

01 启动 Photoshop 2022，执行"文件"|"打开"命令，打开"背景"素材，如图 9-1 所示。

图9-1

02 选择"公主"素材并拖入文档中，调整大小后按 Enter 键确认，如图 9-2 所示。

图9-2

03 将人物抠出，如图 9-3 所示。

> **Tips：** 人物发丝及婚纱半透明抠图的方法参加前文介绍。

04 选择"书本"素材并拖入文档中，调整大小后按 Enter 键确认，如图 9-4 所示。

图9-3

05 将"书本"图层的"不透明度"调整为 60%，执行"滤镜"|"模糊"|"动感模糊"命令，在弹出的对话框中设置"角度"为 -45 度，"距离"为 16 像素，如图 9-5 所示。

图9-4

> **Tips：** "动感模糊"滤镜可以模拟物体运动的效果。"角度"值设置运动的方向，"范围"从 -360 到 360；"距离"设置像素移动距离，距离越大图像越模糊。

06 单击"确认"按钮，书本出现动感模糊效果，如图 9-6 所示。

图9-5

图9-6

创建一个新的空白图层。将前景色设置为土黄色（#b38850），按快捷键 Alt+Del 填充颜色，并将图层的"不透明度"更改为55%，如图9-11所示。

图9-8

图9-9

07 选择"大象""皇冠"和"翅膀"素材并拖入文档中，调整大小后按 Enter 键确认，如图 9-7 所示。

图9-7

图9-10

08 单击"图层"面板中的"创建新的填充或调整图层"按钮，在弹出的菜单中选择"可选颜色"选项，在"属性"面板中，颜色选择"红色"，设置"青色"为 +100，"洋红"为 –100，"黄色"和"黑色"均为 +100，如图 9-8 所示。

09 颜色选择"黄色"，设置"青色"为 +100，"洋红"为 0，"黄色"为 –100，"黑色"为 +100，如图 9-9 所示。

10 按住 Alt 键，在可选颜色图层与"皇冠"图层之间单击，创建剪贴蒙版，此时，皇冠的颜色发生改变，如图 9-10 所示。

11 单击"图层"面板中的"创建新图层"按钮，

图9-11

12 将填充颜色图层的图层混合模式更改为"正片叠底"，图像效果完成制作，如图 9-12 所示。

图9-12

9.2 超现实影像合成——笔记本电脑里的秘密

扫描观看

本节主要利用蒙版和图层混合模式来合成从笔记本电脑里冲出来汽车的图像效果。

Photoshop平面设计从新手到高手（第2版）（微课视频版）

01　启动 Photoshop 2022，执行"文件"|"打开"命令，打开"人物"素材，如图 9-13 所示。

图 9-13

02　选择"汽车"素材并拖入文档中，调整大小和方向后，按 Enter 键确认。

03　单击"图层"面板中的"添加图层蒙版"按钮◻，为汽车图层创建蒙版。

04　选择工具箱中的"多边形套索工具"▷，沿计算机屏幕边缘及汽车尾部创建选区，如图 9-14 所示。

05　将前景色设置为黑色，按快捷键 Alt+Del 给蒙版选区填充黑色，如图 9-15 所示。

Tips: 按住 Alt 键再添加图层蒙版，蒙版为黑色，图像为不可见；直接添加图层蒙版，蒙版为白色，图像可见。

图 9-14　　　　图 9-15

06　选择"碎玻璃"素材并拖入文档中，调整大小和方向后，按 Enter 键确认，如图 9-16 所示。

07　将碎玻璃图层的图层混合模式更改为"滤色"，如图 9-17 所示。

图 9-16　　　　图 9-17

08　按快捷键 Ctrl+J 复制"碎玻璃"图层，并按快捷键 Ctrl+T 旋转并移动图层，按 Enter 键确认，如图 9-18 所示。

图 9-18

09　执行"滤镜"|"模糊"|"动感模糊"命令，设置"角度"为 0 度，"距离"为 30 像素，如图 9-19 所示。

图 9-19

10　单击"确定"按钮后，碎玻璃出现动感模糊效果，如图 9-20 所示。

图 9-20

11　单击"图层"面板下方的"添加图层蒙版"按钮◻，给模糊的"碎玻璃"图层创建蒙版。

12　选择工具箱中的"画笔工具"✎，将前景色设置为黑色，选择一个柔边画笔，按 [或] 键调整画笔大小，在蒙版上涂抹，隐藏多余的玻璃，如图 9-21 所示。

图 9-21

13　采用同样的方法，制作其他碎玻璃飞溅的效果，完成图像制作，如图 9-22 所示。

图 9-22

第 9 章　创意影像合成

155

扫描观看

9.3 梦幻影像合成——雪中的城堡

本节针对不同色调的图层，通过"色彩平衡"和"曲线"功能来统一色调，合成雪中的城堡效果。

01 启动 Photoshop 2022，执行"文件"|"打开"命令，打开"背景"素材，如图 9-23 所示。

02 单击"图层"面板中的"创建新图层"按钮⊞，创建一个新的空白图层。

03 选择工具箱中的"画笔工具"✐，将前景色设置为白色，选择一个柔边画笔，按 [或] 键调整画笔大小，在图层上的不同区域单击，制作雪花飘落的效果，如图 9-24 所示。

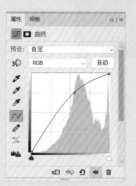

图9-27　　　　　　　图9-28

图9-23　　　　　　　图9-24

04 选择"城堡"素材并插入文档中，调整大小和方向后，按 Enter 键确认，如图 9-25 所示。

05 单击"图层"面板下方的"添加图层蒙版"按钮▢，为城堡图层创建蒙版。

06 选择工具箱中的"画笔工具"✐，将前景色设置为黑色，选择一个柔边画笔，按 [或] 键调整画笔大小，在城堡边缘涂抹，使城堡与背景融合得更自然，如图 9-26 所示。

图9-29

图9-25　　　　　　　图9-26

07 单击"图层"面板下方的"创建新的填充或调整图层"按钮◐，在弹出的菜单中选择"曲线"选项，并调整曲线的弧度，如图 9-27 所示。

08 单击"图层"面板下方的"创建新的填充或调整图层"按钮◐，在弹出的菜单中选择"色彩平衡"选项，选择"中间调"选项，设置"青色—红色"为 -29，"洋红—绿色"为 -4，"黄色—蓝色"为 +36，如图 9-28 所示。

09 此时，图像色调发生变化，如图 9-29 所示。

10 选择"树木"素材并插入文档中，调整大小和方向后，按 Enter 键确认，如图 9-30 所示。

图9-30

11 单击"图层"面板下方的"添加图层蒙版"按钮▢，给"树木"图层创建蒙版。

12 选择工具箱中的"画笔工具"✐，将前景色设置为黑色，选择一个柔边画笔，按 [或] 键调整画笔大小，在树木区域涂抹，使树木与背景融合得更自然，如图 9-31 所示。

13 单击"图层"面板下方的"创建新的填充或调整图层"按钮◐，在弹出的菜单中选择"色彩平衡"选项，选择"中间调"选项，设置"青色—红色"为 -51，"洋红—绿色"为 0，"黄色—蓝色"为 +19，如图 9-32 所示。

图9-34

图9-31 图9-32

14　此时，树木的色调与背景一致，如图 9-33 所示。

图9-35

18　采用同样的方法，将"飞鸟"素材拖入文档中，按
　　Enter 键确认后，将图层混合模式设置为"颜色加
　　深"，并利用蒙版处理交接明显的边缘，完成图像
　　制作，如图 9-36 所示。

图9-33

15　选择"女王"素材并拖入文档中，调整大小按
　　Enter 键确认，如图 9-34 所示。

16　单击"图层"面板下方的"添加图层蒙版"按钮◙，
　　给女王图层创建蒙版。

17　选择工具箱中的"画笔工具"✐，将前景色设置为
　　黑色，选择一个柔边画笔，按 [或] 键调整画笔大小，
　　在女王周围涂抹，使人物与背景融合得更自然，如
　　图 9-35 所示。

图9-36

9.4　梦幻影像合成——情迷美人鱼

扫描观看

本节学习利用"色彩平衡""亮度 / 饱和度"和蒙版功能合成一张海边的美人鱼图像效果。

01　启动 Photoshop 2022，执行"文件"|"打开"命令，
　　打开"背景"素材，如图 9-37 所示。

向后，按 Enter 键确认，如图 9-38 所示。

图9-37

02　选择"美人鱼"素材并拖入文档中，调整大小和方

图9-38

03　单击"图层"面板下方的"添加图层蒙版"按钮◙，
　　给美人鱼图层创建蒙版。

04 选择工具箱中的"画笔工具" ✏，将前景色设置为黑色，选择一个柔边画笔，按 [或] 键调整画笔大小，在美人鱼周围涂抹，使人物与背景融合得更自然，如图 9-39 所示。

图9-39

05 单击"图层"面板下方的"创建新的填充或调整图层"按钮 ◎，在弹出的菜单中选择"色彩平衡"选项，选择"中间调"选项，设置"青色—红色"为 -18，"洋红—绿色"为 0，"黄色—蓝色"为 +100，如图 9-40 所示。

图9-40

06 选择"高光"选项，设置"青色—红色"为 0，"洋红—绿色"为 0，"黄色—蓝色"为 +100，如图 9-41 所示。

07 按住 Alt 键，在色彩平衡图层与"美人鱼"图层之间单击，创建剪贴蒙版。

08 单击"图层"面板下方的"创建新的填充或调整图层"按钮 ◎，在弹出的菜单中选择"亮度/对比度"选项，设置"亮度"为 21，"对比度"为 0，如图 9-42 所示。

图9-41

图9-42

09 按住 Alt 键，在色彩平衡图层与亮度/对比度图层之间单击，创建剪贴蒙版。

10 此时，"美人鱼"图层的色调与背景协调一致，如图 9-43 所示。

11 选择"鱼尾"素材并拖入文档中，调整大小和方向后，按 Enter 键确认，如图 9-44 所示。

图9-43　　　　　　　图9-44

12 选择工具箱中的"文字" T，在工具选项栏中设置字体为"方正小标宋简体"，文字大小为 90 点，并设置文字填充颜色为黄色（#f9c267），输入文字"美"，如图 9-45 所示。

图9-45

13 双击文字图层，打开"图层样式"对话框，选择"斜面和浮雕"复选框，设置样式为"内斜面"，方法为"雕刻清晰"，"深度"为 1000%，"方向"为"上"，"大小"为 250 像素，"软化"为 0 像素；设置阴影的"角度"为 130 度，"高度"为 20 度，光泽等高线为"锥形" ▲，高光模式为"实色混合"，"不透明度"为 65%，阴影模式为"线性加深"，"不透明度"为 20%，如图 9-46 所示。

14 按快捷键 Ctrl+J 复制文字图层，将图层的"填充"设置为 0%。双击图层，在"图层样式"对话框中选择"混合选项"复选框，在"混合颜色带"下拉列表中选择灰色，将"本图层"的左边滑块向右拖至数值为 97，如图 9-47 所示。

15 按快捷键 Ctrl+J，再次复制文字图层。在"图层样式"对话框中选择"斜面和浮雕"复选框，更改样式为"内斜面"，方法为"平滑"，"深度"为 1000%，"方向"为"上"，"大小"为 0 像素，"软化"为 0 像素；设置阴影的"角度"为 90 度，"高度"为 70 度，高光模式为"实色混合"，"不透明度"为 40%，阴影模式为"线性加深"，"不透明度"为 100%，如图 9-48 所示。

图9-46　　　　　　图9-47

图9-48

16　选中"纹理"复选框,单击"图案"拾色器,再单击设置图标✿,,在弹出的菜单中选择"填充纹理2"。选择"稀疏基本杂色"图案,设置"缩放"为100%,"深度"为+100%,并选中"反相"和"与图层链接"复选框,如图9-49所示。

图9-49

17　选择"图案叠加"复选框,单击"图案"拾色器,再单击设置图标✿,,在弹出的菜单中选择"填充纹理2"。选择"稀疏基本杂色"图案,设置混合

模式为"正片叠底","不透明度"为40%,"缩放"为100%,如图9-50所示。

图9-50

18　单击"确定"按钮后,文字效果如图9-51所示。

19　在"图层"面板中选择两个文字图层,拖至"图层"面板中的"创建新图层"按钮⊞上,复制图层,并将文字更改成"人",并用同样的方法制作"鱼"字效果。

图9-51

20　在"图层"面板中选择两个"鱼"文字图层,拖至"图层"面板下方的"创建新图层"按钮⊞,复制图层,并将文字更改成MERMAID,字体更改为AddamsCapitals,文字大小为50点,颜色更改为蓝色(#0087a3),完成图像制作,如图9-52所示。

图9-52

9.5　梦幻影像合成——太空战士

扫描观看

本节学习利用"色彩平衡"功能合成太空战士图像效果。

01　启动Photoshop 2022,执行"文件"|"打开"命令,打开"宇宙"素材,如图9-53所示。

图9-53

02 单击"图层"面板下方的"创建新的填充或调整图层"
按钮 ，在弹出的菜单中选择"色彩平衡"选项，
选择"中间调"选项，设置"青色—红色"为0，"洋
红—绿色"为+48，"黄色—蓝色"为+94，如图
9-54所示。

图9-54

03 此时，背景色调发生变化，如图9-55所示。

04 选择"地球"素材并拖入文档中，调整大小和方向后，
按Enter键确认，如图9-56所示。

图9-55　　　　　　　　图9-56

05 按住Alt键，单击"图层"面板下方的"添加图层蒙版"
按钮 ，给地球图层创建蒙版。

06 选择工具箱中的"渐变工具" ，设置渐变起点颜
色为黑色，终点颜色为白色的线性渐变 ，从地球
图层蒙版的中心处向画面的左下方单击拖曳填充渐
变色，如图9-57所示。

07 选择"战士"素材并拖入文档中，调整大小和位置后，
按Enter键确认，如图9-58所示。

08 单击"图层"面板下方的"添加图层蒙版"按钮 ，
给战士图层创建蒙版。

图9-57　　　　　　　　图9-58

09 将前景色设置为黑色，选择工具箱中的"魔棒工具"，
将人物之外的部分选出，并按Alt+Del填充黑色。
此时，人物被抠出，如图9-59所示。

图9-59

10 单击"图层"面板下方的"创建新的填充或调整图层"
按钮 ，在弹出的菜单中选择"色彩平衡"选项，
选择"中间调"选项，设置"青色—红色"为-26，"洋
红—绿色"为+32，"黄色—蓝色"为+98，如图
9-60所示。

图9-60

11 按住Alt键，在战士图层与色彩平衡图层之间单击，
创建剪贴蒙版，此时的图像效果如图9-61所示。

图9-61

12 单击"创建新图层"按钮 ，创建一个新的空白图层。
将前景色设置为蓝色（#3466ba），选择工具箱中

的"画笔工具" ✎，并选择一个柔边画笔，按住鼠标左键沿剑的方向涂抹，并将该图层的图层混合模式更改为"强光"，如图 9-62 所示。

图9-62

13　创建两个新图层，缩小画笔的大小，重复上一步操作，将颜色分别更改为浅蓝色（#7ecef4）和白色后涂抹，如图 9-63 所示。

图9-63

14　选择工具箱中的"文字工具" **T**，在工具选项栏中设置字体为"方正小标宋简体"，文字大小为 60 点，并给文字制作金属效果（具体方法参见前文的案例），完成图像制作，如图 9-64 所示。

图9-64

扫描观看

9.6　残酷影像合成——火焰天使

本节巧妙结合火焰和裂缝素材打造炫酷的火焰天使图像效果。

01　启动 Photoshop 2022 软件，执行"文件"|"打开"命令，打开"背景"素材，如图 9-65 所示。

图9-65

02　选择"人物"素材并拖入文档中，调整大小和位置后按 Enter 键确认，如图 9-66 所示。

03　选择"人物"图层并右击，在弹出的快捷菜单中选择"栅格化图层"选项，利用通道抠图方法结合"钢笔工具" ✐，将人物抠出并删除多余部分，如图 9-67 所示。

图9-66

图9-67

04　单击"图层"面板下方的"创建新的填充或调整图层"按钮 ◑，在弹出的菜单中选择"曲线"选项，并调整曲线的弧度，如图 9-68 所示。

161

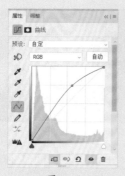

图9-68

图9-71

图9-72

05 调整曲线后图像亮度增加，如图 9-69 所示。

图9-69

06 选择"火焰"素材并拖入文档中，调整大小和位置后按 Enter 键确认。在"图层"面板中选择"火焰"图层，并置于"人物"图层下方，如图 9-70 所示。

图9-70

07 选择火焰图层，单击"图层"面板下方的"创建新的填充或调整图层"按钮 ◐. ，在弹出的菜单中选择"色相/饱和度"选项，选择"全图"选项，设置"色相"为 0，"饱和度"为 -12，"明度"为 0，如图 9-71 所示。

Tips: 此步是将火焰图层的红色调转为略黄的色调，从而与之后制作的其他素材颜色相匹配。

08 选择"红色"选项，设置"色相"为 +6，"饱和度"为 0，"明度"为 0，如图 9-72 所示。

09 调整后图像效果如图 9-73 所示。

10 选择"小裂缝"素材，拖入文档中，调整大小和位置后按 Enter 键确认。

图9-73

11 按快捷键 Ctrl+J 复制"小裂缝"图层，并将两个"小裂缝"图层置于"人物"图层的上方，如图 9-74 所示。

图9-74

12 将两个"小裂缝"图层的混合模式设置为"正片叠底"。按住 Alt 键，分别在"人物"图层与"小裂缝"图层、"小裂缝"图层与"小裂缝"图层之间单击，创建剪贴蒙版，如图 9-75 所示。

图9-75

Tips: 剪贴蒙版的最下面一层相当于底板，上面的图层基于底板的形状剪贴；连续创建多个剪贴蒙版，需要底板上方的每个图层都创建剪贴蒙版。

Photoshop平面设计从新手到高手（第2版）（微课视频版）

13 选择"大裂缝"素材并拖入文档中，调整大小和位置后按 Enter 键确认，如图 9-76 所示。

图9-76

14 将大裂缝图层的图层混合模式设置为"颜色加深"，按住 Alt 键，在"大裂缝"图层与"小裂缝"图层之间单击，创建剪贴蒙版。

15 单击"图层"面板下方的"添加图层蒙版"按钮◻️，为"大裂缝"图层创建蒙版。选择工具箱中的"画笔工具"✏️，将前景色设置为黑色，选择一个柔边画笔，按 [或] 键调整画笔大小，在"大裂缝"图层的边缘处涂抹，使裂缝与人物的交界处不明显，如图 9-77 所示。

图9-77

16 单击"创建新图层"按钮➕，创建一个新的空白图层，将图层命名为"浅红"。选择"画笔工具"✏️，将前景色设置为橘色（#c55133），选择一个柔边画笔，按 [或] 键调整画笔大小，在裂缝处涂抹，并将该图层的图层混合模式设置为"滤色"，如图 9-78 所示。

图9-78

17 单击"创建新图层"按钮➕，创建一个新的空白图层，将图层命名为"深红"。将前景色更改为深红色（#600b02），选择一个柔边画笔，按 [或] 键调整画笔大小，在裂缝处涂抹，并将该图层的图层混合模

式设置为"滤色"，如图 9-79 所示。

图9-79

18 按住 Alt 键，分别在"浅红"图层与"大裂缝"图层、"浅红"图层和"深红"图层之间单击，创建剪贴蒙版。

19 选择"岩浆"素材并拖入文档中，调整大小和位置后按 Enter 键确认，如图 9-80 所示。

图9-80

20 设置岩浆图层的图层混合模式为"浅色"，按住 Alt 键，在"深红"图层与"岩浆"图层之间单击，创建剪贴蒙版。

21 单击"图层"面板下方的"添加图层蒙版"按钮◻️，为"岩浆"图层创建蒙版。选择工具箱中的"画笔工具"✏️，将前景色设置为黑色，选择一个柔边画笔，按 [或] 键调整画笔大小，在"岩浆"图层边缘处涂抹，使岩浆与人物的交界处不明显，如图 9-81 所示。

图9-81

22 选择"火焰2"素材并拖入文档中，调整大小和位置后按 Enter 键确认，并用同样的方法为"火焰"图层添加蒙版并涂抹，如图 9-82 所示。

23 选择"翅膀"素材并拖入文档中，并采用同样的方法为"翅膀"图层添加蒙版并涂抹，使人物与翅膀的衔接更自然。

图9-82

图9-83

图9-84

24 按快捷键 Ctrl+J 复制"翅膀"图层，并调整翅膀的方向，如图 9-83 所示。

25 单击"创建新图层"按钮⊞，创建一个新的空白图层，并将图层置于人物图层的下方。

26 选择"画笔工具"✐，将前景色设置为黑色，将图层的"不透明度"设置为 75%，选择一个柔边画笔，按 [或] 键调整画笔大小，在空白图层上人物的鞋子下方和坐的地方涂抹，为人物制作阴影，如图 9-84 所示，图像制作完成。

9.7 趣味影像合成——香蕉爱度假

扫描观看

本节通过组合水果图像，合成正在进行阳光浴的香蕉人的图像效果。

01 启动 Photoshop 2022，执行"文件"|"新建"命令，新建一个宽为 3000 像素、高为 2000 像素、分辨率为 300 像素 / 英寸的 RGB 文档。

02 选择"渐变工具"▣，设置渐变起点颜色为浅青色（#a1dcd4），终点颜色为青色（#61b4a3）的径向渐变，从画面中心向外水平单击拖曳填充渐变色，如图 9-85 所示。

图9-86

图9-85

图9-87

03 选择"水果"文件夹中的所有水果素材并全部拖入文档中，按 Enter 键逐一确认，并通过按快捷键 Ctrl+T 调整每个图层的水果大小并摆成错落的效果，如图 9-86 所示。

04 选择"太阳伞"和"沙滩椅"素材并拖入文档中，调整大小和位置后按 Enter 键确认，如图 9-87 所示。

05 选择"香蕉"素材并拖入文档中，调整大小和位置后按 Enter 键确认，如图 9-88 所示。

图9-88

06 按住 Alt 键，单击"图层"面板下方的"添加图层蒙版"按钮▢，为"香蕉"图层创建蒙版。选择"多边形套索工具"❂，结合"钢笔工具"❂，为沙滩椅的支架创建选区，并将前景色设置为白色，按快捷键 Alt+Del 填充白色，如图 9-89 所示。

图9-89

07 选择"太阳镜"素材并拖入文档中，调整大小和位置后按 Enter 键确认。采用创建蒙版的方法，将太阳镜的一只镜腿隐藏在香蕉后面，如图 9-90 所示。

图9-90

08 单击"创建新图层"按钮⊞，创建一个新的空白图层。将前景色设置为黄色（#e8a343），选择工具箱中的"画笔工具"✐，将画笔大小设置为 50 像素，按住鼠标左键并拖动，绘制嘴巴，如图 9-91 所示。

图9-91

09 单击"创建新图层"按钮⊞，创建一个新的空白图层。将前景色设置为白色，选择"画笔工具"✐，将画笔大小设置为 40 像素，按住鼠标左键并拖动，绘制牙齿，图像制作完成，如图 9-92 所示。

图9-92

9.8 趣味影像合成——天空之城

扫描观看

本节主要利用"色彩平衡"和"色相/饱和度"来合成梦幻的空中之城图像效果。

01 启动 Photoshop 2022 软件，执行"文件"|"打开"命令，打开"背景"素材，如图 9-93 所示。

02 单击"创建新图层"按钮⊞，创建一个新的空白图层。将前景色设置为土黄色（#b28850），按快捷键 Alt+Del 填充前景色，并将该图层的图层混合模式更改为"叠加"，如图 9-94 所示。

图9-93

图9-94

03 单击"图层"面板下方的"创建新的填充或调整图层"按钮◐，在弹出的菜单中选择"色彩平衡"选项，选择"中间调"选项，设置"青色—红色"为 +92，"洋红—绿色"为 0，"黄色—蓝色"为 -66，如图 9-95 所示。

04 单击"图层"面板下方的面板中的"创建新的填充或调整图层"按钮◐，在弹出的菜单中选择"自然饱和度"选项，设置"自然饱和度"为 +4，"饱和度"为 0，如图 9-96 所示。

图9-95

图9-96

165

05 单击"图层"面板下方的"创建新的填充或调整图层"按钮 ●.，在弹出的菜单中选择"色彩平衡"选项，选择"中间调"选项，设置"青色—红色"为0，"洋红—绿色"为-47，"黄色—蓝色"为-58，如图9-97所示。

> **Tips：** 单次色彩平衡调整效果可能不明显，而多次调整均是针对前一次调整的基础上进行调整的，所以使调整的效果更突出。

06 单击"图层"面板下方的"创建新的填充或调整图层"按钮 ●.，在弹出的菜单中选择"自然饱和度"选项，设置"自然饱和度"为-7，"饱和度"为-25，如图9-98所示。

图9-97　　　　　　　图9-98

07 此时，图像的色调如图9-99所示。

图9-99

08 选择"城堡"素材并拖入文档中，调整大小和位置后，按Enter键确认，如图9-100所示。

图9-100

09 按住Alt键，单击"图层"面板下方的"添加图层蒙版"

按钮 ■，给城堡图层创建蒙版。选择工具箱中的"画笔工具" ✔，将前景色设置为白色，选择一个柔边画笔，按[或]键调整画笔大小，在城堡边缘涂抹，使城堡与背景融合得更自然，如图9-101所示。

图9-101

10 单击"图层"面板下方的"创建新的填充或调整图层"按钮 ●.，在弹出的菜单中选择"色相/饱和度"选项，设置"色相"为-19，"饱和度"为-41，"明度"为0，如图9-102所示。

图9-102

11 按住Alt键，在"城堡"图层与色相/饱和度图层之间单击，创建剪贴蒙版，此时的图像效果如图9-103所示。

图9-103

12 选择"船"素材并拖入文档中，调整大小和位置后，按Enter键确认，如图9-104所示。

13 单击"图层"面板下方的"添加图层蒙版"按钮 ■，为"船"图层创建蒙版。选择工具箱中的"画笔工具" ✔，将前景色设置为黑色，选择一个柔边画笔，按[或]键调整画笔大小，在船底部涂抹，使船出现行驶在云上的效果，如图9-105所示。

图9-104

图9-105

图9-106

图9-107

14 选择"女孩"素材并拖入文档中,调整大小和位置后,按 Enter 键确认。

15 单击"图层"面板下方的"添加图层蒙版"按钮█,为"女孩"图层创建蒙版。选择工具箱中的"钢笔工具"✐,绘制路径,并按 Ctrl+Enter 键将路径转换为选区,如图 9-106 所示。

16 将前景色设置为黑色,按快捷键 Alt+Del 为蒙版上的选区填充黑色,使裙摆隐藏,如图 9-107 所示。

17 选择"鸟"素材并拖入文档中,调整大小和位置后,按 Enter 键确认,完成图像制作,如图 9-108 所示。

图9-108

9.9 幻想影像合成——奇幻空中岛

扫描观看

本节巧妙利用自然元素合成奇幻的空中岛图像效果。

01 启动 Photoshop 2022,执行"文件"|"新建"命令,新建一个宽为 3000 像素、高为 2000 像素、分辨率为 300 像素 / 英寸的 RGB 文档。

02 选择"渐变工具"▬,设置渐变起点颜色为淡蓝色(#9cdffe),终点颜色为蓝色(#49b2e2)的径向渐变,从画面中心向外水平单击拖曳填充渐变色,如图 9-109 所示。

03 选择"岛屿"素材并拖入文档中,水平翻转和垂直翻转后调整大小,按 Enter 键确认,如图 9-110 所示。

04 选择"快速选择工具"☑,为岛屿部分创建选区,如图 9-111 所示。

图9-109

Tips: 图像中水与岛屿交界处界限不明显,运用"快速选择工具"可选出不规则且连续的选区。

图9-110

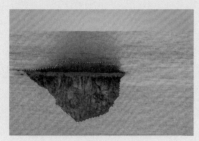

图9-111

05 按快捷键 Ctrl+Shift+I 将选区反选，按住 Alt 键，单击"图层"面板下方的"添加图层蒙版"按钮■，为"岛屿"图层创建蒙版，如图 9-112 所示。

图9-112

06 按快捷键 Ctrl+J 复制"岛屿"图层，并调整大小，如图 9-113 所示。选择两个岛屿图层，拖至"图层"面板下方的"创建新组"按钮□上，将岛屿编组。

图9-113

07 单击"图层"面板下方的"创建新的填充或调整图层"按钮◑.，在弹出的菜单中选择"色彩平衡"选项，选择"中间调"选项，设置"青色—红色"为-34，"洋红—绿色"为 0，"黄色—蓝色"为 +29，如图

9-114 所示。

图9-114

08 按住 Alt 键，在色彩平衡图层与组中间单击，创建剪贴蒙版。

09 调整后的岛屿效果如图 9-115 所示。

图9-115

10 选择"草地"素材并拖入文档中，调整大小和位置后按 Enter 键确认，如图 9-116 所示。

图9-116

11 按住 Alt 键，在色彩平衡图层与草地图层中间单击，创建剪贴蒙版，如图 9-117 所示。

图9-117

12 单击"图层"面板下方的"添加图层蒙版"按钮 ▢，为"草地"图层创建蒙版。选择工具箱中的"画笔工具" ✎，将前景色设置为黑色，选择一个柔边画笔，按 [或] 键调整画笔大小，在蒙版上涂抹，将草地生硬的边缘柔化，如图 9-118 所示。

图9-118

13 选择"河流"素材并拖入文档中，调整大小和位置后按 Enter 键确认，采用同样的方法为河流图层添加蒙版并涂抹，如图 9-119 所示。

图9-119

14 选择"岛上元素"文件夹中的所有素材，并全部拖入文档中，按 Enter 键逐一确认，并通过快捷键

Ctrl+T 调整岛上元素的大小，并置于合适的位置，如图 9-120 所示。

图9-120

15 单击"创建新图层"按钮 ⊞，创建一个新的空白图层，并将该图层置于岛上元素的下方。

16 选择工具箱中的"画笔工具" ✎，将前景色设置为黑色，将图层的"不透明度"设置为 60%，选择一个柔边画笔，按 [或] 键调整画笔大小，在空白图层上涂抹，为岛上的元素制作阴影，如图 9-121 所示，图像制作完成。

图9-121

9.10 广告影像合成——生命的源泉

扫描观看

本节主要利用素材合成生命的源泉图像效果。

01 启动 Photoshop 2022 软件，执行"文件"|"打开"命令，打开"喝水"素材，如图 9-122 所示。

图9-122

02 选择工具箱中的"钢笔工具" ✐，沿水杯边缘创建路径，按快捷键 Ctrl+Enter 将路径转换为选区，如

图 9-123 所示。

图9-123

03 按快捷键 Ctrl+J 复制选区为新的图层，并将图层命名为"水杯"。

04 选择"海岸"素材并拖入文档中，调整大小和位置后按 Enter 键确认，如图 9-124 所示。

图9-124

05 单击"图层"面板下方的"添加图层蒙版"按钮▢，为"海岸"图层创建蒙版。选择工具箱中的"画笔工具"✎，将前景色设置为黑色，选择一个柔边画笔，按 [或] 键调整画笔大小，在海岸边缘处涂抹，如图 9-125 所示。

图9-125

06 按住 Alt 键，在"水杯"图层与"海岸"图层之间单击，创建剪贴蒙版。

07 选择"小岛"素材并拖入文档中，调整大小和位置后按 Enter 键确认。采用同样的方法为"小岛"图层添加蒙版并涂抹，并在"小岛"图层与"海岸"图层之间单击，创建剪贴蒙版，如图 9-126 所示。

图9-126

08 选择"树木"素材并拖入文档中，调整大小和位置后按 Enter 键确认，并将图层的"不透明度"设置为 60%，如图 9-127 所示。

> **Tips：** 调整"树木"图层的"不透明度"是为了产生水杯的玻璃遮住树木的效果。

图9-127

09 单击"图层"面板中的"创建新的填充或调整图层"按钮◑，在弹出的菜单中选择"色彩平衡"选项，选择"中间调"选项，设置"青色—红色"为 +38，"洋红—绿色"为 -37，"黄色—蓝色"为 -100，如图 9-128 所示。

图9-128

10 调整色调后的效果如图 9-129 所示。

图9-129

11 按住 Alt 键，在色彩平衡图层与"树木"图层之间单击，创建剪贴蒙版。

12 选择色彩平衡图层与"树木"图层，拖至"图层"面板下方的"创建新图层"按钮⊞上，复制此两个图层，并适当降低"树木"图层的"不透明度"。重复此步骤方法，复制多棵树，如图 9-130 所示。

13 将所有"树木"图层及色彩平衡图层拖至"图层"面板下方的"创建新组"按钮⊞上，选中该组并右击，在弹出的快捷菜单中选择"合并组"选项，将树木编组。

图9-130

图9-131

14 按住Alt键，在色彩平衡图层与"树木"图层之间单击，创建剪贴蒙版。

15 按住Alt键，在"小岛"图层与合并后的"树木"图层之间单击，创建剪贴蒙版。

16 选择"女神"素材并拖入文档中，调整大小和位置后按Enter键确认。

17 按住Alt键，在"女神"图层与合并后的"树木"图层之间单击，创建剪贴蒙版，如图9-131所示。

18 选择"水杯"图层，按快捷键Ctrl+J复制"水杯"图层，按快捷键Ctrl+Shift+]将复制的"水杯"图层置于所有图层的上面，并将图层混合模式设为"柔光"，完成图像制作，如图9-132所示。

Tips: 此步骤是为了进一步将水杯的质感表现出来。

图9-132

9.11 广告影像合成——手机广告

本节主要利用曲线和蒙版合成手机广告图像效果。

扫描观看

01 启动Photoshop 2022软件，执行"文件"|"打开"命令，打开"仙女"素材，如图9-133所示。

图9-133

02 单击"图层"面板下方的"创建新的填充或调整图层"按钮 ◯.，在弹出的菜单中选择"曲线"选项，并调整曲线的弧度，如图9-134所示。

03 单击"图层"面板下方的"创建新的填充或调整图层"按钮 ◯.，在弹出的菜单中选择"自然饱和度"选项，设置"自然饱和度"为+90，"饱和度"为0，如图9-135所示。

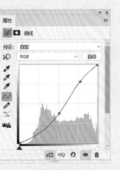

图9-134   图9-135

04 此时，图像颜色变鲜艳了，如图9-136所示。

05 选择"手机"素材并拖入文档中，调整大小和位置后，按Enter键确认，如图9-137所示。

06 单击"图层"面板下方的"添加图层蒙版"按钮 ◻，为"手机"图层创建蒙版。将前景色设置为黑色，选择工具箱中的"画笔工具" ✎，结合"多边形套索工具" ⤳，将手机的屏幕和部分树叶涂抹出来，如图9-138所示。

图9-136

图9-137

图9-138

07 选择"花朵""蝴蝶"和"爬山虎"素材并拖入文档中，调整大小和位置后，按 Enter 键确认，如图 9-139 所示。

图9-139

08 在"图层"面板中，将"花朵"图层拖至"手机"图层的下方，图像制作完成，如图 9-140 所示。

图9-140

9.12 广告影像合成——海边的海螺小屋

扫描观看

本节将不同色调的图像合成在一起，制作童话般的海螺小屋图像效果。

01 启动 Photoshop 2022 软件，执行"文件"|"打开"命令，打开"背景"素材，如图 9-141 所示。

图9-141

02 单击"图层"面板下方的"创建新的填充或调整图层"按钮 ◙,，在弹出的菜单中选择"色相/饱和度"选项，设置"色相"为 -21，"明度"为 +9，如图 9-142 所示。

图9-142

03 此时，图像的色调发生变化，如图 9-143 所示。

图9-143

04 选择"海螺"素材并拖入文档中,调整大小和位置后按 Enter 键确认,如图 9-144 所示。

图9-144

05 选择"门"素材并拖入文档中,调整大小和位置后按 Enter 键确认,如图 9-145 所示。

图9-145

06 按住 Alt 键,单击"图层"面板下方的"添加图层蒙版"按钮 ▣,为"门"图层添加蒙版。

07 选择工具箱中的"画笔工具" ✐,将前景色设置为黑色,选择一个柔边画笔,将门涂抹出来并将生硬的边缘隐藏,如图 9-146 所示。

图9-146

08 采用同样的方法,选择"窗""烟筒""路灯""海星""瓶子"和"树"素材并拖入文档中,调整大小后置于合适位置,并利用蒙版擦除"窗""海螺"和"烟筒"的多余部分,如图 9-147 所示。

图9-147

09 选择"紫珊瑚"素材并拖入文档中,调整大小和位置后按 Enter 键确认。按住 Alt 键,拖移并复制多个珊瑚图层,如图 9-148 所示。

图9-148

10 采用同样的方法,将"红珊瑚"素材拖入文档中,拖移并复制,并通过调整图层的顺序,使珊瑚丛呈现错落的效果,如图 9-149 所示。

图9-149

11 复制"路灯"图层,并单击"图层"面板下方的"添加图层样式"按钮 fx.,在弹出的菜单中选择"颜色叠加"选项,将混合模式的颜色设置为黑色,如图 9-150 所示,单击"确定"按钮。

图9-150

12　选择复制的"路灯"图层,将图层的"不透明度"
更改为10%,按快捷键 Ctrl+T 将图层变形,制作
路灯的阴影,如图9-151所示。

图9-151

13　单击"图层"面板下方的"创建新图层"按钮⊞,
创建新的空白图层。将新图层置于珊瑚丛图层的下
方,新图层的"不透明度"设置为30%。选择工具

箱中的"画笔工具" ✏,将前景色设置为黑色,选
择一个柔边画笔,按 [和] 键调整画笔大小,涂抹出
珊瑚丛处的阴影。

14　采用同样的方法制作其他的阴影,完成图像制作,
如图9-152所示。

图9-152

第10章
标志设计

本章主要学习标志的设计，标志设计不是简单的模仿，与操作技巧相比，标志的设计更看重创意。本章的标志设计涉及众多行业，创意与设计相结合，希望能为读者拓宽设计的思路。

10.1 家居行业标志——匠造装饰

扫描观看

本节主要通过将文字转换为形状，并使用"直接选择工具"对形状进行变形处理，制作一个家居行业的标志。

01 启动 Photoshop 2022，执行"文件"|"新建"命令，新建一个宽为 3000 像素、高为 2000 像素、分辨率为 300 像素 / 英寸的 RGB 文档。

02 执行"编辑"|"首选项"|"参考线、网格和切片"命令，打开"首选项"对话框。设置"网格线间隔"为 500，"单位"选择"像素"，"子网格"为 4，如图 10-1 所示。

Tips： 设置网络线可以使 Logo 制作更规范，方便 Logo 元素的对齐及位置参考等。

04 选择工具箱中的"文字工具" T，在工具选项栏中选择合适的字体，设置合适的字号大小，并设置文字填充颜色为红色（#e50815），输入文字"匠造"，如图 10-3 所示。

05 选择"文字"图层并右击，在弹出的快捷菜单中选择"转换为形状"选项，将文字转换为形状。

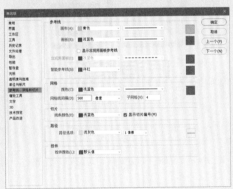

图10-1

图10-3

03 单击"确定"按钮后，画布出现网格线，如图 10-2 所示。

06 选择工具箱中的"直接选择工具" ，框选"造"字点画的 4 个锚点，选中的锚点变为实心点，未选中的点为空心点，如图 10-4 所示，按 Del 键删除锚点。

图10-2

图10-4

07 使用"直接选择工具" ▶框选"造"字的另外 4 个锚点，结合键盘上的↑和↓键，将锚点移至合适的位置，如图 10-5 所示。

图 10-5

08 采用同样的方法，通过删除和移动锚点，呈现一个整体形状，如图 10-6 所示。

图 10-6

09 按快捷键 Ctrl+J 复制形状图层，将前景色设置为深灰色（#392627），按快捷键 Alt+Del 填充，如图 10-7 所示。

10 按住 Alt 键，单击"图层"面板下方的"添加图层蒙版"按钮 ◙，为新图层添加蒙版，此时该图层被隐藏。

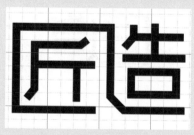

图 10-7

11 利用工具箱中的"矩形选框工具" □，在蒙版图层定义矩形选区，如图 10-8 所示。

图 10-8

Tips: 定义矩形选区后按住鼠标左键不放，可以通过按空格键来移动矩形选区的位置。

12 选择工具箱中的"渐变工具" ▭，设置渐变起点颜色为白色且"不透明度"为 100%，终点颜色为白色且"不透明度"为 0%，按住 Shift 键，从左往右单击拖曳填充渐变，如图 10-9 所示。

13 采用同样的方法，在蒙版上创建其他选区并填充白色到透明的渐变，如图 10-10 所示，按快捷键 Ctrl+D 取消选区。

图 10-9   图 10-10

14 选择工具箱中的"文字工具" T，在工具选项栏中设置文字填充颜色为黑色，选择合适的字体，设置合适的字号大小，输入企业名称"匠造装饰"，输入 Logo 的其他文字，并利用"直线工具" ╱绘制两条直线，如图 10-11 所示。

图 10-11

15 按快捷键 Ctrl+' 隐藏网格，完成 Logo 制作，如图 10-12 所示。

图 10-12

10.2　家居产品标志——皇家家具

本节主要通过"钢笔工具""渐变叠加"以及"自定义形状"制作有质感的家居产品标志。

01 启动 Photoshop 2022，执行"文件"|"新建"命令，新建一个宽为 3000 像素、高为 2000 像素、分辨率为 300 像素/英寸的 RGB 文档。

02 在文档垂直中线拉出一条参考线，选择工具箱中的"钢笔工具" ⬧，在工具选项栏中选择"形状"选项，设置填充颜色为黑色，绘制形状，如图 10-13 所示。

图 10-13

03 按快捷键 Ctrl+J 复制形状图层，将前景色设置为红色，按快捷键 Alt+Del 填充颜色。按快捷键 Ctrl+T 调整自由变换框。在框内右击，在弹出的快捷菜单中选择"水平翻转"选项，移动翻转后的形状到参考线的另一侧，如图 10-14 所示。

图 10-14

04 在"图层"面板中选择两个形状图层并右击，在弹出的快捷菜单中选择"合并形状"选项，将图层合并，如图 10-15 所示。

图 10-15

> **Tips:** 更改形状颜色是为了方便观察，没有直接用"钢笔工具"画出完整的形状是为了使形状左右对称。

05 单击"图层"面板下方的"添加图层样式"按钮 ƒx，在弹出的菜单中选择"渐变叠加"选项，单击属性中的渐变条，设置渐变位置为 0% 的颜色为金色（#d98e33），位置为 50% 的颜色为棕色（#914b2e），设置混合模式为"正常"，"不透明度"为 100%，样式为"线性"，"角度"为 180 度，如图 10-16 所示。

图 10-16

06 单击"确定"按钮后，形状出现渐变效果，如图 10-17 所示。

图 10-17

07 选择形状图层，按快捷键 Ctrl+J 复制图层。

08 双击图层上右侧的 ƒx 图标，弹出"图层样式"对话框，单击"渐变叠加"中的渐变条，设置渐变位置为 49% 的颜色为浅粉色（#e4d3bf），位置为 78% 的颜色为黄色（#eab548），位置为 89% 的颜色为淡黄色（#f1e1ac），位置为 100% 的颜色为金黄色（#e7b048）。设置混合模式为"正常"，"不透明度"为 100%，样式为"线性"，"角度"为 180 度，如图 10-18 所示。

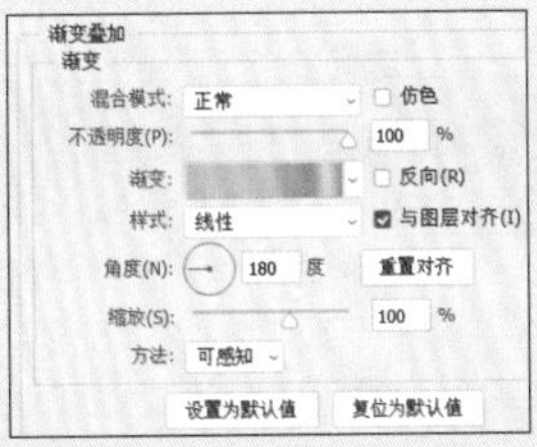

图 10-18

09 单击"确定"按钮后，形状出现渐变效果，如图 10-19 所示。

图10-19

10 单击"图层"面板下方的"添加图层蒙版"按钮■，为复制的形状图层创建蒙版。选择工具箱中的"矩形选框工具"，创建选区，如图 10-20 所示。

图10-20

11 将前景色设置为黑色，单击蒙版，按快捷键 Alt+Del 填充前景色，如图 10-21 所示。

图10-21

12 按住 Ctrl 键，在"图层"面板中单击复制的形状图层的缩略图，将形状载入选区。

13 执行"选择"|"修改"|"收缩"命令，在弹出的对话框中设置"收缩量"为65像素，单击"确定"按钮。

14 单击"创建新图层"按钮⊞，创建一个新的空白图层，将前景色设置为黑色，按快捷键 Alt+Del 为选区填充颜色，如图 10-22 所示，按快捷键 Ctrl+D 取消选区，并将该图层命名为"盾牌"。

15 单击"图层"面板下方的"添加图层样式"按钮 fx.，在弹出的菜单中选择"渐变叠加"选项，在弹出的对话框中，单击渐变条，设置渐变起点位置的颜色为棕色（#9a4b00），终点位置颜色为深棕色（#250200），设置混合模式为"正常"，"不透

明度"为100%，样式为"径向"，"角度"为180度，如图 10-23 所示。

图10-22

图10-23

16 单击"确定"按钮后的效果如图 10-24 所示。

图10-24

17 选择工具箱中的"文字工具"**T**，在工具选项栏中设置字体为"方正小标宋简体"，文字大小为55.31 点，文字颜色为黑色，在画面中单击，输入文字 ROYAL，如图 10-25 所示。

图10-25

18 按快捷键 Ctrl+J 复制该文字图层，按键盘上的←键略微移动文字，将前景色设置为浅黄色（#f1dfa5），按快捷键 Alt+Del 填充颜色，如图 10-26 所示。

图10-26

Tips: 此步骤的作用是制作阴影效果。

19 同样，选择工具箱中的"矩形工具" □，在工具选项栏中选择"形状"选项，绘制颜色为黄色（#f1dfa5）的矩形，如图10-27所示。

图10-27

20 选择工具箱中的"自定义形状工具" ✿，在工具选项栏单击"形状"右侧的·按钮，在列表中选择"皇冠1"形状。在工具选项栏中选择"形状"选项，填充方式为无，描边为黑色，描边大小为4点，单击并拖动鼠标绘制形状。

21 按快捷键Ctrl+J复制该图层，按键盘上的←键略微移动皇冠，并将描边颜色更改为浅黄色（#f1dfa5）。

22 选择"多边形工具" ⬡，在工具选项栏中设置"边"为5，单击设置图标 ✿，设置"星形比例"为50%，"圆角的半径"为0像素，单击并拖动鼠标，绘制一个五角星。更改填充颜色为浅黄色（#f1dfa5），描边颜色为无。采用同样的方法绘制另外4个五角星，按快捷键Ctrl+T对五角星进行旋转，如图10-28所示。

图10-28

23 选择"盾牌"图层，按住Ctrl键，单击图层缩略图创建选区。

24 执行"选择"|"修改"|"收缩"命令，在弹出的对话框中设置"收缩"为12像素，单击"确定"按钮。

25 单击"创建新图层"按钮 ⊞，创建一个新的空白图层。

26 选择工具箱中的"渐变工具" ■，设置渐变起点颜色为白色，"不透明度"为100%，终点颜色为白色，不透明度为0%，渐变类型为线性渐变 ▣，从上往下单击拖曳填充渐变色，并将图层的"不透明度"设置为70%，如图10-29所示。

图10-29

27 选择工具箱中的"矩形选框工具" ⬚，创建选区，并删除选区内像素，如图10-30所示，按快捷键Ctrl+D取消选区。

图10-30

Tips: 第24步至27步的作用是制作盾牌的质感。

28 选择工具箱中的"钢笔工具" ⬦，在工具选项栏中选择"形状"选项，填充颜色设置为浅棕色（#d38b38），绘制形状，如图10-31所示。

图10-31

29 单击"图层"面板中的"添加图层样式"按钮 *fx.*,

第10章 标志设计

179

在弹出的菜单中选择"渐变叠加"选项，在弹出的对话框中，单击渐变条，设置渐变位置为0%的颜色为棕色（#a5622f），位置为20%的颜色为浅棕色（#d18735），位置为70%的颜色为浅黄色（#f0e0ab），位置为100%的颜色为金黄色（#e7b048），设置混合模式为"正常"，"不透明度"为100%，样式为"线性"，"角度"为180度，如图10-32所示。

图10-35

图10-32

30　单击"确定"按钮后，形状出现渐变效果，如图10-33所示。

图10-33

31　利用"钢笔工具" ⬧，绘制其他形状，如图10-34所示。

图10-34

32　单击"图层"面板中的"添加图层样式"按钮 fx，在弹出的菜单中选择"渐变叠加"选项，在弹出的对话框中单击渐变条设置渐变，位置为0%的颜色为棕色（#d98e33），位置为100%的颜色为深棕色（#914b2e），设置混合模式为"正常"，"不透明度"为100%，样式为"线性"，"角度"为-17度，如图10-35所示。

33　单击"确定"按钮后，形状出现渐变效果，如图10-36所示。

图10-36

34　按Ctrl+J复制该形状图层，按快捷键Ctrl+T调出自由变换框，在框内右击，在弹出的快捷菜单中选择"水平翻转"选项，按Enter键确定。

35　双击图层上右侧的 fx 图标，弹出"图层样式"对话框，更改"渐变叠加"中的"角度"为-163度，单击"确定"按钮后的效果，如图10-37所示。

图10-37

36　选择工具箱中的"椭圆工具" ◯，设置填充颜色为无，描边颜色为无。单击并拖动鼠标绘制椭圆，如图10-38所示。

图10-38

37 选择工具箱中的"文字工具"**T**，在工具选项栏中选择合适的字体，设置合适的字号大小，并设置文字的填充颜色为深棕色（#55260d）。当鼠标指针变成 **I** 时单击，鼠标指针变成可输入的闪烁标志"|"，输入文字"皇家家具"，如图 10-39 所示。

图 10-39

Tips： 文字可以沿任意形状或路径绕排。调整路径文字的位置可以在文字处于可编辑状态时，按住 Ctrl 键的同时，将鼠标指针放到文字上，当鼠标指针变成 **‡** 时，可沿着路径外边缘拖动；同理，按住 Ctrl 键将文字沿着路径内侧拖动，即可使文字沿路径或形状内侧绕排。

38 单击"图层"面板中的"添加图层样式"按钮 *fx*，在弹出的菜单中选择"描边"选项。在打开的"图层样式"对话框中，设置描边大小为 4 像素，位置为"外部"，混合模式为"正常"，"不透明度"为 100%，填充类型为"颜色"，颜色为蛋黄色（#ecd88e），如图 10-40 所示。

图 10-40

39 选中"投影"复选框，设置投影的"不透明度"为75%，颜色为黑色（#0a0102），"角度"为120度，"距离"为12像素，"扩展"为12%，"大小"为8像素，如图 10-41 所示。

图 10-41

40 单击"确定"按钮后的效果如图 10-42 所示。

图 10-42

41 选择工具箱中的"椭圆工具" ◯，在工具选项栏中设置填充颜色为深棕色（#230404），设置描边颜色为无。单击并拖动鼠标绘制椭圆，如图 10-43 所示。

图 10-43

42 按住 Alt 键，在"椭圆"图层与"文字"图层之间单击，创建剪贴蒙版，图像制作完成，如图 10-44 所示。

图 10-44

10.3 餐厅标志——汉斯牛排

本节主要通过"椭圆工具"以及创建矢量蒙版的方法制作牛排餐厅的标志。

01 启动 Photoshop 2022，执行"文件"|"新建"命令，新建一个宽为 3000 像素、高为 2000 像素、分辨率为 300 像素/英寸的 RGB 文档。

02 选择工具箱中的"椭圆工具"⬭，设置填充颜色为深棕色（#44140a），描边颜色为无。按住 Shift 键，单击并拖动鼠标，绘制圆形，如图 10-45 所示。

03 按快捷键 Ctrl+J 复制图形为新图层，按快捷键 Ctrl+T 调出自由变换框，按住 Alt+Shift 键的同时，按住鼠标的左键，当鼠标指针变成↔时，向圆心拖动，并按 Enter 键确认。

04 在工具选项栏中，将复制的圆形的描边类型更改为纯色填充，颜色为白色，描边大小为 4 点，描边样式为"实线" ▬▬▼，如图 10-46 所示。

图 10-45

图 10-46

05 采用同样的方法，复制一个新的圆形并按住 Alt+Shift 键缩小该圆形，将复制的圆形更改填充颜色为白色，更改描边颜色为无，如图 10-47 所示。

06 采用同样的方法，复制一个新的圆形并按住 Alt+Shift 键略微放大该圆形，并将复制的圆形更改填充颜色为无，如图 10-48 所示。

图 10-47

图 10-48

> **Tips:** 按住 Alt+Shift 键后放大或缩小圆，圆心位置不变。

07 选择工具箱中的"文字工具"**T**，在工具选项栏中设置字体为"方正大标宋简体"，文字大小为 30.74 点，并设置文字填充颜色为白色，输入文字"- ☆☆ Hans steak ☆☆ -"，如图 10-49 所示。

08 单击"文字"图层，退出文字编辑模式。选择"牛剪影"素材并拖入文档中，按 Enter 键确认，如图 10-50 所示。

图 10-49

图 10-50

09 选择工具箱中的"魔棒工具" ⚡，将牛的轮廓载入选区。将鼠标指针移至选区边缘并右击，在弹出的快捷菜单中选择"建立工作路径"选项，在弹出的对话框中，设置"容差"为 2.0，单击"确定"按钮，选区转换为路径，如图 10-51 所示。

10 执行"图层"|"矢量蒙版"|"当前路径"命令，为"牛"图层创建矢量蒙版，如图 10-52 所示。

图 10-51

图 10-52

> **Tips:** Logo 的应用场景很多，应该尽量使用矢量绘图软件如 Adobe Illustrator 制作，涉及一些特殊效果，可以用 Photoshop 配合实现。此处使用矢量蒙版也是希望尽量避免因放大或缩小而影响图像清晰度。

11 选择牛剪影图层，并单击"图层"面板下方的"添加图层样式"按钮 *fx*，在弹出的菜单中选择"颜色叠加"选项，选择叠加颜色为深棕色（#44140a），单击"确定"按钮后的 Logo 效果如图 10-53 所示。

12 选择工具箱中的"椭圆工具"⬭，设置填充颜色为深棕色（#44140a），描边颜色为无，单击并拖动鼠标，绘制椭圆形，如图 10-54 所示。

13 选择工具箱中的"文字工具"**T**，在工具选项栏中设置字体为"方正大标宋简体"，文字大小为 63 点，文字颜色为白色，在画面中单击，输入文字"汉斯"，并采用同样的方法，输入其他文字，完成图像制作，如图 10-55 所示。

图10-53

图10-54

图10-55

10.4 饮食标志——老李面馆

本节主要利用阈值设置将人物照片处理成简化的人像来制作一个饮食行业的标志。

01 启动 Photoshop 2022，执行"文件"|"新建"命令，新建一个宽为 3000 像素、高为 2000 像素、分辨率为 300 像素 / 英寸，背景内容为背景色的 RGB 文档。

02 选择"头像"素材并拖入文档中，调整大小后按 Enter 键确认，如图 10-56 所示。

图10-56

03 选择"人像"图层并右击，在弹出的快捷菜单中选择"栅格化图层"选项。

04 执行"图像"|"模式"|"调整"|"阈值"命令，打开"阈值"对话框，设置"阈值色阶"为 146，如图 10-57 所示。

图10-57

Tips: 阈值处理可以将图像转换为高对比度的黑白图像，通过调整"阈值色阶"值或拖曳阈值直方图下方的滑块，设定某个色阶作为阈值，所有比阈值亮的像素会转化为白色，所有比阈值暗的像素转化为黑色。

05 单击"确定"按钮后的效果如图 10-58 所示。

图10-58

06 选择工具箱中的"橡皮擦工具" ◢，选择一个硬边画笔，按 [或] 键调整画笔大小，擦除头像外多余的部分，如图 10-59 所示。

图10-59

07 执行"选择"|"色彩范围"命令，在"色彩范围"对话框中选择头像黑色部分，单击"确定"按钮，将黑色区域选出。

08 单击"创建新图层"按钮 ⊞，创建一个新的空白图层。将前景色设置为棕红色（#750e14），按快捷键 Alt+Del 将选区填充前景色，如图 10-60 所示，删除黑白人像图层。

图10-60

09 选择工具箱中的"文字工具" **T**，在工具选项栏中设置字体为"汉仪雪君体简"，文字大小为89.75点，并设置文字填充颜色为黑色，输入文字"老李面馆"。单击文字图层，利用"文字工具"输入 LAO LI NOODLE，并更改文字大小为26.98点，如图10-61所示。

图10-61

10 选择工具箱中的"椭圆工具" ○，在工具选项栏中选择"形状"选项，设置填充颜色为纯色填充，并设置颜色为白色，描边颜色为纯色，设置颜色为黑色，描边大小为1点。按住 Shift 键，单击并拖动鼠标绘制圆形，如图10-62所示。

图10-62

11 选择工具箱中的"自定义形状工具" ⬡，在工具选项栏中选择"形状"选项。将路径操作更改为"减去顶层形状" ⬚，在"形状"列表中选择"旗帜"形状，绘制形状。

12 按快捷键 Ctrl+T 调出自由变换框，在框内右击，在弹出的快捷菜单中选择"水平翻转"选项，如图10-63所示，按 Enter 键确认。

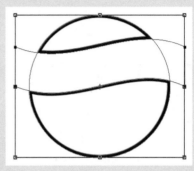

图10-63

13 在工具选项栏中，将路径操作更改为"合并形状组件"。

14 选择工具箱中的"直接选择工具" ▷，框选多余的锚点并删除，如图10-64所示，将该图层命名为"碗身"。

15 选择工具箱中的"矩形工具" □，设置"圆角半径"值为80，单击并拖动鼠标，创建圆角矩形，并将"圆角矩形"图层下移至"碗身"图层的下面，如图10-65所示。

图10-64　　　　　　图10-65

16 选择工具箱中的"文字工具" **T**，在工具选项栏中设置字体为 Monoton，文字大小为32.54点，填充颜色为黑色，输入文字0，并置于"碗身"图层的下方。如图10-66所示，制作面条效果。

17 按快捷键 Ctrl+J 复制"文字"图层，拉大文字，置于"碗身"图层的下方，如图10-67所示。

图10-66　　　　　　图10-67

18 单击"图层"面板下方的"添加图层蒙版"按钮 ▢，为复制的"文字"图层创建蒙版。选择工具箱中的"画笔工具" ✐，将前景色设置为黑色，选择一个硬边画笔，将重叠的区域隐藏，如图 10-68 所示。

19 选择工具箱中的"矩形工具" ▢，设置"圆角半径"值为 100，将颜色设置为红棕色（#9e0f1d），单击并拖动鼠标，创建圆角矩形，同样利用蒙版将多余部分隐藏，如图 10-69 所示。

20 采用同样的方法绘制另一个圆角矩形，并利用蒙版隐藏部分区域，如图 10-70 所示。

21 调整画面中各小图的位置，完成图像制作，如图 10-71 所示。

图 10-70

图 10-71

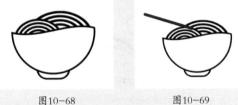

图10-68　　　　　图10-69

10.5　房地产标志——天鹅湾

扫描观看

本节主要通过"钢笔工具"以及"斜面和浮雕"图层样式制作房地产企业标志。

01 启动 Photoshop 2022，执行"文件"|"新建"命令，新建一个宽为 3000 像素、高为 2000 像素、分辨率为 300 像素 / 英寸的 RGB 文档。

02 选择工具箱中的"钢笔工具" ✐，在工具选项栏中选择"形状"选项，描边和填充均为无，路径操作选择"合并形状" ▣，绘制 Logo 的形状，如图 10-72 所示。

"不透明度"为 100%，样式为"线性"，"角度"为 90 度，如图 10-74 所示。

图 10-73

图10-72

03 单击"图层"面板下方的"添加图层样式"按钮 fx.，在弹出的菜单中选择"斜面和浮雕"选项，在弹出的对话框中设置样为"内斜面"，方法为"雕刻清晰"，"深度"为 1000%，"方向"为"上"，"大小"为 111 像素，"软化"为 0 像素，如图 10-73 所示。

04 选中"渐变叠加"复选框，单击属性中的渐变条，设置渐变起点位置的颜色为棕色（#996c33），位置为 50% 的颜色为浅棕色（#cfa972），终点位置的颜色为棕色（#996c33），设置混合模式为"正常"，

图 10-74

05 单击"确定"按钮后的效果如图 10-75 所示。

185

图10-75

图10-76

06 选择工具箱中的"文字工具"**T**，在工具选项栏中设置文字填充颜色为黑色，字体为"方正小标宋简体"，文字大小为26.41点，输入文字"——山庭水院·湖景洋房——"。选择破折号部分，按住Alt键结合键盘上的←、→键调整破折号之间的距离，使破折号部分连成直线。同样，选中"文字工具"**T**，设置字体为"方正大标宋简体"，文字大小为28.47点，输入文字"天鹅湾"，如图10-76所示。

07 按快捷键Ctrl+J复制两个形状图层，将图层上右侧的fx图标分别拖至"文字"图层上，并删除复制的两个形状图层，完成图像制作，如图10-77所示。

图10-77

10.6 房地产标志——盛世明珠

扫描观看

本节主要通过渐变叠加以及重复上一步的操作制作另一个房地产企业的标志。

01 启动 Photoshop 2022，执行"文件"|"新建"命令，新建一个宽为3000像素、高为2000像素、分辨率为300像素/英寸的RGB文档。

02 在文档的垂直与水平方向居中位置创建两条参考线。选择工具箱中的"椭圆工具" ◯，设置填充颜色为纯色填充，并设置颜色为黑色，描边颜色为无，按住Alt+Shift键，以参考线交叉点为圆心，绘制圆形，如图10-78所示。

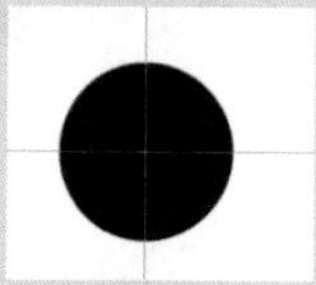

图10-78

03 单击"图层"面板下方的"添加图层样式"按钮 fx，在弹出的菜单中选择"描边"选项。在弹出的对话框中设置描边大小为4像素，位置为"外部"，混合模式为"正常"，"不透明度"为100%，填充类型为"渐变"，设置渐变起点的颜色为深灰色（#a0a0a0），终点位置颜色为白色，样式为"线性"，"角度"为0度，如图10-79所示。

04 选中"渐变叠加"复选框，设置渐变叠加的混合模式为"正常"，"不透明度"为100%，渐变的起

点颜色为深灰色（#a0a0a0），25%位置的颜色为灰色（#a3a3a3），35%位置的颜色为浅黄色（#e9e4d5），终点位置的颜色为浅灰色（#bfbfbf），样式为"线性"渐变，"角度"为90度，如图10-80所示。

图10-79

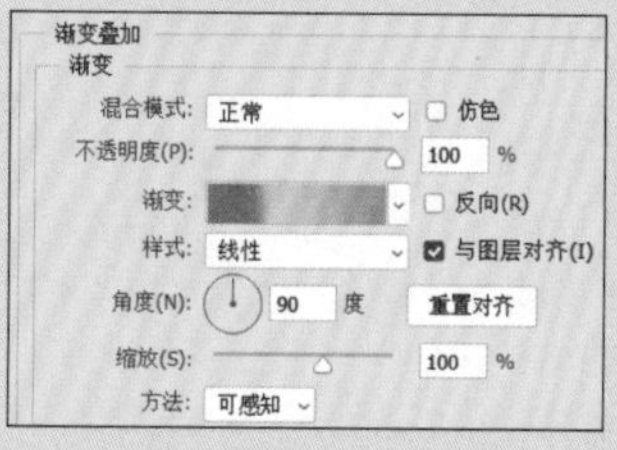

图10-80

渐变叠加 渐变 混合模式 正常，仿色，不透明度(P) 100%，渐变，反向(R)，样式 线性，与图层对齐(I)，角度(N) 90 度，重置对齐，缩放(S) 100%，方法 可感知

05 单击"确定"按钮后的效果如图 10-81 所示。

图10-81

06 按快捷键 Ctrl+J 复制该圆形，按快捷键 Ctrl+T 调出自由变换框，按住 Alt+Shift 键的同时，按住鼠标的左键，当鼠标指针变成 ↔ 时，向圆心处拖动，缩小圆形。

07 双击图层上右侧的 fx 图标，弹出"图层样式"对话框，取消选中"描边"复选框，单击"渐变叠加"中的渐变条，设置渐变位置为 6% 的颜色为浅灰色（#d5d3ce），位置为 30% 的颜色为蓝色（#293b8d），位置为 64% 的颜色为蓝色（#0972ba），位置为 100% 的颜色为浅蓝色（#ddf5fc）。设置混合模式为"正常"，"不透明度"为 100%，样式为"径向"，"角度"为 90，如图 10-82 所示。同时，按住鼠标左键，将圆心处的点向左上方拖动，使径向渐变的高光偏离圆心。

图10-82

Tips： *其他渐变类型也可以通过鼠标拖动来改变渐变的位置。*

08 单击"确定"按钮后，圆形出现渐变效果，如图 10-83 所示。

图10-83

09 选择工具箱中的"自定义形状工具" ，在工具选项栏中单击"形状"右侧的 按钮，在弹出的列表中选择"百合花饰"形状。在工具选项栏中选择"形状"选项，填充方式为纯色填充，颜色为金黄色（#986c34），单击并拖动鼠标绘制形状，并将形状与参考线居中对齐，如图 10-84 所示。

10 单击"图层"面板下方的"添加图层样式"按钮 ，在弹出的列表中选择"渐变叠加"选项，单击渐变

条设置渐变，位置为 21% 的颜色为金色（#c79230），位置为 49% 的颜色为黄色（#c79c36），位置为 51% 的颜色为深棕色（#63432f），位置为 100% 的颜色为棕色（#694828）。设置混合模式为"正常"，"不透明度"为 100%，样式为"线性"，"角度"为 0 度，如图 10-85 所示。

图10-84

图10-85

11 单击"确定"按钮后，标志出现渐变效果，如图 10-86 所示。

12 按快捷键 Ctrl+T 调出自由变换框，将变换框的中心点移至参考线交叉点的位置，如图 10-87 所示。

图10-86   图10-87

13 在工具选项栏中设置"旋转角度"为 90 度，按两次 Enter 键确认旋转，如图 10-88 所示。

14 按快捷键 Ctrl+Alt+Shift+T 重复上一步操作，并执行该命令 3 次，如图 10-89 所示。

图10-88   图10-89

15　分别双击右侧、下侧和左侧的形状图层上右侧的 *fx* 图标，在弹出的"图层样式"对话框中，分别更改"渐变叠加"中的"渐变角度"为 -90 度、-180 度和 -90 度，如图 10-90 所示。

16　选择工具箱中的"文字工具" **T**，在工具选项栏中选择合适的字体，设置合适的字号大小，并设置文字填充颜色为深棕色（#372729），输入文字"盛世明珠"。

17　单击"文字"图层，利用"文字工具" **T**，输入文字"|20|万|方|都|市|综|合|体|"，设置字体为"方正

兰亭黑简体"，文字大小为 16.34 点，填充颜色为棕色（#451308），图像制作完成，如图 10-91 所示。

图 10-90　　　　　　　　图 10-91

10.7 茶餐会所标志——半山茶餐厅

扫描观看

本节主要通过"钢笔工具"以及自定义画笔制作一个茶餐厅的标志。

01　启动 Photoshop 2022，执行"文件"|"新建"命令，新建一个宽为 3000 像素、高为 2000 像素、分辨率为 300 像素 / 英寸的 RGB 文档。

02　选择工具箱中的"钢笔工具" **∅**，在工具选项栏中选择"形状"选项，填充颜色设置为纯色填充，颜色为黑色，绘制形状，如图 10-92 所示。

03　选择工具箱中的"矩形工具" **□**，在工具选项栏中选择"形状"选项。设置填充颜色为黑色，描边颜色为无，圆角半径值为 5，单击并拖动鼠标，创建圆角矩形，如图 10-93 所示。

图 10-92　　　　　　　　图 10-93

04　选择两个形状图层并拖至"图层"面板下方的"创建新图层"图标 **⊞**，复制两个形状图层，如图 10-94 所示。

05　选择"画笔工具" **/**，在工具箱中单击"画笔预设"按钮 **/**，在弹出的面板中单击"设置"图标 **✿.**，在弹出的菜单中选择"导入画笔"选项，选择 Brush.abr 文件，导入新的画笔，如图 10-95 所示。

06　单击"创建新图层"按钮 **⊞**，创建一个新的空白图层。选择工具箱中的"画笔工具" **/**，将前景色设置为黑色，选择 SG Brush 笔尖，将画笔大小设置为 2400 像素，在图层上单击，如图 10-96 所示。

图 10-96

07　单击"图层"面板下方的"添加图层样式"按钮 **fx.**，在弹出的菜单中选择"渐变叠加"选项，在弹出的对话框中，单击属性中的渐变条，设置渐变起点位置的颜色为绿色（#008100），终点位置额颜色为浅绿色（#74dc05），设置混合模式为"正常"，"不透明度"为 100%，样式为"线性"，"角度"为 90 度，如图 10-97 所示。

图 10-97

08　单击"确定"按钮后，形状出现渐变效果，如图 10-98 所示。

09　选择工具箱中的"文字工具" **T**，在工具选项栏中设置字体为"方正姚体"，文字大小为 58.62 点，

图 10-94　　　　　　　图 10-95

文字颜色为黑色。在画面中单击，输入文字"半山茶餐厅"，并采用同样的方法，利用"文字工具" **T** 输入文字MOUNTAINSIDE，文字大小为38.34点，文字颜色为浅绿色（#57bf12），如图10-99所示。

图10-100

图10-98　　　　　　　图10-99

10　选择工具箱中的"矩形工具" ▭，在工具选项栏中选择"形状"选项，填充黑色，描边颜色为无，单击并拖动鼠标绘制矩形。利用"文字工具" **T**，输入文字TEA HOUSE，文字大小为40点，文字颜色为白色，如图10-100所示。

11　选择"半山茶餐厅"文字图层，在"字符"面板中单击"仿斜体"按钮 *T*，图像制作完成，如图10-101所示。

图10-101

Tips: 若界面中未显示"字符"面板，执行"窗口"|"字符"命令即可；"字符"面板可以设置字体为仿粗体、仿斜体和全部大写字母等。

10.8　网站标志——天天购商城

扫描观看

本节主要通过渐变叠加以及创建剪贴蒙版的方法制作一个商城的标志。

01　启动Photoshop 2022，执行"文件"|"新建"命令，新建一个宽为3000像素、高为2000像素、分辨率为300像素/英寸的RGB文档。

02　选择工具箱中的"文字工具" **T**，在工具选项栏中设置字体为Abduction，文字大小为217.09点，并设置文字填充颜色为黑色，输入文字GO，如图10-102所示。

03　单击"图层"面板下方的"添加图层样式"按钮 *fx.*，在弹出的菜单中选择"渐变叠加"选项，在弹出的对话框中单击渐变条设置渐变，位置为0%的颜色为天蓝色（#16adbd），位置为33%的颜色为蓝色（#234697），位置为73%的颜色为玫红色（#a41864），位置为100%的颜色为粉色（#e83d64），如图10-103所示。

04　单击"确定"按钮后出现渐变效果，如图10-104所示。

图10-104

05　选择"文字"图层并右击，在弹出的快捷菜单中选择"转换为智能对象"选项，将"文字"图层转换为智能对象。

06　选择工具箱中的"矩形工具" ▭，在工具选项栏中选择"形状"选项，设置填充颜色为渐变填充，并设置填充起点的颜色为玫红色（#a41864），终点颜色为粉红色（#e83d64），渐变类型为"线性"，渐变"角度"为90度，如图10-105所示。设置描边颜色为无，圆角半径值为150像素。

图10-102　　　　　　　图10-103

图10-105

07 单击并拖动鼠标，绘制圆角矩形，如图10-106所示。

图10-106

08 按住 Alt 键，在"圆角矩形"图层与"智能对象"图层之间单击，创建剪贴蒙版，如图10-107所示。

图10-107

09 单击"图层"面板下方的"添加图层蒙版"按钮■，为"圆角矩形"图层创建蒙版。选择工具箱中的"画笔工具"✐，将前景色设置为黑色，选择一个柔边画笔，按 [或] 键调整画笔大小，在圆角矩形左侧涂抹，使颜色过渡柔和，如图10-108所示。

图10-108

10 采用相同的方法，用"矩形工具"▭绘制起点颜色为蓝色（#1b4798），终点颜色为青色（#0aacbd），渐变角度为 -90 度的线性渐变，并设置描边颜色为无，圆角半径值为 150 像素，如图10-109所示。

图10-109

11 按住 Alt 键，在两个"圆角矩形"图层之间单击，创建剪贴蒙版，如图10-110所示。

图10-110

12 单击"图层"面板下方的"添加图层蒙版"按钮■，为"圆角矩形"图层创建蒙版。选择工具箱中的"画笔工具"✐，将前景色设置为黑色，选择一个柔边画笔，按 [或] 键调整画笔大小，在圆角矩形左侧涂抹，使颜色过渡柔和，如图10-111所示。

图10-111

13 采用同样的方法，用"矩形工具"▭绘制起点颜色为亮粉色（#e53e64），终点颜色为玫红色（#a31b64），渐变角度为 -90 度的线性渐变，并设置描边颜色为无，圆角半径为 150 像素，绘制另一个渐变圆角矩形并利用蒙版使颜色过渡柔和，如图10-112所示。

图10-112

14 选择工具箱中的"文字工具"**T**，在工具选项栏中设置文字填充颜色为黑色，字体为"方正兰亭粗简体"，文字大小为 68.26 点，输入文字"天天购商城"。同样利用"文字工具"**T**输入文字 JUST SHOPING，设置字体为"方正兰亭黑简体"，文字大小为 34.48 点，选择 JUST SHOPING 文字图层，在"字符"面板中单击"仿斜体"按钮 T，完成图像制作，如图 10-113 所示。

图 10-113

10.9 日用产品标志——草莓果儿童果味牙膏

本节主要通过为文字添加渐变叠加以及投影图层样式，结合"画笔工具"制作有质感的文字标志。

01 启动 Photoshop 2022，执行"文件"|"新建"命令，新建一个宽为 3000 像素、高为 2000 像素、分辨率为 300 像素 / 英寸的 RGB 文档。

02 选择工具箱中的"文字工具" T，在工具选项栏中设置字体为"方正胖头鱼简体"，文字大小为 211.25 点，并设置文字填充颜色为粉色（#ef8fb0），输入文字"草莓果"，如图 10-114 所示。

图 10-114

03 单击"图层"面板下方的"添加图层样式"按钮 $fx.$，在弹出的菜单中选择"描边"选项。在打开的"图层样式"对话框中，设置描边大小为 81 像素，位置为"外部"，混合模式为"正常"，"不透明度"为 100%，填充类型为"颜色"，颜色为深粉色（#e34b8a），如图 10-115 所示。

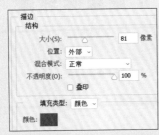

图 10-115

04 单击"确定"按钮后，字体出现描边效果，如图 10-116 所示。

图 10-116

05 按 Ctrl+J 复制"文字"图层，双击图层上右侧的 fx 图标，弹出"图层样式"对话框，取消选中"描边"复选框，选中"渐变叠加"复选框，设置渐变叠加的起点颜色为粉色（#e87dad），终点位置的颜色为淡粉色（#f1aeb6），不透明度为 100%，样式为"线性渐变"，"角度"为 90 度，如图 10-117 所示。

图 10-117

06 选中"投影"复选框，设置投影的"不透明度"为 75%，"颜色"为深红色（#850237），"角度"为 120 度，"距离"为 11 像素，"扩展"为 10%，"大小"为 29 像素，如图 10-118 所示。

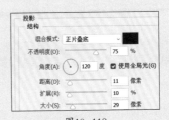

图 10-118

07 单击"确定"按钮后的图像效果如图 10-119 所示。

图10-119

08 选中"文字"图层，选择工具箱中的"魔棒工具" ，在"莓"字上单击，为"艹"创建选区。

09 单击"创建新图层"按钮 ，创建一个新的空白图层。将前景色设置为黄绿色（#cdd461），按快捷键 Alt+Del 填充前景色，如图 10-120 所示。

图10-120

10 单击"创建新图层"按钮 ，创建一个新的空白图层。选择工具箱中的"画笔工具" ，将前景色设置为白色，并选择一个硬边画笔，绘制文字光泽，并将图层的"不透明度"设置为60%，如图 10-121 所示。

图10-121

11 选择工具箱中的"钢笔工具" ，在工具选项栏中选择"形状"，填充颜色设置为玫红色（#ef285d），绘制形状，如图 10-122 所示。

图10-122

12 单击"图层"面板下方的"添加图层样式"按钮 fx.，在弹出的菜单中选择"投影"选项，在弹出的对话框中设置投影的"不透明度"为100%，"颜色"为深红色（#850237），"角度"为120度，"距离"为11像素，"扩展"为10%，"大小"为29像素，添加投影后效果如图 10-123 所示。

13 选择工具箱中的"椭圆工具" ，在工具选项栏中选择"形状"选项。设置填充颜色为白色，设置描边颜色为无。单击并拖动鼠标，绘制多个椭圆，如图 10-124 所示。

图10-123

图10-124

14 选择工具箱中的"钢笔工具" ，在工具选项栏中选择"形状"选项，设置填充颜色为黄绿色（#cdd461），绘制形状，如图 10-125 所示。

图10-125

15 选择工具箱中的"文字工具" T，在工具选项栏中选择合适的字体，设置合适的字号大小，并设置文字填充颜色为绿色（#658c0c），输入文字"儿童果味牙膏"，如图 10-126 所示。

图10-126

16 单击"图层"面板下方的"添加图层样式"按钮 fx.，在弹出的菜单中选择"描边"选项。在弹出的"图层样式"对话框中，设置描边大小为21像素，位置为"外部"，混合模式为"正常"，"不透明度"为100%，填充类型为"颜色"，颜色为白色，如图 10-127 所示。

17 选中"投影"复选框，设置混合模式为"正片叠底"，"不透明度"为75%，"颜色"为黑色，"角度"为120度，"距离"为11像素，"扩展"为10%，"大小"为46像素，如图 10-128 所示。

图10-127　　　　　图10-128

图10-129

18 单击"确定"按钮后的效果如图 10-129 所示，图像制作完成。

扫描观看

10.10 电子产品标志——蓝鲸电视

本节主要通过自定义形状工具、多边形工具和创建剪贴蒙版制作电子产品标志。

01 启动 Photoshop 2022，执行"文件"|"新建"命令，新建一个宽为 3000 像素、高为 2000 像素、分辨率为 300 像素 / 英寸的 RGB 文档。

02 选择"鲸鱼剪影"素材并拖入文档中，调整大小按 Enter 键确认，如图 10-130 所示。

03 选择工具箱中的"魔棒工具" ✦，在剪影上单击，创建选区，如图 10-131 所示。

图10-132　　　　　图10-133

08 按住 Alt 键，在"彩格"图层与"形状"图层之间单击，创建剪贴蒙版，如图 10-134 所示。

09 选择工具箱中的"转换点工具" ⊾，在路径上的每个锚点上单击，把所有的锚点转换为角点。选择工具箱中的"直接选择工具" ⊾，框选并移动锚点，使锚点在不改变鲸鱼的整体形状的同时与彩格中三角形的角点尽量对齐。

> **Tips：** "转换点工具"可以使锚点变成直线角点。

10 选择工具箱中的"多边形工具" ⬡，设置描边为无，"边"为 3，单击并拖动鼠标，绘制多个颜色各异的三角形，并通过"直接选择工具" ⊾ 移动锚点将彩格蒙版中非三角形的多边形区域分割成三角形，如图 10-135 所示。

图10-130　　　　　　　图10-131

04 在选区边缘右击，在弹出的快捷菜单中选择"建立工作路径"选项，弹出"建立工作路径"对话框，设置"容差"为 2.0 像素，单击"确定"按钮，选区转换为路径，如图 10-132 所示。

05 选择工具箱中的"路径选择工具" ▸，将鼠标指针移至路径边缘并右击，在弹出的快捷菜单中选择"定义自定形状"选项，将该形状添加到自定义形状中。

> **Tips：** 选区可建立为工作路径，而不能直接变成形状。若要重复利用形状，可以在"路径"面板中双击存储或设置为自定义形状。

> **Tips：** 所有的多边形均能被分割成多个三角形，Logo 主体部分均由三角形构成，此处利用"多边形工具"制作三角形来分割多边形。

06 选择工具箱中的"自定义形状工具" ✿，在工具选项栏中选择"形状"选项。设置填充颜色为纯色填充，颜色为红色，描边颜色为无。在"形状"列表中，选择刚刚定义的形状，绘制形状，如图 10-133 所示。

07 选择"彩格"素材并拖入文档中，调整大小按 Enter 键确认。

图10-134　　　　　图10-135

11　选择工具箱中的"文字工具" **T**，在工具选项栏中选择合适的字体，并设置文字填充颜色为黑色，输入文字"蓝鲸电视"和 WHALE TV，设置合适的字号大小，如图 10-136 所示。

12　选择"彩格"图层，按快捷键 Ctrl+J 复制"彩格"图层，并拖动图层置于 WHALE TV 图层的上方。按住 Alt 键，在"彩格"图层与 WHALE TV 图层之间单击，创建剪贴蒙版。

13　按快捷键 Ctrl+T 调整复制的彩格图层的大小和位置，按 Enter 键确认，完成图像制作，如图 10-137 所示。

图 10-136

图 10-137

第11章
卡片设计

本章通过 12 个卡片设计实例，包括亲情卡、货架贴、优惠券、贺卡和书签等，为读者制作各类卡片提供了参考。

11.1 亲情卡——美发沙龙

扫描观看

本节主要通过"斜面和浮雕"等图层样式、更改图层混合模式等方法制作一张美发沙龙的会员卡。

01 启动 Photoshop 2022，执行"文件"|"新建"命令，新建一个宽为 3000 像素、高为 2000 像素、分辨率为 300 像素 / 英寸的 RGB 文档。

02 选择工具箱中的"矩形工具" □，在工具选项栏中选择"形状"选项。设置填充颜色为黑色，描边颜色为无，圆角半径为 80。单击并拖动鼠标，创建圆角矩形，如图 11-1 所示。

图 11-1

03 单击"图层"面板中的"添加图层样式"按钮 *fx.*，在弹出的菜单中选择"斜面和浮雕"选项，在弹出的对话框中设置样式为"内斜面"，方法为"平滑"，"深度"为 100%，"方向"为"上"，"大小"为 4 像素，"软化"为 0 像素，设置阴影的"角度"为 59 度，"高度"为 58 度，如图 11-2 所示。

图 11-2

04 选中"纹理"复选框，单击"图案"拾色器 ▦，在弹出的面板中单击设置图标 ✿，在弹出的菜单中选择"图案"选项，追加图案。选择"编织"图案 ▦，设置"缩放"为 1000%，"深度"为 +508%，如图 11-3 所示。

05 选中"渐变叠加"复选框，设置混合模式为"正常"，"不透明度"为 100%，渐变的起点颜色为深紫色（#432233），50% 位置的颜色为紫色（#7b346f），结束点的颜色为浅紫色（#6c3579），样式为"线性"，"角度"为 0 度，如图 11-4 所示。

图 11-3　　　　　　图 11-4

06 单击"确定"按钮后的效果如图 11-5 所示。

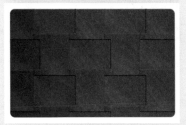

图 11-5

07 选择"美发"素材并拖入文档中，调整大小和方向后，按 Enter 键确认，如图 11-6 所示。

08 选择"圆角矩形"图层，按 Ctrl 键并单击该图层缩略图，将圆角矩形载入选区，再按快捷键 Ctrl+

Shift+I 反选选区。

09　单击"美发"图层，按住 Alt 键，单击"图层"面板下方的"添加图层蒙版"按钮■，给"美发"图层创建蒙版，如图11-7所示。

图11-6　　　　　　图11-7

10　将"美发"图层的混合模式更改为"滤色"，将前景色设置为黑色。

11　单击"美发"图层的图层蒙版，选择工具箱中的"画笔工具"■，并选择一个柔边画笔，按住鼠标左键在美发图层蒙版边缘处涂抹，使图层的相交处更柔和，如图11-8所示。

12　单击"图层"面板下方的"创建新的填充或调整图层"按钮■，在弹出的菜单中选择"曲线"选项，调整曲线的弧度，如图11-9所示。

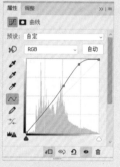

图11-8　　　　　　图11-9

13　单击"确定"按钮后的效果如图11-10所示。

图11-10

14　选择工具箱中的"文字工具"T，在工具选项栏中选择合适的字体和字号，设置文字填充颜色为黄色（#fad988），输入文字 VIP，如图11-11所示。

15　单击"图层"面板下方的"添加图层样式"按钮fx.，在弹出的菜单中选择"斜面和浮雕"选项，在

弹出的对话框中设置样式为"内斜面"，"方法"为"平滑"，"深度"为1000%，"方向"为"上"，"大小"为18像素，"软化"为0像素；设置阴影的"角度"为59度，"高度"为58度，光泽等高线为"半圆"■，高光模式为"滤色"，"不透明度"为75%，阴影模式为"正片叠底"，"不透明度"为75%，如图11-12所示。

图11-11

16　选中"描边"复选框，设置描边"大小"为9像素，颜色为淡黄色（#fefcde），如图11-13所示。

图11-12　　　　　　图11-13

17　选中"投影"复选框，设置"不透明度"为75%，"角度"为59度，"距离"为8像素，"扩展"为19%，"大小"为38像素，如图11-14所示。

图11-14

18　单击"确定"按钮后的效果如图11-15所示。

19　选择工具箱中的"文字工具"T，输入其他文字，并利用工具箱中的"矩形工具"□绘制一个小矩形，图像制作完成，如图11-16所示。

图11-15

图11-16

11.2 货架贴——新品上市

扫描观看

本节主要制作一款 3D 文字效果的货架贴。

01 启动 Photoshop 2022，执行"文件"|"新建"命令，新建一个宽为 1830 像素、高为 1750 像素、分辨率为 300 像素 / 英寸的 RGB 文档。

02 选择"钢笔工具" ✐ ，绘制闭合路径，填充橙色（#fe6c01），如图 11-17 所示。将该图层命名为"底"。

图11-17

03 按快捷键 Ctrl+J，复制"底"图层，重命名为"面"。

04 选择"面"图层，按快捷键 Ctrl+T，进入自由变换模式，调整图形的尺寸。修改图形的填充颜色为颜色较浅的橙色（#fd8e07），如图 11-18 所示。

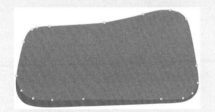

图11-18

05 选择"钢笔工具" ✐ ，绘制描边，设置颜色为浅黄色（#fce5c1），如图 11-19 所示。

06 在"底"图层之上新建一个图层，命名为"加深"。选择"画笔工具" ✎ ，在"底"图形的下部涂抹，如图 11-20 所示。

07 在"加深"图层与"底"图层之间按住 Alt 键单击，创建剪贴蒙版，将多余的笔迹隐藏，效果如图 11-21 所示。

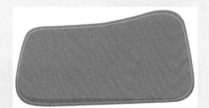

图11-19

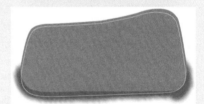

图11-20

图11-21

08 重复上述操作，在"面"图层之上新建"加深面"图层。利用"画笔工具" ✎ 在"面"图层的下部涂抹，并对两个图层创建剪贴蒙版，效果如图 11-22 所示。

图11-22

09 在"加深面"图层之上新建"提亮面"图层。利用"画笔工具" ✏ 在"面"图层的上部涂抹，提亮效果如图11-23所示。

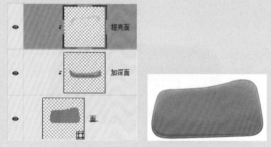

图11-23

10 选择"椭圆工具" ○，绘制42像素×42像素的圆形，填充灰色（#dbdbdb），如图11-24所示。

图11-24

11 双击椭圆图层，打开"图层样式"对话框。选择"渐变叠加"和"投影"复选框，设置参数如图11-25所示。

图11-25

12 单击"确定"按钮，添加样式后椭圆的效果如图11-26所示。

图11-26

13 选择"矩形工具" □，绘制11像素×213像素，圆角半径为0像素的矩形。单击"填色"按钮，如图11-27所示，在弹出的面板中选择"线性渐变" ▨。

图11-27

14 单击渐变色条，打开"渐变编辑器"对话框，设置渐变色参数，如图11-28所示。

图11-28

15 单击"确定"按钮关闭对话框，为矩形填充渐变色的效果如图11-29所示。

图11-29

Photoshop平面设计从新手到高手（第2版）（微课视频版）

16 将绘制的图形向右移动并复制，如图 11-30 所示。

图11-30

17 选择"矩形工具" ▭，绘制 870 像素 ×120 像素，圆角半径为 30 像素的矩形。设置"填色"为无，描边为"虚线"，颜色为褐色（# 411a08），如图 11-31 所示。

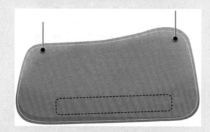

图11-31

18 选择"横排文字工具" **T**，在矩形框内输入文字，如图 11-32 所示。

图11-32

Tips: 此处使用的字体为"字魂27号－布丁体"，可以从网络下载该字体，安装到计算机后即可在 Photoshop 2022 中使用。

19 选择"横排文字工具" **T**，继续输入文字，如图 11-33 所示。

图11-33

20 双击文字图层，打开"图层样式"对话框。选择"投影"选项卡并设置参数。单击"确定"按钮，为文字添加投影，效果如图 11-34 所示。

图11-34

21 选择"新品上市"文字图层，按快捷键 Ctrl+J 复制图层。保留"投影"样式，将复制得到的文字改为白色，按键盘上的↑、←键，调整文字的位置，如图 11-35 所示。

图11-35

22 在白色"新品上市"图层之上新建一个图层，命名为"加色"。设置前景色为黄色（#fff000），使用"画笔工具" 🖌，在文字的下部涂抹，如图 11-36 所示。

图11-36

23 在"加色"图层与"新品上市"图层之间按住 Alt 键并单击，创建剪贴蒙版，文字效果如图 11-37 所示。

图11-37

24 选择"文字工具" **T**，输入 RECOMMENDS。在属性栏中单击"创建文字变形"按钮 ⌇，如图

11-38 所示。

图11-38

25　弹出"变形文字"对话框，选择"扇形"样式，设置"弯曲"为 +23%，如图 11-39 所示，单击"确定"按钮，完成设置。

图11-39

26　双击 RECOMMENDS 图层，打开"图层样式"对话框，选择"投影"选项卡，设置参数如图 11-40 所示。

图11-40

27　单击"确定"按钮，关闭对话框，制作结果如图 11-41 所示。

图11-41

11.3　配送卡——新鲜果蔬

本节主要通过设置文本的描边和投影样式，以及利用"自定义钢笔工具"制作一张果蔬配送卡。

01　启动 Photoshop 2022，执行"文件"|"新建"命令，新建一个宽为 3000 像素、高为 2000 像素、分辨率为 300 像素 / 英寸的 RGB 文档。

02　选择工具箱中的"矩形工具"□，在工具选项栏中选择"形状"选项。设置填充颜色为绿色（#5bb531），描边颜色为无，圆角半径为 80。单击并拖动鼠标，创建圆角矩形，如图 11-42 所示。

03　选择"水印"素材并拖入文档中，按 Enter 键确认。

04　按住 Alt 键，在"圆角矩形"图层与"水印"图层之间单击，创建剪贴蒙版，如图 11-43 所示。

图11-42　　　　　图11-43

05　选择"蔬菜"和"车"素材并拖入文档中，按 Enter 键确认，如图 11-44 所示。

06　选择工具箱中的"文字工具"**T**，在工具选项栏中选择合适的字体，设置文字填充颜色为白色，文字大小为 115.8 点，输入文字"果蔬"，并命名该文字图层为"果蔬 1"，如图 11-45 所示。

图11-44

图11-45

07　按两次快捷键 Ctrl+J，复制"果蔬 1"图层，将复制的第一个图层命名为"果蔬 2"，复制的第二个图层命名为"果蔬 3"。

08　选择"果蔬 1"图层，单击"图层"面板下方的"添加图层样式"按钮 *fx*，在弹出的菜单中选择"描边"选项，设置描边大小为 46 像素，颜色为黄色

（#f8c400），如图 11-46 所示。

09 选中"投影"复选框，设置投影的"不透明度"为
75%，"颜色"为黑色，"角度"为 120 度，"距离"
为 53 像素，"扩展"为 27%，"大小"为 18 像素，
如图 11-47 所示。

图 11-46

图 11-47

10 单击"确定"按钮后的效果如图 11-48 所示。

图 11-48

11 选择"果蔬 2"图层，采用同样的方法为该图层
制作描边，描边大小为 40 像素，颜色为绿色
（#006428），单击"确定"按钮后的效果如图
11-49 所示。

图 11-49

12 选择"果蔬 3"图层，采用同样的方法为该图层制
作投影效果，投影"距离"为 6 像素，"扩展"为
0%，"大小"为 4 像素，单击"确定"按钮后的效
果如图 11-50 所示。

图 11-50

13 选择工具箱中的"钢笔工具"，在工具选项栏中
选择"形状"选项，填充为无，描边颜色为黑色，
描边大小为 1 像素，描边类型为 ▬▬▬ ，绘制路径，
如图 11-51 所示。

图 11-51

14 选择工具箱中的"矩形工具"，在工具选项栏中
选择"形状"，绘制颜色为黄色（#f8c400）的矩形，
并利用"直接选择工具"，往左水平移动右下角
的锚点，效果如图 11-52 所示。

图 11-52

15 选择工具箱中的"文字工具"T，在工具选项栏中
选择合适的字体，输入文字"极速领鲜 快乐生活"，
并给文字填充黑色，适当调整文字大小。再设置合
适的字体，输入"配送季卡"，并按 Ctrl+J 复制该"文
字"图层，为复制的"文字"图层填充白色，原"文字"
图层填充颜色为绿色（#006429），按键盘上的→
键稍微移动绿色的"文字"图层，适当调整文字大小，
图像制作完成，如图 11-53 所示。

图 11-53

11.4 贵宾卡——金卡

本节主要通过自定义纹理制作金卡。

01 启动 Photoshop 2022，执行"文件"|"新建"命令，新建一个宽为 3000 像素、高为 2000 像素、分辨率为 300 像素 / 英寸的 RGB 文档。

02 选择工具箱中的"矩形工具"□，在工具选项栏中选择"形状"选项，圆角半径为 80。设置填充为渐变填充，渐变类型为"线性"，"角度"为 0 度，起点颜色为金黄色(#dfbe71)，居中位置颜色为黄色(#fefec5)，终点位置颜色为金黄色(#d1a657)，描边颜色为无。单击并拖动鼠标创建圆角矩形，如图 11-54 所示。

03 选择工具箱中的"自定义形状工具"♋，在工具选项栏中选择"形状"选项。在"形状"列表中选择"旗帜"形状▶，绘制填充颜色为深棕色(#2d1f0d)且无描边的旗帜形状，如图 11-55 所示。

图11-54   图11-55

04 采用同样的方法，绘制另一个填充颜色为浅棕色(#756859)且无描边的旗帜形状，如图 11-56 所示。

图11-56

05 单击"图层"面板中的"添加图层样式"按钮 *fx.*，在弹出的菜单中选择"斜面和浮雕"选项，在弹出的对话框中选中"纹理"复选框，设置样式为"内斜面"，"方法"为"平滑"，"深度"为 100%，"方向"为"上"，"大小"为 1 像素，"软化"为 0 像素；设置阴影的"角度"为 59 度，"高度"为 58 度，如图 11-57 所示。

06 选中"纹理"复选框，单击"图案"拾色器▦，在弹出的面板中单击设置图标✿，在弹出的菜单中选择"自然图案"选项，追加图案。选择"蓝色雏菊"图案▦，设置"缩放"为 100%，"深度"为

+100%，如图 11-58 所示。

图11-57   图11-58

07 单击"确定"按钮，并在"图层"面板中将图层的"填充"设置为 0%，效果如图 11-59 所示。

图11-59

08 选择工具箱中的"文字工具"**T**，在工具选项栏中选择合适的字体，设置合适的字号大小，文字填充颜色为金色(#fad988)，输入文字 VIP，如图 11-60 所示。

图11-60

09 单击"图层"面板中的"添加图层样式"按钮 *fx.*，在弹出的菜单中选择"斜面和浮雕"选项，设置样式为"内斜面"，"方法"为"平滑"，"深度"

为1000%，"方向"为"上"，"大小"为18像素，"软化"为0像素；设置阴影的"角度"为59度，"高度"为58度，光泽等高线选择"半圆" ◣，高光模式为"滤色"，"不透明度"为75%，阴影模式为"正片叠底"，"不透明度"为75%，如图11-61所示。

10 选中"等高线"复选框，单击"等高线"拾色器 ◢，在弹出的菜单中选择"环形" ⋀，设置"范围"为79%，如图11-62所示，单击"确定"按钮。

图11-61　　　　　　　　图11-62

11 执行"文件"|"打开"命令，打开"龙"素材，如图11-63所示。

图11-63

12 执行"编辑"|"定义图案"命令，将素材定义为图案。

13 单击"图层"面板中的"添加图层样式"按钮 fx.，在弹出的菜单中选择"斜面和浮雕"选项，在弹出的对话框中选中"纹理"复选框。单击"图案"拾色器 ▦，在弹出的面板中单击设置图标 ✿▾，在弹出的菜单中选择刚刚定义的图案，设置"缩放"为100%，"深度"为+100%，如图11-64所示。

14 选中"描边"复选框，设置描边大小为9像素，位置为"外部"，混合模式为"正常"，"不透明度"为100%，填充颜色为浅黄色（#fefcde），如图11-65所示。

图11-64　　　　　　　　图11-65

15 选中"渐变叠加"复选框，设置混合模式为"正常"，"不透明度"为100%，渐变的起点颜色为黄色（#ffe39f），结束点颜色为金色（#e2b56e），样式为"线性"，

"角度"为-90度，如图11-66所示。

16 选中"投影"复选框，设置混合模式为"正片叠底"，投影颜色为黑色（#0a0102），"不透明度"为75%，"距离"为8像素，"扩展"为19%，"大小"为38像素，如图11-67所示。

图11-66　　　　　　　　图11-67

17 单击"确定"按钮后的效果如图11-68所示。

图11-68

18 选择工具箱中的"文字工具" T，在工具选项栏中设置文字的填充颜色为棕色（#524021），选择合适的字体，输入文字，如图11-69所示。

图11-69

19 选择"钻石"素材并拖入文档中，调整大小和位置后按Enter键确认，图像制作完成，如图11-68所示。

图11-70

11.5　泊车卡——免费泊车

本节介绍如何通过渐变叠加等设置制作一张免费泊车卡。

01　启动 Photoshop 2022，执行"文件"|"新建"命令，新建一个宽为 3000 像素、高为 2000 像素、分辨率为 300 像素 / 英寸的 RGB 文档。

02　选择工具箱中的"矩形工具"□，在工具选项栏中选择"形状"选项。设置填充颜色为黑色，描边颜色为无，圆角半径为 80。单击并拖动鼠标，创建圆角矩形，如图 11-71 所示。

图11-71

03　选择工具箱中的"椭圆工具"○，设置填充颜色为无，描边颜色为白色。按住 Shift 键，单击并拖动鼠标，绘制圆形，并将图层"不透明度"更改为 10%，如图 11-72 所示。

图11-72

04　选择工具箱中的"文字工具"**T**，在工具选项栏中设置字体为"微软雅黑"，设置字体样式为 Bold，填充颜色为白色，文字大小为 174.02 点，输入文字 P，并单击"文字"图层，将图层的"不透明度"更改为 10%，按快捷键 Ctrl+T 将文字适当旋转，如图 11-73 所示。

图11-73

05　选择工具箱中的"文字工具"**T**，在工具选项栏中设置字体为 Cosigna，填充颜色为金色（#fad988），文字大小为 166.53 点，输入文字 VIP，效果如图 11-74 所示。

图11-74

06　单击"图层"面板中的"添加图层样式"按钮 fx.，在弹出的菜单中选择"渐变叠加"选项，在弹出的对话框中设置混合模式为"正常"，"不透明度"为 100%，渐变的起点颜色为金色（#bc9e56），结束点颜色为浅黄色（#fcfdbd），样式为"线性"，"角度"为 90 度，如图 11-75 所示。

图11-75

07　单击"确定"按钮后的效果如图 11-76 所示。

图11-76

08　选择文字图层，按快捷键 Ctrl+J 复制该图层，更改合适的字体和字号，输入文字"免费泊车卡"，如图 11-77 所示。

09　采用同样的方法，输入其他文字，并将文字颜色更改为白色，如图 11-78 所示。

图 11-77

图 11-78

10 选择"车"素材并拖入文档中,调整位置和大小后,按 Enter 键确认,图像制作完成,如图 11-79 所示。

图 11-79

扫描观看

11.6 VIP——地铁卡

本节主要通过渐变叠加以及蒙版制作地铁卡。

01 启动 Photoshop 2022,执行"文件"|"新建"命令,新建一个宽为 3000 像素、高为 2000 像素、分辨率为 300 像素/英寸的 RGB 文档。

02 选择工具箱中的"矩形工具" □,在工具选项栏中选择"形状"选项。设置填充为纯色填充,颜色为深蓝色(#060058);描边颜色为无,圆角半径为 80。单击并拖动鼠标,创建圆角矩形,如图 11-80 所示。

03 选择"路线"素材并拖入文档中,调整位置和大小后,按 Enter 键确认。

04 按住 Alt 键,在"圆角矩形"图层与"路线"图层之间单击,创建剪贴蒙版,如图 11-81 所示。

图 11-80

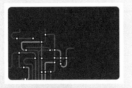

图 11-81

05 选择工具箱中的"文字工具" T,在工具选项栏中设置字体为 Univers LT Std,填充颜色为白色,文字大小为 296.45 点,输入文字 VIP,如图 11-82 所示。

06 按快捷键 Ctrl+J 复制文字图层,单击"图层"面板下方的"添加图层样式"按钮 fx.,在弹出的菜单

中选择"渐变叠加"选项,在弹出的对话框中设置渐变叠加的混合模式为"正常","不透明度"为 100%,渐变的起点颜色为红色(#ff0000),终点位置颜色为粉色(#ff00ff),样式为"线性","角度"为 90 度,如图 11-83 所示。

图 11-82

图 11-83

07 单击"确定"按钮后的效果如图 11-84 所示。

08 单击"图层"面板下方的"添加图层蒙版"按钮 □,为渐变的"文字"图层添加蒙版。

第十一章 卡片设计

205

图11-84

09 选择工具箱中的"矩形选框工具"[ ]，框选字母 V 的右半部分及字母 I 和 P，并将选区填充黑色，效果如图 11-85 所示。

图11-85

10 按快捷键 Ctrl+J 复制创建蒙版后的图层，双击图层上右侧的 *fx* 图标，弹出"图层样式"对话框，更改"渐变叠加"中渐变的起点颜色为玫红色（#ff00ff），终点颜色为蓝色（#0000ff），如图 11-86 所示。

图11-86

11 单击"确定"按钮后，选择复制的图层上的蒙版，并将蒙版全部填充黑色。选择"矩形选框工具"[ ]，框选字母 V 的右半部分并填充白色，创建蒙版后的效果如图 11-87 所示。

图11-87

12 采用同样的方法，按 3 次快捷键 Ctrl+J 复制 3 个图层并更改相应的蒙版，将 I、P 的左边和 P 的右边显示出来，并修改 I 的渐变起点颜色为青色（#00f5fd），终点颜色为蓝色（#3700f7）。P 的左边部分渐变

起点的颜色为绿色（#00ff46），终点颜色为青色（#3700f7）。P 的右边起点颜色为黄色（#f8ff4c），终点颜色为青色（#3700f7），如图 11-88 所示。

图11-88

13 选择工具箱中的"椭圆工具"〇，设置填充颜色为蓝色（#037ac3），描边颜色为无。单击并拖动鼠标，绘制 3 个椭圆，如图 11-89 所示。

图11-89

14 选择工具箱中的"文字工具" **T**，在工具选项栏中设置字体为"黑体"，填充颜色为深蓝色（#060058），文字大小为 51.09 点，输入文字"地铁卡"，如图 11-90 所示。

图11-90

15 采用同样的方法输入其他文字，并更改文字颜色为白色，制作完成的图像如图 11-91 所示。

图11-91

11.7 VIP 会员卡——蛋糕卡

本节主要通过自定义纹理及光泽效果制作蛋糕店会员卡。

01 启动 Photoshop 2022，执行"文件"|"新建"命令，新建一个宽为 3000 像素、高为 2000 像素、分辨率为 300 像素 / 英寸的 RGB 文档。

02 选择工具箱中的"矩形工具" ▢，在工具选项栏中选择"形状"选项。设置填充颜色为灰色（#f7f7f7）；描边颜色为无，圆角半径为 80。单击并拖动鼠标，创建圆角矩形，如图 11-92 所示。

图11-92

03 单击"图层"面板下方的"添加图层样式"按钮 *fx.*，在弹出的菜单中选择"斜面和浮雕"选项，设置样式为"内斜面"，方法为"雕刻清晰"，"深度"为 327%，"方向"为"上"，"大小"为 0 像素，"软化"为 0 像素；设置阴影的"角度"为 -90 度，"高度"为 48 度，高光模式为"滤色"，"不透明度"为 100%，阴影模式为"正片叠底"，"不透明度"为 75%，如图 11-93 所示，并单击"确定"按钮。

图11-93

04 执行"文件"|"打开"命令，打开"菊"素材，如图 11-94 所示。

05 执行"编辑"|"定义图案"命令，将素材定义为图案。

06 单击"图层"面板下方的"添加图层样式"按钮 *fx.*，在弹出的菜单中选择"斜面和浮雕"选项，在弹出的对话框中选中"纹理"复选框。单击"图案"拾色器 ▦，在弹出的面板中单击设置图标 ✿，在弹

出的菜单中选择刚刚定义的图案，设置"缩放"为 332%，"深度"为 +545%，如图 11-95 所示。

图11-94

07 选中"投影"复选框，设置"角度"为 120 度，"距离"为 16 像素，"扩展"为 0%，"大小"为 46 像素，如图 11-96 所示。

图11-95   图11-96

08 单击"确定"按钮后的效果如图 11-97 所示。

图11-97

09 选择"蝴蝶结"素材并拖入文档中，调整位置和大小后，按 Enter 键确认。

10 按住 Alt 键，在"圆角矩形"图层与"蝴蝶结"图层之间单击，创建剪贴蒙版，如图 11-98 所示。

11 选择工具箱中的"文字工具" **T**，在工具选项栏中设置字体为 Clarendon Blk BT，文字大小为 123.4 点，文字颜色为青色（#62cbda），输入文字 V，如图 11-99 所示。

图11-98

图11-99

12 单击"图层"面板下方的"添加图层样式"按钮 *fx.*，在弹出的菜单中选择"光泽"选项，在弹出的对话框中设置混合模式为"正片叠底"，叠加颜色和字体颜色保持一致，颜色为青色（#62cbda），"不透明度"为50%，"角度"为19度，"距离"为14像素，"大小"为13像素；在"等高线"拾色器中选择"高斯" ◢，选中"反相"复选框，如图11-100所示。

13 选中"投影"复选框，设置"角度"为120度，"距离"为7像素，"扩展"为0%，"大小"为16像素，如图11-101所示。

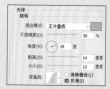 

图11-100　　　　　图11-101

14 单击"确定"按钮后的效果如图11-102所示。

图11-102

15 按快捷键 Ctrl+J 复制该文字图层，更改文字为 I，并更改文字和光泽的颜色均为灰青色（#96a2b5）。采用同样的方法，按快捷键 Ctrl+J 复制该文字图层，更改文字为 P，并更改文字和光泽的颜色均为粉色（#ffa2b5），如图11-103所示。

图11-103

16 选择"烛光"素材，拖入文档中，调整位置和大小后，按 Enter 键确认，如图11-104所示。

图11-104

17 选择工具箱中的"文字工具" **T**，在工具选项栏中设置字体分别为 CommercialScript BT 和"方正兰亭黑简体"，输入"蛋糕卡"、编号和 Cake Card，并用白色和黑色填充文字，适当调整文字大小，图像制作完成，如图11-105所示。

图11-105

11.8 俱乐部会员卡——台球俱乐部

扫描观看

本节主要通过"扭曲旋转"滤镜和"渲染"滤镜制作台球俱乐部的会员卡。

01 启动 Photoshop 2022，执行"文件"|"新建"命令，新建一个宽为 3000 像素、高为 2000 像素、分辨率为 300 像素 / 英寸的 RGB 文档。

02 选择工具箱中的"矩形工具"□，在工具选项栏中选择"形状"选项。设置填充颜色为墨绿色（#0e2a07），描边颜色为无，圆角半径为 80。单击并拖动鼠标，创建圆角矩形，如图 11-106 所示。

图11-106

03 单击"图层"面板下方的"添加图层样式"按钮 fx.，在弹出的菜单中选择"渐变叠加"选项，在弹出的对话框中单击渐变条设置渐变，位置为 0% 的颜色为绿色（#3c841e），位置为 100% 的颜色为墨绿色（#0e2a07），样式为"径向"，"角度"为 90 度，如图 11-107 所示。

图11-107

04 单击"确定"按钮后的效果如图 11-108 所示。

图11-108

05 按快捷键 Ctrl+J 复制该图层，右击并在弹出的快捷菜单中选择"转换为智能对象"选项。

06 选择工具箱中的"矩形工具"□，在工具选项栏中选择"形状"选项，绘制颜色为棕色（#f96807）

的矩形，并在"图层"面板中将图层的"不透明度"更改为 60%，如图 11-109 所示。

图11-109

07 选择该矩形图层，右击并在弹出的快捷菜单中选择"栅格化图层"选项。

08 执行"滤镜"|"扭曲"|"旋转扭曲"命令，在弹出的对话框中设置"角度"为 240 度，如图 11-110 所示。

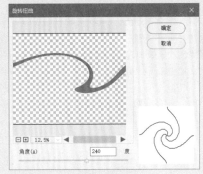

图11-110

09 单击"确定"按钮后，按住 Alt 键，在"智能对象"图层与"旋转扭曲"图层之间单击，创建剪贴蒙版，如图 11-111 所示。

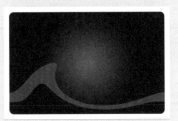

图11-111

10 采用同样的方法，绘制颜色分别为青色（#2b8486）和粉色（#ae628e）的矩形并栅格化，设置不同的旋转扭曲的角度进行变形，并创建剪贴蒙版，如图 11-112 所示。

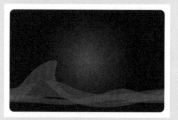

图11-112

11　选择工具箱中的"文字工具"**T**，在工具选项栏中设置字体为 Clarendon Blk BT，文字大小为126.25 点，文字填充颜色为亮绿色（#53b559），输入文字 VIP，如图 11-113 所示。

图11-113

12　单击"图层"面板下方的"添加图层样式"按钮*fx*，在弹出的菜单中选择"斜面和浮雕"选项，在弹出的对话框中设置样式为"内斜面"，"方法"为"平滑"，"深度"为1000%，"方向"为"上"，"大小"为 4 像素，"软化"为 0 像素，设置阴影的"角度"为41度，"高度"为 42 度，如图 11-114 所示。

13　选中"描边"复选框，设置描边"大小"为 8 像素，位置为"外部"，"不透明度"为100%，填充类型为"渐变"，0% 位置的颜色为绿色（#37903c），44% 位置的颜色为深绿色（#063d09），47% 位置的颜色为浅绿色（#cfe8d0），100% 位置的颜色为白色，样式为"线性"，"角度"为 90 度，如图11-115 所示。

图11-114

图11-115

14　单击"确定"按钮后的效果如图 11-116 所示。

图11-116

15　单击"创建新图层"按钮⊞，创建一个新的空白图层。

16　将前景色设置为绿色（#53b559），背景色设置为白色，执行"滤镜"|"渲染"|"云彩"命令，如图11-117 所示。

图11-117

17　按住 Alt 键，在"文字"图层与"云彩"图层之间单击，创建剪贴蒙版，如图 11-118 所示。

图11-118

18　按快捷键 Ctrl+J 复制"文字"图层，选中被复制的"文字"图层，双击图层上右侧的 *fx* 图标，在弹出的对话框中取消选中"斜面和浮雕"复选框，并更改描边的"大小"为 20 像素，描边的填充类型为"颜色"，颜色为绿色（#53b559），如图 11-119 所示。

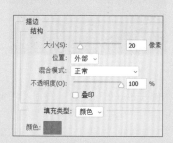

图11-119

19 单击"确定"按钮后的效果如图 11-120 所示。

图11-120

20 选择工具箱中的"文字工具" **T**，在工具选项栏中设置文字填充颜色为白色，字体为"方正兰亭粗黑简体"，文字大小为 27.34 点，输入文字"台球俱乐部""会员卡"和编号，如图 11-121 所示。

图11-121

21 选择工具箱中的"矩形工具" □，绘制一个白色矩形，如图 11-122 所示。

图11-122

22 选择"台球"素材并拖入文档中，调整大小和位置后，按 Enter 键确认，图像制作完成，如图 11-123 所示。

图11-123

扫描观看

11.9 优惠券——情满中秋

本节主要通过"减去顶层形状"功能和"多边形工具"制作中秋节优惠券。

01 启动 Photoshop 2022，执行"文件"|"新建"命令，新建一个宽为 1890 像素、高为 827 像素、分辨率为 300 像素/英寸的 RGB 文档。

02 将前景色设置为蓝色（#003768），按快捷键 Alt+Del 键，为"背景"图层填充蓝色，如图 11-124 所示。

图11-125

图11-124

03 将鼠标指针放置在左侧的标尺上，按住鼠标左键向右拖动，创建垂直参考线，如图 11-125 所示。

04 选择"钢笔工具" ⌀，将"填充"设置为无，描边为白色（#ffffff），宽度为 2 像素，绘制垂直虚线，如图 11-126 所示。

图11-126

05 选择"矩形工具" □，绘制尺寸为 395 像素 ×828 像素，圆角半径为 0 像素的白色（#ffffff）矩形，如图 11-127 所示。

图11-127

06 选择矩形图层，在"图层"面板中修改"不透明度"为25%，如图11-128所示。

图11-128

07 选择"矩形工具"□，绘制尺寸为34像素×34像素，圆角半径为0像素的黄色（#a4b045）矩形，如图11-129所示。

08 按快捷键Ctrl+J复制矩形图层，修改矩形的颜色为蓝色（#95c5de），并调整蓝色矩形的位置，如图11-130所示。

图11-129　　　　　　图11-130

09 复制黄色矩形与蓝色矩形，移至优惠券的左下角，如图11-131所示。

图11-131

10 选择"矩形工具"□，在优惠券的上部与下部绘制黄色（#a1ae46）矩形，如图11-132所示。

11 执行"文件"|"打开"命令，打开"中秋"素材，并将素材放置在优惠券的左侧，如图11-133所示。

图11-132

图11-133

12 再次执行"文件"|"打开"命令，打开"艺术字"素材，将艺术字放置在优惠券的右侧，如图11-134所示。

图11-134

13 使用"横排文字工具"T，输入说明文字，如图11-135所示。

图11-135

14 选择"矩形工具"□，绘制尺寸为589像素×47像素，圆角半径为23像素的圆角矩形。设置"填充"为无，"描边"为1.6像素，填充黄色（#efd22f），如图11-136所示。

图11-136

15 选择"椭圆工具"○，分别绘制半径为38像素、30像素的圆形，设置"填充"为无，描边为白色（#ffffff），宽度为0.5像素，如图11-137所示。

图11-137

16 复制在上一步骤中绘制的两个圆形，并向右移动，结果如图11-138所示。

图11-138

17 执行"文件"|"打开"命令，打开"图标"素材，将图标放置在电话、地址、网址前面，如图11-139所示。

图11-139

18 使用"横排文字工具"**T**，输入说明文字，如图11-140所示。

图11-140

19 选择"椭圆工具"〇，在文字的下方绘制半径为68像素的圆形，填充黄色（# a4b045）。选择椭圆，按住 Alt 键向右移动并复制 3 个，如图 11-141 所示。

图11-141

20 执行"文件"|"打开"命令，打开"二维码"素材，并将二维码放置在优惠券的右上角，如图 11-142 所示。

图11-142

21 使用"横排文字工具"**T**，在副券部分输入说明文字，如图 11-143 所示。

图11-143

22 在二维码的下方输入数字 100，选择"数字"图层，右击并在弹出的快捷菜单中选择"栅格化文字"选项，如图 11-144 所示，栅格化"数字"图层。

图11-144

23 在数字 100 的右侧输入文字"元"，如图 11-145 所示。

图11-145

24 选择"矩形工具"□，绘制一个比"元"字稍大的圆角矩形，如图 11-146 所示。

25 在"图层"面板中单击圆角矩形的图层缩略图，创建选区，如图 11-147 所示。

图11-146

图11-147

11.10 贺卡——母亲节

扫描观看

本节主要利用"自定义形状工具"制作母亲节贺卡。

01 启动 Photoshop 2022，执行"文件"|"新建"命令，新建一个宽为 2000 像素、高为 3000 像素、分辨率为 300 像素 / 英寸的 RGB 文档。

02 在文档的垂直居中位置拉出参考线。选择工具箱中的"矩形工具"□，在工具选项栏中选择"形状"选项，绘制矩形。

03 单击"图层"面板中的"添加图层样式"按钮 *fx.*，在弹出的菜单中选择"渐变叠加"选项，单击属性中的渐变条，设置渐变起点位置的颜色为白色，终点位置为粉色（#f8dede），设置混合模式为"正常"，"不透明度"为 100%，样式为"线性"，"角度"为 90 度，单击"确定"按钮后的效果如图 11-150 所示。

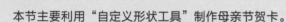

图11-150

04 按快捷键 Ctrl+J 复制矩形图层，并移至参考线上方。

05 双击图层右侧的 *fx* 图标，弹出"图层样式"对话

26 切换至"元"图层，按 Del 键，删除选区内的图形，如图 11-148 所示。

图11-148

27 优惠券的制作结果如图 11-149 所示。

图11-149

框，更改"渐变叠加"中渐变起点的颜色为浅粉色（#fbeeee），终点位置颜色为粉色（#f4c3c3），样式为"径向"，如图 11-151 所示。

图11-151

06 单击"确定"按钮后的效果如图 11-152 所示。

07 选择工具箱中的"自定义形状工具"Ⓐ，在工具选项栏中选择"形状"选项。设置填充颜色为粉色（#ffacac），描边颜色为无，在"形状"列表中选择"红心形"♥。按住鼠标左键拖动，绘制心形，如图 11-153 所示。

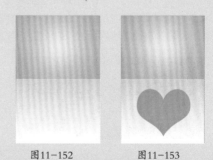

图11-152　　　　图11-153

08 单击"图层"面板中的"添加图层样式"按钮 _fx.,_ 在弹出的菜单中选择"内阴影"选项,设置"不透明度"为 75%,"角度"为 30 度,"距离"为 25 像素,"阻塞"为 0%,"大小"为 4 像素,如图 11-154 所示。

图11-154

09 单击"确定"按钮后的效果如图 11-155 所示。

10 选择"母女"素材并拖入文档中,调整大小后按 Enter 键确认。

11 按住 Alt 键,在"母女"图层与"心形"图层之间单击,创建剪贴蒙版,如图 11-156 所示。

图11-155   图11-156

12 选择"花草"素材并拖入文档中,调整大小后按 Enter 键确认,如图 11-157 所示。

13 选择工具箱中的"自定义形状工具" ✎,在工具选项栏中单击"形状"右侧的 按钮,在"形状"列表中选择"邮票 1" ■,在工具选项栏中选择"形状"选项,填充颜色为白色,描边颜色为无。单击并拖动鼠标绘制形状,并按快捷键 Ctrl+T 对形状进行 90° 旋转,如图 11-158 所示。

图11-157   图11-158

14 选中形状图层,并单击"图层"面板下方的"添加图层样式"按钮 _fx.,_ 在弹出的菜单中选择"投

影"选项,在弹出的对话框中设置"不透明度"为 75%,"角度"为 120 度,"距离"为 8 像素,"扩展"为 1%,"大小"为 54 像素,如图 11-159 所示。

图11-159

15 单击"确定"按钮后的效果如图 11-160 所示。

16 选择工具箱中的"矩形工具" □,在工具选项栏中选择"形状"选项,绘制填充颜色为白色,描边颜色为土黄色(#a38b7d),描边大小为 0.3 点的矩形,如图 11-161 所示。

图11-160   图11-161

17 选择"花朵 1"和"花朵 2"素材并插入文档中,调整大小后按 Enter 键确认,如图 11-162 所示。

18 选择工具箱中的"文字工具" **T**,在工具选项栏中设置字体为 Adorable,文字大小为 31.63 点,文字填充颜色为土黄色(#a38b7d),输入文字 Happy Mother's Day。采用同样的方法,输入合适的字体和字号,填充颜色为绿色(#2c6e37)的文字"妈妈,我爱你!",图像制作完成,如图 11-163 所示。

图11-162   图11-163

11.11 吊牌——狂欢倒计时

本节主要通过"重复上一步操作"功能制作促销吊牌。

01 启动 Photoshop 2022，执行"文件"|"新建"命令，新建一个宽为 1920 像素、高为 900 像素、分辨率为 300 像素 / 英寸的 RGB 文档。

02 将前景色设置为紫色（#511ca2），按快捷键 Alt+ Del 为"背景"图层填充紫色，如图 11-164 所示。

图11-164

03 新建一个图层，命名为"渐变背景"。

04 将前景色设置为淡紫色（# 8644bf）。选择"渐变工具"，选择"前景色到透明渐变"，选择"径向渐变"，将鼠标指针置于画布的左侧，按住鼠标左键不放向右拖动，填充径向渐变，如图 11-165 所示。

图11-165

05 双击"渐变背景"图层，弹出"图层样式"对话框。选择"渐变叠加"选项卡并设置参数。单击渐变条，在"渐变编辑器"对话框中设置颜色，如图 11-166 所示。

图11-166

06 单击"确定"按钮关闭对话框。将"渐变背景"图层的"不透明度"修改为 60%，如图 11-167 所示。

图11-167

07 执行"文件"|"打开"命令，打开"圆背景"素材，并放置到当前文档中，如图 11-168 所示。

图11-168

08 选择圆背景，在"图层"面板中单击"添加矢量蒙版"按钮，创建图层蒙版。

09 将前景色设置为紫色（# 8646a7）。选择"渐变工具"，选择"前景色到透明渐变"，选择"线性渐变"。切换至图层蒙版，将鼠标指针置于画布的上方，按住鼠标左键不放向下拖动，填充线性渐变，如图 11-169 所示。

图11-169

10 执行"文件"|"打开"命令，打开"蓝色圆球"素材，并放置到当前文档中，如图 11-170 所示。

图11-170

11 使用"椭圆选框工具"◯，按住 Shift 键，在蓝色圆球图层上绘制圆形选区，如图 11-171 所示。

图11-171

12 按住 Alt 键，在"图层"面板中单击"添加矢量蒙版"按钮▣，创建图层蒙版，隐藏选区中的内容，如图 11-172 所示。

图11-172

13 执行"文件"|"打开"命令，打开"狂欢倒计时"素材，并放置在当前文档的左侧，如图 11-173 所示。

图11-173

14 执行"文件"|"打开"命令，打开"光亮"素材，并放置在当前文档，如图 11-174 所示。

图11-174

15 选择"光亮"图层，设置图层混合模式为"滤色"，效果如图 11-175 所示。

图11-175

16 执行"文件"|"打开"命令，打开"喜庆主题"素材，并放置在当前文档中，如图 11-176 所示。

图11-176

17 使用"矩形工具"▢，绘制尺寸为 1680 像素×475 像素，圆角半径为 237 像素的矩形，填充黄色（#ffa903），如图 11-177 所示。

图11-177

18 按快捷键 Ctrl+J 复制矩形，向右下角调整副本矩形的位置，如图 11-178 所示。

图11-178

19 选择两个矩形图层，按快捷键 Ctrl+E 合并图层。

20 双击合并后的图层，在"图层样式"对话框中设置"外发光""投影"参数，为图形添加样式的效果如图 11-179 所示。

图11-179

21 使用"矩形工具"□，参考现有矩形的尺寸，继续绘制圆角矩形，并填充橙色（#ff6203），如图11-180所示。

图11-180

22 继续绘制矩形并填充黄色（#faf107），如图11-181所示。

图11-181

23 双击黄色矩形，打开"图层样式"对话框。选择"内阴影"选项卡，设置参数，为矩形添加内阴影效果，如图11-182所示。

图11-182

24 使用"椭圆工具"○，绘制白色圆形与黄色（#fbf207）圆形，如图11-183所示。

图11-183

25 选择组成圆角矩形按钮的所有矩形，按快捷键Ctrl+E，合并图层。

26 选择圆角矩形按钮，按Alt键向右移动复制两个，如图11-184所示。

图11-184

27 双击"按钮"图层，打开"图层样式"对话框，选择"投影"选项卡并设置参数，为按钮添加投影，如图11-185所示。

图11-185

28 选择"横排文字工具"T，输入数字，如图11-186所示。

图11-186

29 双击"数字"图层，在"图层样式"对话框中选择"投影"选项卡并设置参数，如图11-187所示。

30 单击"确定"按钮，关闭对话框，为数字添加投影的效果如图11-188所示。

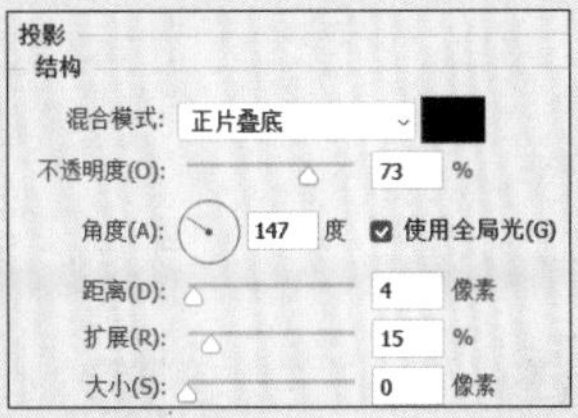

图 11-187

图 11-188

31 重复上述操作，继续输入文字并为其添加投影效果，如图 11-189 所示。

图 11-189

32 使用"矩形工具"，绘制尺寸为112像素 × 28像素，圆角半径为 5 像素的矩形，并为矩形填充渐变色，如图 11-190 所示。

33 使用"钢笔工具"，绘制三角形符号，如图 11-

191 所示。

图 11-190

图 11-191

34 重复上述操作，继续绘制文字及相关图形，制作结果如图 11-192 所示。

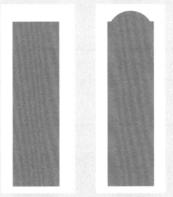

图 11-192

11.12 书签——开卷有益

本节主要通过合并形状制作一个外形独特的书签。

扫描观看

01 启动 Photoshop 2022，执行"文件"|"新建"命令，新建一个宽为 2000 像素、高为 3000 像素、分辨率为 300 像素 / 英寸的 RGB 文档。

02 选择工具箱中的"矩形工具"，在工具选项栏中选择"形状"选项，绘制颜色为豆青色（#97afa1）的矩形，如图 11-193 所示。

03 选择工具箱中的"椭圆工具"，按住 Shift 键，绘制颜色为豆青色（#97afa1）的椭圆，如图 11-194 所示。

04 按住 Ctrl 键，在"图层"面板中选择"矩形"图层和"圆形"图层，右击并在弹出的快捷菜单中选择"合并形状"选项。

05 选择"读书"素材并拖入文档中，按 Enter 键确认，并将图层混合模式更改为"线性加深"。

图 11-193　　　图 11-194

06 按住 Alt 键，在"合并形状"图层与"读书"图层之间单击，创建剪贴蒙版，如图 11-195 所示。

图11-195

图11-198　　　　　图11-199

07 按住 Ctrl 键，单击合并形状图层的缩略图，执行"选择"|"修改"|"收缩"命令，在弹出的对话框中设置"收缩量"为30像素，如图11-196所示，单击"确定"按钮。

图11-196

08 单击"创建新图层"按钮⊞，创建一个新的空白图层。

09 执行"编辑"|"描边"命令，设置描边"宽度"为4像素，"颜色"为白色，如图11-197所示。

图11-197

10 单击"确定"按钮后的效果如图11-198所示。

11 选择工具箱中的"椭圆工具"○，按住 Shift 键，绘制颜色为白色的圆形，如图11-199所示。

12 选择工具箱中的"文字工具"**T**，在工具选项栏中设置字体为"汉仪雁翎体简"，文字大小为119.35点，文字填充颜色为浅灰色（#dededc），输入文字"书"。

13 单击"文字"图层，再利用"文字工具"**T**输入"开卷有益"，并更改字体为"创艺简老宋"，文字大小为18点。单击工具选项栏中的"切换文本取向"图标↳**T**，使文字竖直排列，如图11-200所示。

14 单击"创建新图层"按钮⊞，创建一个新的空白图层。

15 将前景色设置为红色（#e60012），选择工具箱中的"画笔工具"✐，选择"大油彩蜡笔"笔尖，将画笔大小设置为140像素，在图层上涂抹，如图11-201所示。

16 选择工具箱中的"文字工具"**T**，在工具选项栏中设置字体为"创艺简老宋"，文字大小为17.12点，文字填充颜色为白色，输入文字"阅书·悦书"。图像制作完成，如图11-202所示。

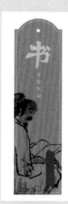

图11-200　　　　图11-201　　　　图11-202

第12章 广告与海报设计

海报画面有较强的视觉冲击力，一般以图像为主，文字为辅，主题字体醒目。海报是广告宣传的一种，包括商业海报、文化海报、电影海报和招商海报等。本章通过 8 款广告与海报，讲述广告与海报设计的制作过程。

12.1 手机广告——挚爱一生

扫描观看

本节主要利用渐变叠加及“钢笔工具”制作一个海报形式的手机广告。

01 启动 Photoshop 2022，将背景色设置为白色，执行“文件”|“新建”命令，新建一个宽为 2000 像素、高为 3000 像素、分辨率为 300 像素 / 英寸和背景内容为背景色的 RGB 文档。

02 选择工具箱中的“渐变工具”，设置渐变的起点颜色为粉色（#ec9ebb），终点颜色为浅粉色（#fdedf4）的径向渐变，从画面中心向外水平拖动填充渐变色，如图 12-1 所示。

03 选择工具箱中的“椭圆工具”，在工具选项栏中选择“形状”选项，填充为白色，描边为无，绘制一个白色椭圆，如图 12-2 所示。

图12-1

图12-2

04 单击“图层”面板下方的“添加图层样式”按钮 fx，在弹出的菜单中选择“渐变叠加”选项，在弹出的对话框中单击渐变条，设置渐变起点位置的颜色为豆青色（#6fc7d5），终点颜色为青色（#44bed7），设置样式为“线性”，混合模式为“正常”，“角度”为 60 度，如图 12-3 所示。

05 选中“投影”复选框，设置投影的“不透明度”为 75%，“颜色”为（#ec7584），“角度”为 120 度，“距离”为 29 像素，“扩展”为 8%，“大小”为 18 像素，如图 12-4 所示。

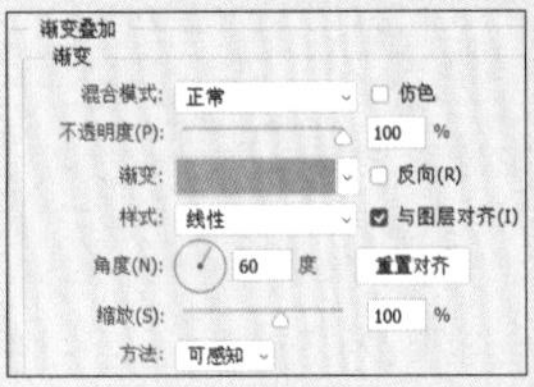

图12-3

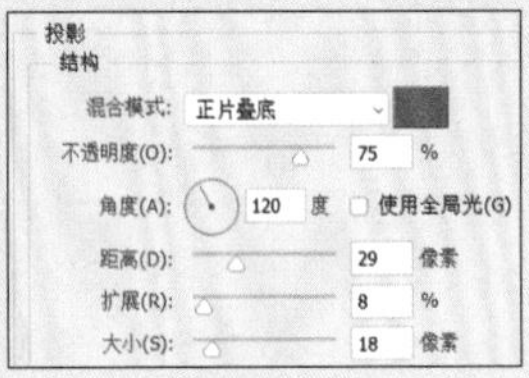

图12-4

06 单击“确定”按钮后的效果如图 12-5 所示。

07 采用同样的方法，分别制作其他渐变色的椭圆，如图 12-6 所示。

图12-5

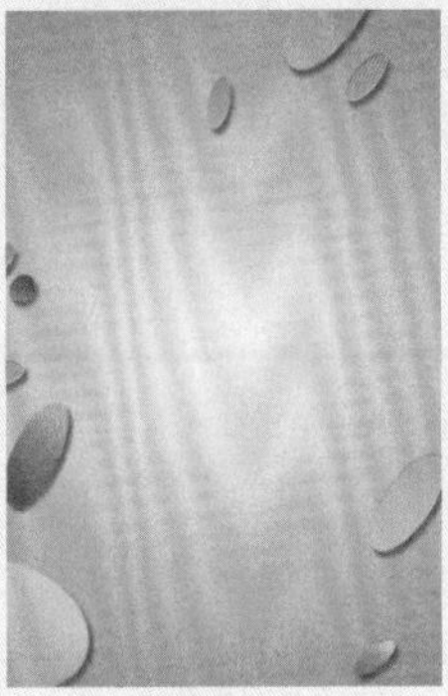

图12-6

08 选择“手机”素材并拖入文档中，调整大小后按 Enter 键确定。

09 选择“矩形工具”，绘制一个颜色为灰色（#9e9fa0）的矩形，并在“图层”面板中选中该图层，右击并在弹出的快捷菜单中选择“转换为智能对象”选项。按快捷键 Ctrl+T 显示定界框，对该矩形进行斜切变形，覆盖手机屏幕，如图 12-7 所示。

10 双击智能对象的矩形，在弹出的对话框中单击"确定"按钮。选择"情侣"素材并拖入文档中，调整位置及大小后按 Enter 键确定，如图 12-8 所示。

图 12-7　　　　　　　图 12-8

Tips： 智能矢量对象除了能保持图像质量，另一重要特性就是它具有保存自由变换设置的功能。当对一个图像进行扭曲变换后，依然可以让被扭曲的图像恢复到初始的状态。双击缩略图然后编辑源文件，使替换内容成为一件非常简单的事情。例如此处，可以任意更换手机界面的图像，而无须重复进行旋转和斜切操作。

11 选择工具箱中的"钢笔工具" ，在工具选项栏中选择"形状"选项，绘制颜色为白色的形状，如图 12-9 所示。

12 单击"图层"面板中的"添加图层样式"按钮 fx.，在弹出的菜单中选择"渐变叠加"选项，在弹出的对话框中单击渐变条，设置渐变起点位置的颜色为深粉色（#be0758），位置为 32% 的颜色为粉色（#e83082），位置为 68% 的颜色为浅粉色（#f2bacf），位置为 88% 的颜色为粉色（#ed81b1），终点颜色为亮粉色（#ea5f9e），设置样式为"线性"，混合模式为"正常"，"角度"为 0 度，如图 12-10 所示。

图 12-9　　　　　　　图 12-10

13 单击"确定"按钮后的效果如图 12-11 所示。

14 单击"图层"面板中的"创建新图层"按钮 ，创建新图层。利用"钢笔工具" 绘制形状后，选择上一个钢笔工具绘制的"形状"图层，单击右侧的 fx 图标，按住 Alt 键，拖至新绘制的形状上。双击该图标，在弹出的"图层样式"对话框中，选中"渐变叠加"复选框，再选中"反向"复选框。单击"确定"按钮后的效果如图 12-12 所示。

15 采用同样的方法，绘制丝带的其他部分，如图 12-13 所示。

16 选择工具箱中的"文字工具" T，输入文字，在工具选项栏中设置英文和中文字体分别为"苹方"和"方正兰亭准黑"，设置合适的文字大小，选择文字并填充白色，如图 12-14 所示。

图 12-11　　　　　　　图 12-12

图 12-13　　　　　　　图 12-14

17 选择"文字"图层并单击"图层"面板下方的"添加图层样式"按钮 fx.，在弹出的菜单中选择"斜面和浮雕"选项，在弹出的对话框中设置样式为"内斜面"，"方法"为"平滑"，"深度"为 100%，"方向"为"上"，"大小"为 13 像素，"软化"为 7 像素。设置阴影的"角度"为 30 度，"高度"为 30 度，高光模式为"滤色"，"颜色"为白色，"不透明度"为 75%，阴影模式为"正片叠底"，颜色为粉色（#efb3ca），"不透明度"75%，如图 12-15 所示。

18 选中"投影"复选框，设置投影的"不透明度"为 75%，颜色为粉色（#eb9ebb），"角度"为120 度，"距离"为17像素，"扩展"为0%，"大小" 为4像素，如图12-16所示。

20 选择 Logo 素材并拖入文档中，按 Enter 键确认。 选择工具箱中的"矩形工具"□，绘制填充颜色为无， 描边颜色为白色，描边大小为1点，圆角半径为20 像素的圆角矩形，如图12-18所示，完成图像制作。

图12-15　　　　　图12-16

图12-17　　　　图12-18

19 单击"确定"按钮后的效果如图12-17所示。

12.2　饮料广告——清凉一夏

扫描观看

本节主要运用"自定义形状工具"和矢量蒙版制作一个饮料的广告。

01 启动 Photoshop 2022，将背景色设置为黄色 （#f8c30c），执行"文件"|"新建"命令，新建 一个宽为2000像素、高为3000像素、分辨率为 300像素/英寸，背景内容为背景色的 RGB 文档， 如图12-19所示。

02 选择工具箱中的"自定义形状工具"⚙，在工具 选项栏中选择"形状"选项，单击"形状"右侧的按 钮▾，在弹出的列表中选择"会话4"形状▨，绘制颜 色为蓝色（#35aad7）的形状，如图12-20所示。

（#09b2e9），终点颜色为浅蓝色（#7fd3eb）， 设置样式为"线性"，混合模式为"正常"，"角度" 为90度，如图12-21所示。

04 单击"确定"按钮后的效果如图12-22所示。

图12-21

05 采用同样的方法，绘制颜色为浅蓝色（#7ecdf3） 和白色的形状，并置于渐变形状的下方，如图 12-23所示。

图12-19　　　　　图12-20

03 单击"图层"面板下方的"添加图层样式"按钮*fx.*， 在弹出的菜单中选择"渐变叠加"选项，在弹出的 对话框中单击渐变条，设置位置为19%的颜色为 深蓝色（#0071b3），位置为80%的颜色为蓝色

图12-22　　　　　图12-23

223

06 选择"水珠"素材并拖入文档中，按 Enter 键确认，如图 12-24 所示。

07 选择"饮料"素材并拖入文档中，调整大小后，按 Enter 键确认。单击"图层"面板底部的"添加图层蒙版"按钮 ◻，为图层创建蒙版，如图 12-25 所示。

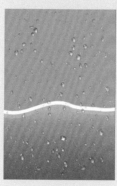 

图12-24 　　　　　图12-25

08 将前景色设置为黑色，利用"魔棒工具" ⚡，将多余的部分选中并填充黑色，结合"画笔工具" ✑，选择一个笔尖，涂抹细节部分，将饮料抠出，如图 12-26 所示。

Tips: 利用蒙版进行抠图可保持图像的可编辑性。

09 选择"伞"素材并拖入文档中，按 Enter 键确认。同样利用蒙版结合"画笔工具" ✑在多余图像处涂抹，使伞的下端融于饮料中，如图 12-27 所示。

图12-26 　　　　　图12-27

10 选择工具箱中的"文字工具" **T**，输入文字，在工具选项栏中设置字体为"锐字工房卡布奇试压粗简 1.0"，文字大小为 167 点，输入白色文字，如图 12-28 所示。

11 单击"图层"面板中的"添加图层样式"按钮 *fx.*，在弹出的菜单中选择"投影"选项，在弹出的对话框中设置投影的"不透明度"为 75%，颜色为红色（#d40f02），"角度"为 120 度，"距离"为 10 像素，"扩展"为 5%，"大小"为 10 像素，如图 12-29 所示。

图12-28 　　　　　图12-29

12 单击"确定"按钮后的效果如图 12-30 所示。

13 采用同样的方法输入其他文字，并将"清凉一夏"的字体更改为"造字工房悦黑"，如图 12-31 所示。

图12-30 　　　　　图12-31

14 选择工具箱中的"自定义形状工具" ✿，在工具选项栏中选择"形状"选项，在"形状"列表中，选择"拼贴 2"形状 ▨ 和"波浪"形状 〰，将前景色设置为白色，绘制填充颜色为白色波浪和拼贴形状，如图 12-32 所示。

15 选中其中一个"拼贴形状"图层，选择工具箱中的"椭圆工具" ◯，在工具选项栏中选择"路径"选项，按住 Shift 键，绘制圆形。执行"图层"|"矢量蒙版"|"当前路径"命令，为图层创建矢量蒙版。采用同样的方法，为另一个拼贴图层创建矢量蒙版，如图 12-33 所示。

16 选择"小素材"文件夹中的全部素材并全部拖入文档中，移至合适位置后，多次按 Enter 键确认，完成图像制作，如图 12-34 所示。

图12-32

图12-33

图12-34

扫描观看

12.3　DM 单广告——麦当劳

本节主要利用"画笔工具""自由钢笔工具"和"水平居中分布"命令制作麦当劳传单广告。

01　启动 Photoshop 2022，执行"文件"|"新建"命令，新建一个宽为 300 像素、高为 300 像素、分辨率为 300 像素 / 英寸的 RGB 文档。

02　按快捷键 Ctrl+R 显示标尺，在文档垂直和水平方向的中心处创建参考线。选择工具箱中的"矩形工具"□，绘制颜色为黄色（#e1aa00）的矩形。双击"背景"图层，将"背景"图层转换为普通图层后删除，如图 12-35 所示。

03　按快捷键 Ctrl+J 复制该矩形，并重复 15 次。选择工具箱中的"移动工具"✛，将最上方的矩形移至文档右侧，按住 Shift 键，单击第一个绘制的矩形，将所有矩形图层选中，在工具选项栏中，单击"水平居中分布"图标┻，如图 12-36 所示。

图12-35

图12-36

Tips: 选择上方的图层，按住 Shift 键，再单击下方的图层，即可选中包括上方、下方以及它们之间的所有图层；按住 Ctrl 键，可选择多个单个的图层。

04　按快捷键 Ctrl+T，调出自由变换框，按住 Shift 键，

将全部矩形旋转 45°，并拉大矩形，观察参考线分隔的 4 个小格子之间的形状是否一致。当 4 个小格子内的形状一致时，按 Enter 键确定，如图 12-37 所示。

图12-37

Tips: 4 个格子内图案一致可在应用"图案叠加"图层样式后进行无缝拼接。

05　执行"编辑"|"定义图案"，将绘制的矩阵添加到图案。

06　执行"文件"|"新建"命令，新建一个宽为 2000 像素、高为 3000 像素、分辨率为 300 像素 / 英寸的 RGB 文档。

07　双击"背景"图层，将"背景"图层转换为普通图层。单击"图层"面板下方的"添加图层样式"按钮 *fx*，在弹出的菜单中选择"渐变叠加"选项，在弹出的对话框中单击渐变条，设置渐变起点的颜色为黄色（#ebc000），终点颜色为浅黄色（#fbf1c6），设置样式为"径向"，混合模式为"正常"，"角度"为 90 度，并选中"反向"复选框，如图 12-38 所示。

08 选中"图案叠加"复选框，选择之前定义的图案，如图 12-39 所示。

图12-38　　　　　　图12-39

09 单击"确定"按钮后的效果如图 12-40 所示。

10 选择"鸡腿"素材并拖入文档中，调整大小和方向后，按 Enter 键确定。按快捷键 Ctrl+J 复制该图层，并按快捷键 Ctrl+T 进行缩放，如图 12-41 所示。

图12-40　　　　　　图12-41

11 单击"创建新图层"按钮 ⊞，创建一个新的空白图层。

12 选择工具箱中的"画笔工具" ✏，将前景色设置为黑色，选择一个硬边画笔，将画笔大小设置为 15 像素，按住鼠标左键进行涂抹，如图 12-42 所示。

13 单击"创建新图层"按钮 ⊞，创建一个新的空白图层，置于人物涂抹图层的下方，更改其他颜色和画笔大小进行涂抹，增加层次感，如图 12-43 所示。

图12-42　　　　　　图12-43

14 选择工具箱中的"文字工具" **T**，输入文字，在工具选项栏中设置字体为"汉仪黑荔枝体简"，

设置文字大小为 88.57 点，选择文字并填充红色（#ee1b24），如图 12-44 所示。

15 选择工具箱中的"钢笔工具" ✐，绘制填充颜色为红色（#ee1b24）的折角形状，如图 12-45 所示。

图12-44　　　　　　图12-45

16 将"文字"图层和钢笔绘制的图形选中，拖至"图层"面板下方的"文件夹"按钮 ▭ 上，创建组。选中该组，单击"图层"面板下方的"添加图层样式"按钮 *fx.*，在弹出的菜单中选择"描边"选项，在弹出的对话框中设置描边"大小"为 16 像素，"颜色"为黑色，如图 12-46 所示。

图12-46

17 选中"外发光"复选框，设置混合模式为"滤色"，"不透明度"为 75%，外发光颜色为浅灰色（#f4f4f4），图素的方法为"柔和"，"扩展"为 0%，"大小"为 202 像素，品质的"范围"为 50%，如图 12-47 所示。

18 单击"确定"按钮后的效果如图 12-48 所示。

图12-47　　　　　　图12-48

19 单击"创建新图层"按钮⊞，创建一个新的空白图层，选择工具箱中的"画笔工具"🖌，将前景色设置为白色，选择一个硬边画笔，将画笔大小设置为 15 像素，按住鼠标左键进行涂抹，如图 12-49 所示。

20 选择工具箱中的"自由钢笔工具"✒，在工具选项栏中选择"形状"选项，将填充颜色分别设置为黄色（#fdda02）和橘黄色（#f09607），描边颜色设置为黑色，描边大小为 3 点，绘制闭合形状，如图 12-50 所示。

具选项栏中设置字体为"苏新诗霉宝子碑简"，设置文字大小为 34.33 点，选择文字并填充黑色，如图 12-53 所示。

24 选择 Logo 和"手"素材并拖入文档后按 Enter 键确认，完成图像制作，如图 12-54 所示。

图12-51　　　　　图12-52

图12-49　　　　　图12-50

图12-53　　　　　图12-54

21 使用"自由钢笔工具"✒，绘制一个颜色为红色（#ee1b24）的闭合形状，按住 Alt 键在该形状与颜色为黄色（#fdda02）的形状中间单击，创建剪贴蒙版，如图 12-51 所示。

22 单击"创建新图层"按钮⊞，创建一个新的空白图层，选择工具箱中的"画笔工具"🖌，将前景色设置为黑色，选择一个硬边画笔，将画笔大小设置为 10 像素，涂抹出箭头和其他部分，如图 12-52 所示。

23 选择工具箱中的"文字工具"T，输入文字，在工

12.4 "香水广告——小雏菊之梦

本节将利用"色彩平衡"和"自然饱和度"等调整图层合成一款香水广告。

01 启动 Photoshop 2022，执行"文件"|"打开"命令，打开"背景"素材，如图 12-55 所示。

02 单击"图层"面板中的"创建新的填充或调整图层"按钮◑，在弹出的菜单中选择"色彩平衡"选项，在"属性"面板中选择"阴影"选项，设置"黄色—蓝色"为 +60，如图 12-56 所示。

03 设置后的效果如图 12-57 所示。

04 选择"丝带 1""丝带 2"和"香水"素材并拖入文件中，按 Enter 键确认，如图 12-58 所示。

图12-55　　　　　图12-56

227

图12-57 　　　　　　　　　图12-58

05 　选择"美女"素材并拖入文件中，按 Enter 键确认，如图 12-59 所示。

06 　单击"图层"面板下方的"创建新的填充或调整图层"按钮◎.，在弹出的菜单中选择"曲线"选项，调整曲线的弧度，如图 12-60 所示。

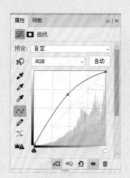

图12-59 　　　　　　　　　图12-60

07 　按住 Alt 键在"曲线"图层和"美女"图层之间单击，创建剪贴蒙版。

08 　单击"图层"面板下方的"创建新的填充或调整图层"按钮◎.，在弹出的菜单中选择"色彩平衡"选项，在"属性"面板中选择"中间调"选项，设置"黄色—蓝色"为 +50，如图 12-61 所示。

09 　按住 Alt 键，在"曲线"图层和"美女"图层之间单击，创建剪贴蒙版。

10 　设置后的效果如图 12-62 所示。

图12-61 　　　　　　　　　图12-62

11 　单击"图层"面板下方的"添加图层蒙版"按钮◻.，为"美女"图层创建蒙版。将前景色设置为黑色，选择工具箱中的"画笔工具" ✒️，选择一个柔边圆笔尖，将多余的部分抹去，如图 12-63 所示。

12 　选择"蝴蝶"素材并拖入文档中，调整位置和大小后，按 Enter 键确定，如图 12-64 所示。

图12-63 　　　　　　　　　图12-64

13 　单击"图层"面板下方的"创建新的填充或调整图层"按钮◎.，在弹出的菜单中选择"自然饱和度"选项，在"属性"面板中设置"自然饱和度"为 -53，如图 12-65 所示。

14 　按住 Alt 键，在"自然饱和度"图层和"蝴蝶"图层之间单击，创建剪贴蒙版。设置后的效果如图 12-66 所示。

图12-65 　　　　　　　　　图12-66

15 　选择"自然饱和度"图层和"蝴蝶"图层，拖至"创建新图层"图标⊞，复制此两个图层。选择"蝴蝶"图层，按快捷键 Ctrl+T，移动蝴蝶到合适位置后，右击并在弹出的快捷菜单中选择"水平翻转"选项，按 Enter 键确认，如图 12-67 所示。

16 　选择工具箱中的"文字工具" T，输入文字，在工具选项栏中分别设置字体为 Didot、Myriad Pro 和"Adobe 黑体 Std"，设置文字为合适大小，选择文字并填充黑色。

17 选择工具箱中的"矩形工具"▢，绘制填充颜色为无，描边颜色为黑色，描边大小为 0.5 点的矩形。再选择工具箱中的"直线工具" ╱，绘制黑色的直线，完成图像制作，如图 12-68 所示。

图 12-67

图 12-68

扫描观看

12.5 促销海报——活动很大

本节主要利用自定义图案、矢量蒙版、"波浪"滤镜以及"形状工具"制作一款促销海报。

01 启动 Photoshop 2022，将背景色设置为白色，执行"文件"|"新建"命令，新建一个宽为 2000 像素、高为 3000 像素、分辨率为 300 像素 / 英寸和背景内容为背景色的 RGB 文档。

02 选择工具箱中的"自定义形状工具" ✿，在工具选项栏中单击"形状"右边的 按钮，在弹出的菜单中选择"拼贴 2"形状▨，在工具选项栏中选择"形状"选项，按住 Shift 键，绘制颜色为青色（#14f4f8）的形状，如图 12-69 所示。

03 选中该形状图层，选择工具箱中的"椭圆工具"◯，在工具选项栏中选择"路径"选项，按住 Shift 键，绘制圆形。执行"图层"|"矢量蒙版"|"当前路径"命令，给图层创建矢量蒙版，如图 12-70 所示。

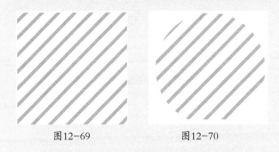
图 12-69   图 12-70

04 采用同样的方法，制作颜色分别为蓝色（#1632e0）和粉色（#fa50cc）的矢量蒙版图形，如图 12-71 所示。

05 执行"文件"|"新建"命令，新建一个宽为 300 像素、高为 300 像素、分辨率为 300 像素 / 英寸的 RGB 文档。

图 12-71

06 按快捷键 Ctrl+R 显示标尺，在文档垂直和水平位置的中心处创建参考线。选择工具箱中的"椭圆工具"◯，在工具选项栏中单击"形状"按钮，按住 Shift 键，绘制颜色为黄色（#ffc512）的圆形。

07 按快捷键 Ctrl+J 复制该圆形，重复 4 次。选择"移动工具"✛，将 5 个圆形的中心点分别调整到 4 个顶点及文档中心处，如图 12-72 所示。

Tips: 按快捷键 Ctrl+T 调出自由变换框，即可出现形状的中心点。

08 执行"编辑"|"定义图案"命令，将绘制的矩阵定义为图案。

09 回到之前的文档，选择"椭圆工具"◯，按住 Shift 键，绘制粉色（#fa50cc）的圆形，如图 12-73 所示。

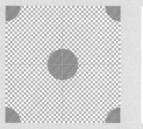

图12-72   图12-73

10 单击"图层"面板下方的"添加图层样式"按钮 *fx.*，在弹出的菜单中选择"图案叠加"选项，选择刚定义的图案，如图 12-74 所示。

图12-74

11 单击"确定"按钮，在"图层"面板中将"填充"设置为 0%，如图 12-75 所示。

图12-75

Tips: 当定义的图案的背景色为"透明"、图层的"填充"为 0% 时，该图层的像素仅包含自定义的图案。

12 选择该图形，右击并在弹出的快捷菜单中选择"转换为智能对象"选项。单击"图层"面板下方的"添加图层样式"按钮 *fx.*，在弹出的菜单中选择"颜色叠加"选项，在弹出的对话框中设置混合模式的颜色为粉色（#fa50cc），如图 12-76 所示。

图12-76

13 单击"确定"按钮后，圆点的颜色发生改变，如图 12-77 所示。

Tips: 若直接进行颜色叠加，整个圆形将叠加颜色。此处转换为智能对象，则叠加的颜色仅为图层中有像素的地方，且能通过双击该智能对象，对图案叠加的尺寸进行调整。

14 采用同样的方法，结合"多边形工具" ⬡，设置"边"为 3，制作三角形，完成三角形和圆形中圆点的制作，如图 12-78 所示。

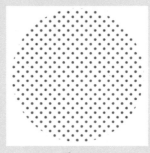

图12-77   图12-78

15 选择工具箱中的"矩形工具" ▭，在工具选项栏中选择"形状"选项，绘制颜色分别为粉色（#1536e0）和蓝色（#fa50cc）的矩形，如图 12-79 所示。

图12-79

16 选择"矩形"图层，右击并在弹出的快捷菜单中选择"转换为智能对象"选项，分别将矩形转换为智能对象。

17 执行"滤镜"|"扭曲"|"波浪"命令，打开"波浪"对话框，设置"生成器数"为 10，波长"最小"为 36，"最大"为 37，波幅"最小"为 1，"最大"为 4，在类型处选择"正弦"，如图 12-80 所示。

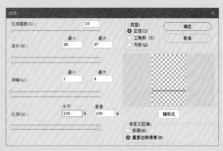

图12-80

18 单击"确定"按钮，矩形变成波浪状，如图 12-81 所示。

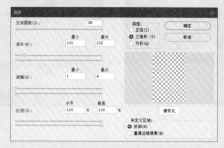

图12-81

19 采用同样的方法,绘制两个矩形并转换为智能对象后,添加"波浪"滤镜,设置参数并在类型处选择"三角形",如图12-82所示。

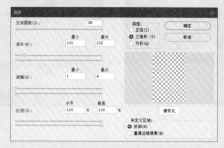

图12-82

20 单击"确定"按钮后,矩形变成折线状,如图12-83所示。

图12-83

21 选择工具箱中的"矩形工具" ▭,绘制其他颜色的线条,如图12-84所示。

图12-84

22 利用"矩形工具" ▭,结合"多边形工具" ⬡,制作矩形和三角形,并设置填充颜色为无,描边大小分别为5点和10.18点,绘制其他颜色的描边三角形和矩形,如图12-85所示。

23 选择工具箱中的"文字工具" **T**,输入文字,在工具选项栏中设置字体为"造字工房劲黑",设置文字大小为127.78点,选择文字并填充粉色(#fa50cc),如图12-86所示。

图12-85　　　　　　　图12-86

24 单击"图层"面板中的"添加图层样式"按钮 *fx.*,在弹出的菜单中选择"渐变叠加"选项,在弹出的对话框中单击渐变条,设置渐变的起点颜色为粉色(#f000ff),终点颜色为蓝色(#00a8ff),设置样式为"线性",混合模式为"正常","角度"为0度,如图12-87所示。

25 单击"确定"按钮后的效果如图12-88所示。

图12-87　　　　　　　图12-88

26 选择工具箱中的"矩形工具" ▭,绘制矩形并制作相同渐变的图层样式,并用"文字工具" **T**,输入其他文字并填充白色,如图12-89所示。

27 选择"光"素材,并按快捷键Ctrl+J复制3个相同的图层,调整大小和方向后,按Enter键确认,完成图像制作,如图12-90所示。

图12-89　　　　　　　图12-90

扫描观看

12.6 电影海报——回到未来

本节主要利用“椭圆工具”“渐变工具”和“曲线”功能，结合图层样式制作一款电影海报。

01 执行“文件”|“新建”命令，新建一个宽为2000像素、高为3000像素、分辨率为300像素/英寸的RGB文档。

02 选择“地面”素材并拖入文档中，按Enter键确认，如图12-91所示。

03 选择“时钟”素材并拖入文档中，移至文档顶部，按Enter键确认，如图12-92所示。

图12-91

图12-92

04 选择工具箱中的“椭圆工具”◯，在工具选项栏中选择“形状”选项，按住Shift键，绘制一个白色圆形，如图12-93所示。

05 在“属性”面板中，将椭圆的“羽化”值设置为46像素，如图12-94所示。

图12-93

图12-94

06 羽化后的效果如图12-95所示。

07 选择“攀登”素材并拖入文档中，按Enter键确认，如图12-96所示。

08 单击“图层”面板下方的“添加图层蒙版”按钮，为图层创建蒙版。将前景色设置为黑色，利用工具箱中的“魔棒选择工具”，将多余的部分选出并填充黑色，结合“画笔工具”将人物抠出。

图12-95

图12-96

09 按住Alt键在“攀登”图层和“圆形”图层之间单击，创建剪贴蒙版，如图12-97所示。

10 按快捷键Ctrl+J复制“攀登”图层，并在两个“攀登”图层之间单击，取消上面一个“攀登”图层的剪贴蒙版。选择工具箱中的“画笔工具”，将前景色设置为黑色，选择一个柔边画笔，在此图层的蒙版上涂抹，隐藏腿以外的部分，如图12-98所示。

图12-97

图12-98

11 单击“图层”面板下方的“添加图层蒙版”按钮，为时钟图层创建蒙版。将前景色设置为黑色，利用“画笔工具”在边缘处涂抹，使过渡更柔和，如图12-99所示。

12 单击“创建新图层”按钮，创建一个新的空白图层，选择工具箱中的“渐变工具”，设置渐变的起点颜色为深青色（#00232f），居中位置的颜色为青色（#4086a0），终点颜色为黄色（#ffffa7）的线性渐变，从下往上单击拖曳填充渐变色，如图12-100所示。

图12-99 　　　　　　　图12-100

13　将图层混合模式设为"柔光"，按快捷键 Ctrl+J 复制一个图层，使柔光效果增强，如图 12-101 所示。

14　选择"地面"图层，单击"创建新图层"按钮 ⊞，创建一个新的空白图层。选择工具箱中的"渐变工具" ▇，设置渐变起点颜色为黑色，终点颜色的"不透明度"为 0% 的线性渐变，从上往下单击拖曳填充渐变色，使地面颜色加深，如图 12-102 所示。

图12-101 　　　　　　　图12-102

15　单击"图层"面板下方的"创建新的填充或调整图层"按钮 ◑，，在弹出的菜单中选择"曲线"选项，并在"属性"面板中调整曲线的弧度，如图 12-103 所示。

16　调整后的效果如图 12-104 所示。

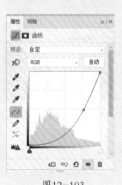

图12-103 　　　　　　　图12-104

17　选择"光晕"素材并拖入文档中，按 Enter 键确认，

将图层混合模式设置为"滤色"，如图 12-105 所示。

18　选择工具箱中的"文字工具"T，输入文字，在工具选项栏中分别设置字体为"造字工房版黑"和 Niagara Solid（OT1），设置文字为合适大小，并设置文字颜色分别为橘色（#f69e2b）和白色，如图 12-106 所示。

图12-105 　　　　　　　图12-106

19　选择"英文"图层，按快捷键 Ctrl+J 复制该图层。按快捷键 Ctrl+T 调出自由变换框，右击并在弹出的快捷菜单中选择"垂直翻转"选项，按 Enter 键确认，如图 12-107 所示。

20　单击"图层"面板下方的"添加图层蒙版"按钮 ▢，为翻转后的图层添加蒙版，选择工具箱中的"渐变工具" ▇，设置渐变起点颜色为黑色，终点颜色"不透明度"为 0% 的线性渐变，从上往下单击拖曳填充渐变色，制作英文的倒影，如图 12-108 所示。

图12-107 　　　　　　　图12-108

21　单击"图层"面板下方的"添加图层样式"按钮 fx，，在弹出的菜单中选择"光泽"选项，设置混合模式为"颜色减淡"，叠加颜色为"白色"，"不透明度"为 43%，"角度"为 19 度，"距离"为 15 像素，"大小"为 11 像素，如图 12-109 所示。

22　选中"渐变叠加"复选框，在弹出的对话框中单击渐变条，设置渐变起点颜色为橘色（#ca8e25），终点的颜色为白色，设置样式为"线性"，混合模式为"正片叠底"，"角度"为 90 度，"缩放"为 73%，如图 12-110 所示。

图12-109

图12-110

23　选中"投影"复选框，设置投影的"不透明度"为83%，"颜色"为黑色，"角度"为 -31 度，"距离"为 9 像素，"扩展"为16%，"大小"为 45 像素，如图 12-111 所示。

24　单击"确定"按钮后，完成图像制作，如图 12-112 所示。

图12-111

图12-112

12.7　音乐海报——音乐由你来

扫描观看

本节主要利用"彩色半调"滤镜和"强光"图层混合模式，结合"渐变工具"填充图层蒙版来制作一款音乐海报。

01　启动 Photoshop 2022，执行"文件"｜"打开"命令，打开"背景"素材，如图 12-113 所示。

图12-113

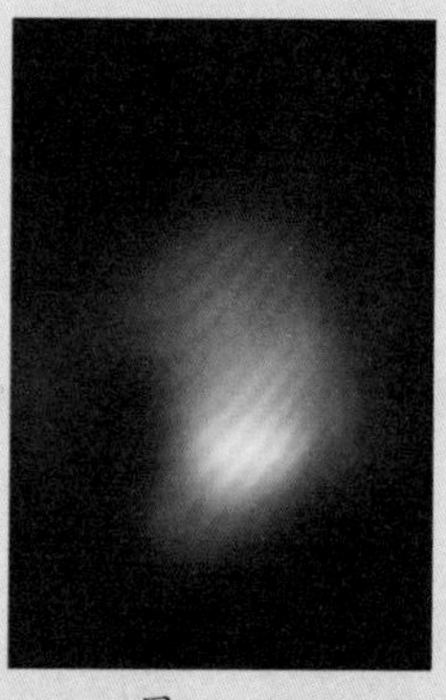

02　按快捷键 Ctrl+J 复制"背景"图层，右击并在弹出的快捷菜单中选择"转换为智能对象"选项。

03　执行"滤镜"｜"像素化"｜"彩色半调"命令，在弹出的对话框中，设置"最大半径"值为 20 像素，通道 1~4 均为 45，如图 12-114 所示。

图12-114

04　单击"确定"按钮后的效果如图 12-115 所示。

05　选择"摇滚"素材并拖入文档中，按 Enter 键确认。单击"图层"面板下方的"添加图层蒙版"按钮，给该图层创建蒙版。选择"渐变工具"，设置渐变起点颜色为黑色，居中位置的颜色为青色（#4086a0），终点颜色"不透明度"为 0% 的线性渐变，从下往上单击拖曳填充渐变色，使"摇滚"图层与"背景"图层过渡自然。

06　将"摇滚"图层的图层混合模式更改为"强光"，并按快捷键 Ctrl+J 复制图层，如图 12-116 所示。

图12-115

图12-116

07　选择工具箱中的"文字工具"，输入文字，在工具选项栏中设置字体为"★时尚中黑"，文字大小为 102.3 点，选择文字并填充白色，如图 12-117 所示。

08　选择"文字"图层，右击并在弹出的快捷菜单中选择"转换为形状"选项。

09　选择工具箱中的"钢笔工具" ✐，在工具选项栏中选择"形状"选项，绘制颜色为白色的形状，如图 12-118 所示。

图12-117

图12-118

10　选择"文字形状"图层和绘制的形状图层，右击并在弹出的快捷菜单中选择"合并形状"选项，如图 12-119 所示。

11　单击"图层"面板的"添加图层样式"按钮 **fx.**，在弹出的菜单中选择"描边"选项，设置描边大小为 3 像素，颜色为青色（#00ffff），如图 12-120 所示。

图12-119

图12-120

12　单击"确定"按钮后的效果如图 12-121 所示。

13　按住 Ctrl 键，单击合并的形状图层缩略图，将形状载入选区。单击"图层"面板下方的"创建新图层"按钮 ⊞，创建新图层。执行"选择"|"修改"|"边界"命令，将前景色设置为青色（#21e4e4），按快捷键 Alt+Del 填充，按快捷键 Ctrl+D 取消选区，并用键盘上的↑、↓、←、→键对描边填充的图层进行轻微移动，如图 12-122 所示。

14　选择描边填充图层，右击并在弹出的快捷菜单中选择"转换为智能对象"选项。

15　执行"滤镜"|"模糊"|"动感模糊"命令，在弹出的对话框中设置"角度"为 0 度，"距离"为 230 像素，如图 12-123 所示。

图12-121

图12-122

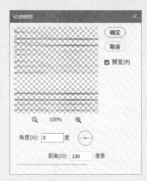

图12-123

16　单击"确定"按钮后的效果如图 12-124 所示。

17　采用同样的方法，制作颜色为粉色（#fd10ff）的动感模糊效果，并进行轻微移动，如图 12-125 所示。

图12-124

图12-125

18　按快捷键 Ctrl+J 分别复制两个动感模糊的图层并进行轻微移动，将图层上的滤镜效果图标 ◎ 拖至"删除"按钮 🗑 上将其删除，删除后的效果如图 12-126 所示。

19　选择工具箱中的"文字工具" **T**，输入文字，在工具选项栏中设置字体为 Interstate，文字大小为 115.8 点，选择文字并填充粉色（#fd02ff）。单击"图层"面板下方的"添加图层蒙版"按钮 ▣，将前景色设置为黑色，利用"画笔工具" 🖌，将人物的头完整涂

第12章 广告与海报设计

235

出来，如图 12-127 所示。

改为白色和青色（#05e3e0），并进行轻微移动，完成图像制作，如图 12-128 所示。

图12-126

图12-127

图12-128

20 按快捷键 Ctrl+J 复制两个文字图层，将颜色分别更

12.8 金融宣传海报——圆梦金融

扫描观看

本节主要利用剪贴蒙版和"镜头光晕"滤镜制作一款金融宣传海报。

01 启动 Photoshop 2022 软件，执行"文件"|"打开"命令，打开"背景"素材，如图 12-129 所示。

02 打开"钱"和"建筑"素材并拖入文档中，按 Enter 键确认，如图 12-130 所示。

图12-131

图12-132

图12-129

图12-130

06 按住 Ctrl 键，单击"圆形"图层缩略图，将形状载入选区。单击"图层"面板下方的"创建新图层"按钮 ⊞，创建新图层。执行"选择"|"修改"|"边界"命令，在"边界选区"对话框中设置"宽度"为 20 像素，如图 12-134 所示。

03 选择工具箱中的"文字工具" **T**，输入文字并填充白色，在工具选项栏中设置字体为"方正吕建德字体"，单击"切换文本取向"按钮 ，将文本切换为竖直方向。在"字符"面板中设置每个字的大小，并设置不同的基线偏移 A數值，如图 12-131 所示。

04 打开"金粉"素材并拖入文档中，按住 Alt 键在"文字"图层和"金粉"图层之间单击，创建剪贴蒙版，如图 12-132 所示。

05 选择工具箱中的"椭圆工具" ◯，在工具选项栏中选择"形状"选项，绘制一个棕色（#a2502d）的椭圆，如图 12-133 所示。

图12-133

图12-134

07 将前景色设置为白色，按快捷键 Alt+Del 填充。

08 选择"椭圆"图层，将图层"填充"设置为 0%，将图层隐藏。

09 单击"图层"面板下方的"添加图层样式"按钮 fx.，在弹出的菜单中选择"外发光"选项，在弹出的对话框中设置混合模式为"滤色"，"不透明度"为75%，外发光颜色为橘色（#ffa800），图素的方法为"柔和"，"扩展"为 5%，"大小"为 10 像素，如图 12-135 所示。

10 单击"确定"按钮，并将图层置于"建筑"图层的下方，效果如图 12-136 所示。

图12-135

图12-136

11 单击"创建新图层"按钮 ⊞，创建一个新的空白图层，将前景色设置为黑色，按快捷键 Alt+Del 填充。执行"滤镜"|"渲染"|"镜头光晕"命令，弹出"镜头光晕"对话框，设置"亮度"为175，镜头类型为"50-300 毫米变焦"，按住鼠标左键调整光晕的位置，如图 12-137 所示。

图12-137

12 单击"确定"按钮，并将图层混合模式设置为"滤色"，效果如图 12-138 所示。

13 按快捷键 Ctrl+J 复制光晕图层，单击"图层"面板下方的"创建新的填充或调整图层"按钮 ◐.，在弹出的菜单中选择"色彩平衡"选项，在"属性"面

板中选择"中间调"选项，设置"黄色—蓝色"为-100，如图 12-139 所示。

图12-138

图12-139

Tips: 复制"滤色"混合模式的光晕图层能使光晕效果更明显。

14 选择"高光"选项，设置"青色—红色"为 +88，"黄色—蓝色"为 -100，如图 12-140 所示。

图12-140

15 按住 Alt 键在"色彩平衡"与"镜头光晕"图层之间单击，创建剪贴蒙版，效果如图 12-141 所示。

16 选择"点光"素材并插入文档中。按快捷键 Ctrl+J复制两个图层。按快捷键 Ctrl+T 对图层进行变形和拖移，完成图像制作，如图 12-142 所示。

图12-141

图12-142

第13章
装帧与包装设计

本章讲解装帧和包装的效果图制作方法，涉及书籍、杂志、折页、手提袋、罐类包装、纸盒包装和食品包装等种类。一款好的装帧或包装设计会让人对商品记忆深刻。

13.1 画册设计——旅游画册

扫描观看

本节主要利用剪贴蒙版和描边的图层样式制作一款旅游画册。

01 启动 Photoshop 2022，将背景色设置为淡蓝色（#ecf3f7），执行"文件"|"新建"命令，新建一个宽为 3000 像素、高为 2000 像素、分辨率为 300 像素 / 英寸，背景内容为背景色的 RGB 文档，如图 13-1 所示。

> **Tips：** 为了避免色差，印刷文档一般选择 CMYK 模式。本章偏重效果图的展示，故使用 RGB 模式。

02 将"墨迹"素材拖至文档中，调整大小后按 Enter 键确认，如图 13-2 所示。

图13-1　　　　　　　　　　图13-2

03 将"风景"素材拖至文档中，调整大小后按 Enter 键确认。按住 Alt 键，在"墨迹"图层与"风景"图层之间单击，创建剪贴蒙版，如图 13-3 所示。

04 选择工具箱中的"矩形工具"，在工具选项栏中选择"形状"选项，绘制一个蓝色（#1e548c）的矩形。选择工具箱中的"矩形选框工具"，单击并按住鼠标左键拖动，创建矩形选区。选择工具箱中的"渐变工具"，设置渐变起点颜色为黑色，终点颜色的"不透明度"为 0% 的线性渐变，从右往左单击拖曳填充渐变色，并将图层的"不透明度"更改为 30%，制作阴影效果，如图 13-4 所示。

05 将"太阳"和"人物"素材拖至文档中，调整大小后按 Enter 键确认，如图 13-5 所示。

图13-3　　　　　　　　　　图13-4

图13-5

06 选择工具箱中的"文字工具" **T**，在工具选项栏中设置字体为"汉仪六字黑简"，文字大小为 169.13 点，文字颜色为白色，在画面中单击，输入文字"我"，采用同样的方法输入其他文字，如图 13-6 所示。

图13-6

> **Tips：** 分别输入文字方便调整字与字之间的距离。

07 分别选择"的"图层和"太阳"图层，单击"图层"面板下方的"添加图层样式"按钮 *fx.*，在弹出的菜单中选择"描边"选项，设置描边"大小"为38像素，颜色为蓝色（#1e548c），如图13-7所示。

图13-7

08 单击"确定"按钮后完成图像制作，如图13-8所示。

图13-8

扫描观看

13.2 杂志封面——汽车观察

本节主要利用"自然饱和度"调整图层和"矩形工具"制作一个杂志封面。

01 启动 Photoshop 2022，执行"文件"|"打开"命令，打开"背景"素材，如图13-9所示。

图13-9

02 单击"图层"面板下方的"创建新的填充或调整图层"按钮 ◑.，在弹出的菜单中选择"自然饱和度"选项，设置"自然饱和度"为 -56，"饱和度"为 -47，如图13-10所示。

03 设置后的效果，如图13-11所示。

图13-10   图13-11

04 选择工具箱中的"文字工具" **T**，输入文字，在工具选项栏中设置字体为"造字工房力黑"设置文字为合适大小，选择文字并填充白色，如图13-12所示。

05 单击"图层"面板下方的"添加图层样式"按钮 *fx.*，在弹出的菜单中选择"投影"选项，在弹出的对话框中设置投影的"不透明度"为75%，"颜色"为

黑色，"角度"为120度，"距离"为4像素，"扩展"为0%，"大小"为2像素，如图13-13所示。

图13-12

图13-13

06 单击"确定"按钮后的效果如图13-14所示。

图13-14

07 选择工具箱中的"矩形工具"□，绘制多个矩形，颜色分别为白色、黑色和红棕色（#80635f），并设置颜色为红棕色矩形的描边颜色为白色，描边大小为 1.5 点，如图 13-15 所示。

图13-15

08 选择"汽车1""汽车2""汽车3"和"风景"素材并插入文档中，通过调整图层顺序，按住 Alt 键分别在"汽车"图层与"矩形"图层之间单击，创建剪贴蒙版，如图 13-16 所示。

图13-16

> **Tips:** 剪贴蒙版的基底图层与剪贴图层需要相邻，

且剪贴图层位于基底图层的上方。

09 选择"汽车4""汽车5""汽车6""汽车7"和"条形码"素材并拖入文档中，调整大小和位置后，多次按 Enter 键确认，如图 13-17 所示。

图13-17

10 选择工具箱中的"文字工具"**T**，输入文字，在工具选项栏中分别设置字体为"方正大黑简体"和 DFPHeiW5-GB，设置文字为合适大小，设置文字颜色并分别为棕色（#a56e2f）和白色，完成图像制作，如图 13-18 所示。

图13-18

13.3　百货招租四折页——星河百货

扫描观看

本节主要利用"矩形工具"和剪贴蒙版制作一个四折广告页。

01 启动 Photoshop 2022，将背景色设置为白色，执行"文件"|"新建"命令，新建一个宽为 3000 像素、高为 2000 像素、分辨率为 300 像素/英寸、背景内容为背景色的 RGB 文档。

02 选择工具箱中的"矩形工具"□，绘制颜色分别为棕色（#8a5435）、黄色（#fbc400）和淡粉色（#e9cbb0）的矩形，如图 13-19 所示。

> **Tips:** 执行"视图"|"新建参考线"命令，可以新建精确位置的参考线。通过文档宽度像素等分，从而绘制相同宽度的矩形。

03 采用相同方法绘制 3 个颜色为淡粉色（#e9cbb0）的矩形，在"图层"面板中选中这 3 个形状图层，

右击并在弹出的快捷菜单中选择"合并形状"选项，如图 13-20 所示。

图13-19

> **Tips:** 剪贴蒙版的基底图层只能是一个，因为需要合并形状为一个图层。

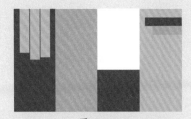

图13-20

04 选择"购物袋""商场"和"合作"素材并拖入文档中，调整大小后按 Enter 键确认。通过更改图层顺序，分别为 3 个素材创建剪贴蒙版，如图 13-21 所示。

图13-21

05 选择工具箱中的"矩形工具"□，按住 Shift 键，绘制多个颜色的正方形，设置其中一个小矩形的填充颜色为无，描边为白色，描边大小为 0.5 点的圆角矩形，如图 13-22 所示。

图13-22

06 选择工具箱中的"直线工具"╱，绘制白色的直线，如图 13-23 所示。

图13-23

07 选择工具箱中的"文字工具"**T**，在工具选项栏中分别设置合适的字体、字号和颜色，输入文字，如图 13-24 所示。

图13-24

08 选择"图标"素材，置入到文档中，按 Enter 键确认，并将图层的"不透明度"设置为 80%，如图 13-25 所示。

图13-25

09 选择工具箱中的"矩形选框工具"［］，单击并按住鼠标左键拖动，创建矩形选区。选择工具箱中的"渐变工具"■，设置渐变起点颜色为黑色，终点颜色"不透明度"为 0% 的线性渐变，从右往左单击拖曳填充渐变色，并将图层的"不透明度"更改为 30%，制作折页阴影，并对每个折页的内容进行区分，方便后期修改。到此，图像制作完成，如图 13-26 所示。

图13-26

13.4 房产手提袋—蓝色风情

扫描观看

本节主要利用无缝图案来进行图案叠加，制作一张房产企业手提袋的效果图。

01　启动 Photoshop 2022，执行"文件"|"新建"命令，新建一个宽为 300 像素、高为 300 像素、分辨率为 300 像素／英寸的 RGB 文档。

02　按快捷键 Ctrl+R 显示标尺，在文档垂直和水平的中心处创建参考线。选择"矩形工具"□，按住 Shift 键，绘制颜色为白色的正方形，并旋转 45°。

03　按快捷键 Ctrl+T 对正方形进行缩放，使顶点与文档的边缘对齐。双击"背景"图层，将"背景"图层转换为普通图层后删除，如图 13-27 所示。

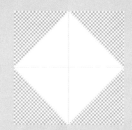

图13-27

04　单击"图层"面板下方的"添加图层样式"按钮 fx，在弹出的菜单中选择"渐变叠加"选项，在弹出的对话框中单击渐变条，设置渐变的起点颜色为灰蓝色（#2f4b6a），终点颜色为蓝色（#285897），设置样式为"线性"，混合模式为"正常"，"角度"为 0 度，如图 13-28 所示。

图13-28

05　单击"确定"按钮后的效果如图 13-29 所示。

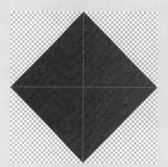

图13-29

06　选择"矩形"图层，按住 Alt 键和鼠标左键进行拖动，使边缘相接，并采用同样的方法，制作其他 3 个正方形，如图 13-30 所示。

图13-30

07　执行"编辑"|"定义图案"命令，将绘制的图形定义为图案。

08　执行"文件"|"新建"命令，新建一个宽为 2000 像素、高为 3000 像素、分辨率为 300 像素／英寸的 RGB 文档。

09　单击"图层"面板下方的"添加图层样式"按钮 fx，在弹出的菜单中选择"图案叠加"选项，在弹出的对话框中选择刚定义的图案，将"缩放"设置为 131%，如图 13-31 所示。

10　单击"确定"按钮后的效果如图 13-32 所示。

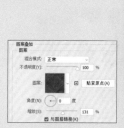 

图13-31　　　　　　　图13-32

11　单击"创建新图层"按钮 □，创建一个新的空白图层，将前景色设置为蓝色（#002e73），按快捷键 Alt+Del 填充颜色，并设置图层的"不透明度"为 80%。单击"图层"面板下方的"添加图层样式"按钮 fx，在弹出的菜单中选择"渐变叠加"选项，在弹出的对话框中单击渐变条，设置渐变起点位置的"不透明度"为 0%，终点颜色为黑色，设置样式为"径向"，混合模式为"正常"，"不透明度"为 100%，"角度"为 0 度，如图 13-33 所示。

图13-33

12　单击"确定"按钮后的效果如图 13-34 所示。

图13-35　　　　　　图13-36

图13-34

图13-37

13　选择 Logo 素材并拖入文档中，按 Enter 键确认，如图 13-35 所示。

14　选择工具箱中的"文字工具"**T**，输入文字，在工具选项栏中设置字体为"方正明尚简体"，设置文字为合适大小，选择文字并填充土黄色（#cca76f），如图 13-36 所示。

15　执行"文件"|"存储为"命令，将文档存为 JPEG 格式。

16　打开"手提袋 .psd"素材，如图 13-37 所示。

17　在"手提袋 .psd"的"图层"面板中，双击"左侧替换"图层缩略图，将刚存储的图像拖入文档中，按 Enter 键确认。同样，为"右侧替换"执行相同的操作，完成图像制作，如图 13-38 所示。

图13-38

13.5　茶叶包装——茉莉花茶

扫描观看

本节主要利用"矩形工具"和"文字工具"制作一张茶叶包装的效果图。

01　启动 Photoshop 2022，执行"文件"|"打开"命令，打开"背景"素材，如图 13-39 所示。

图13-39

02　选择"矩形工具" □，分别绘制颜色为绿色（#6a7f16）和淡绿色（#bac59b）的矩形，如图 13-40 所示。

图13-40

243

03 选择工具箱中的"文字工具"**T**，输入文字，在工具选项栏中设置合适的字体、大小和颜色，如图13-41所示。

图13-41

04 选择工具箱中的"椭圆工具"◯，按住Shift键，绘制一个颜色为深绿色（#48592c）的圆形，并置于"文字"图层下方，如图13-42所示。

图13-42

05 选择"花"和"茶"素材并拖入文档中，调整位置后按Enter键确认，如图13-43所示，存储文件。

图13-43

06 打开"茶叶包装.psd"素材，如图13-44所示。

07 双击"替换"图层缩略图，将刚存储的图像拖入文档中，显示在主画面为右侧，存储后效果如图13-45所示。

图13-44

图13-45

08 选择"茶叶包装"素材所有图层，拖入"创建新图层"按钮🖽上复制，再拖至"创建新组"按钮▢上。单击"图层"面板下方的"添加图层蒙版"按钮▢，为该组创建蒙版，利用"画笔工具"✒在蒙版上涂抹，将之前的茶罐显示出来。选择之前的替换图层，在"图层"面板上单击"锁定"按钮🔒锁定替换图层。

09 找到新复制的组中的替换图层，双击该图层缩略图，编辑新的文档，选择"移动工具"✛，将制作的图案向右移动。按快捷键Ctrl+S保存文件，效果如图13-46所示。

图13-46

13.6 月饼纸盒包装——浓浓中秋情

扫描观看

本节主要利用"形状工具"制作一款月饼的包装盒。

01 启动Photoshop 2022，将背景色设置为蓝色（#496dcc），执行"文件"|"新建"命令，新建一个宽为3000像素、高为2000像素、分辨率为300像素/英寸，背景内容为背景色的RGB文档，如图13-47所示。

图13-47

02 选择"纹理"素材并拖入文档中,按 Enter 键确认,如图 13-48 所示。

图13-48

03 选择工具箱中的"钢笔工具" ✎,在工具选项栏中选择"形状"选项,将填充颜色分别设置为深绿色(#11103a)和蓝色(#11225a),绘制如图13-49 所示的形状。

图13-49

04 选择工具箱中的"椭圆工具" ◯,按住 Shift 键,绘制一大一小的黄色(#f9d121)圆形,如图 13-50 所示。

图13-50

05 按快捷键 Ctrl+R 显示标尺,在大圆的圆心处创建垂直和水平的参考线。

06 选择工具箱中的"直接选择工具" ▶,框选其中一个锚点,选中的锚点变为实心点,未被选择的点为空心点,结合键盘上的↑、↓、←、→键对锚点进行轻微移动,并按快捷键 Ctrl+T 调整小圆的形状,如图 13-51 所示。

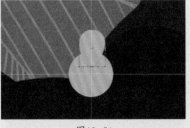

图13-51

07 按住 Alt 键,将小圆的中心点移至大圆的中心点处,在工具选项栏中,设置"角度"为 60,按两次 Enter 键确认旋转。

08 按快捷键 Ctrl+Alt+Shift+T 重复上一步操作,一共重复 5 次,如图 13-52 所示,花制作完成。

图13-52

09 将花的所有图层拖至"创建新组"按钮 ▢ 上进行编组,将组拖至"创建新图层"按钮 ⊞ 上复制,按快捷键 Ctrl+T 对花的大小进行调整,制作其他花,再按快捷键 Ctrl+H 隐藏参考线,如图 13-53 所示。

图13-53

10 选择工具箱中的"椭圆工具" ◯,按住 Shift 键,绘制填充颜色为青色(#29a8df),描边颜色为浅青色(#b0e0f7),描边大小为 1.5 点的正圆形,如图 13-54 所示。

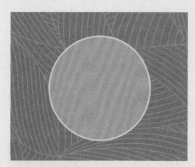

图13-54

11　按快捷键 Ctrl+J 复制该圆，按快捷键 Ctrl+T 对复制的圆形进行缩放。重复多次该操作后，效果如图 13-55 所示。

图13-55

12　将圆的所有图层拖至"创建新组"按钮 □ 上进行编组，按快捷键 Ctrl+T 对组进行变形，如图 13-56 所示。

图13-56

13　将组拖至"创建新图层"按钮 ⊞ 上进行复制，按快捷键 Ctrl+T 对圆形组的大小进行调整，制作多个圆形组，如图 13-57 所示。

图13-57

14　选择工具箱中的"钢笔工具" ⤵，绘制颜色为蓝色（#28438a）的形状为树叶，如图 13-58 所示。

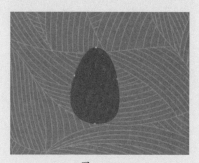

图13-58

15　再绘制颜色为暗黄色（#c8a263）的形状为树干，如图 13-59 所示。

图13-59

16　将树叶和树干编组，复制多棵树，将部分树木的树叶颜色更改为浅一些的蓝色（#1a2754），如图 13-60 所示。

图13-60

17　选择"鹿""月亮"和"梅"素材并拖入文档中，按 Enter 键确定，如图 13-61 所示。

图13-61

18 选择工具箱中的"文字工具"T，输入文字，在工具选项栏中设置字体分别为"汉仪粗篆繁""造字工房俊雅"和"微软雅黑"，设置文字为合适大小，选择文字并填充白色和黄色（#ffca3e），如图13-62所示。

图13-62

19 打开"月饼纸盒.psd"素材，如图13-63所示。

图13-63

20 执行"文件"|"存储为"命令，将文档存为JPEG格式文件。

21 在"月饼纸盒.psd"的"图层"面板中，双击"主替换"图层缩略图，将刚存储的图像拖入文档中，按Enter键确认。同样，将"侧替换"替换为"背景"图层和"花纹"图层导出的图案，完成图像制作，如图13-64所示。

图13-64

13.7 食品包装——鲜奶香蕉片

本节主要利用"色彩平衡"和"椭圆工具"制作食品包装袋。

01 启动Photoshop 2022，将背景色设置为黄色（#eabb03），执行"文件"|"新建"命令，新建一个宽为3000像素、高为2000像素、分辨率为300像素/英寸，背景内容为背景色的RGB文档，如图13-65所示。

图13-65

02 选择"牛奶香蕉片"素材并拖入文档中，按Enter键确认，如图13-66所示。

图13-66

03 单击"图层"面板下方的"创建新的填充或调整图层"按钮◐，在弹出的菜单中选择"色彩平衡"选项，在"属性"面板中选择"中间调"选项，设置"黄色—蓝色"为-100，如图13-67所示。

04 设置色彩平衡后的效果，如图13-68所示。

05 选择工具箱中的"椭圆工具"○，绘制填充颜色为绿色（#23923f），描边颜色为白色，描边大小为

扫描观看

10 点的椭圆形，如图 13-69 所示。

图13-67

图13-68

图13-69

06 用"椭圆工具"〇绘制 4 个颜色分别为绿色（#2c9747）、淡绿色（#6fba2c）和黄色（#f2d340）的椭圆形，如图 13-70 所示。

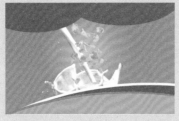

图13-70

07 选择"叶子""香蕉""香蕉片"和"商标"素材，拖入文档中，按 Enter 键确认，如图 13-71 所示。

08 选择工具箱中的"文字工具" T，输入文字，在工具选项栏中设置字体为"汉仪秀英体简"，设置文

字大小为 56.78 点，选择文字并填充黑色，如图 13-72 所示。

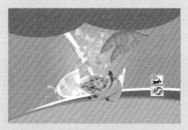

图13-71

图13-72

09 选中"文字"图层并单击"图层"面板下方的"添加图层样式"按钮 fx，在弹出的菜单中选择"描边"选项，设置描边"大小"为 20 像素，颜色为灰色（#dbdcdc），如图 13-73 所示。

图13-73

10 单击"确定"按钮后的效果如图 13-74 所示。

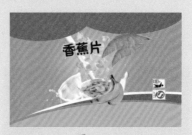

图13-74

11 采用同样的方法，制作"鲜奶香蕉版"文字，字体颜色为绿色（#266800），文字大小为 40.34 点，描边颜色为白色，描边大小为 5 像素。按快捷键 Ctrl+T，对文字进行斜切处理，如图 13-75 所示。

12 选择工具箱中的"矩形工具" □，绘制填充颜色为绿色（#00873c），圆角半径为 300 像素的圆角矩

形，如图13-76所示。

图13-75

图13-76

13　按快捷键 Ctrl+J 复制 6 个圆角矩形，选择工具箱中的"移动工具"，将顶部一个圆角矩形向右移动。将所有矩形图层选中，在工具选项栏中，单击"水平居中分布"图标，如图 13-77 所示。

图13-77

14　选择工具箱中的"文字工具"，输入文字，在工具选项栏中分别设置字体为"方正兰亭黑简体"和"方正剪纸简体"，设置文字为合适大小，选择文字并填充白色，如图 13-78 所示。

图13-78

15　单击"创建新图层"按钮，创建一个新的空白图层，选择工具箱中的"渐变工具"，设置渐变的起点颜色为黄色（#f4d95c），终点颜色为白色，单击按下"径向渐变"按钮，从画面中心向外单击拖曳填充渐变色。选择"钢笔工具"，在工具选项栏中选择"路径"选项，绘制包装袋的形状，按组合键 Ctrl+Enter 将路径转换为选区，反选选区并按Del 键删除选区内容，如图 13-79 所示。

图13-79

16　单击"创建新图层"按钮，创建一个新的空白图层，置于渐变图层的下方，选择工具箱中的"画笔工具"，将前景色设置为黑色，"不透明度"设置为 5%，选择一个柔边画笔，在此图层的蒙版上涂抹，制作包装袋的阴影。

17　选择工具箱中的"矩形选框工具"，绘制多个矩形选区并填充前景色，将图层的"不透明度"更改为30%，图像制作完成，如图 13-80 所示。

图13-80

第14章
UI与网页设计

本章主要讲解网站首页的设计与制作方法，从网页的 UI 按钮入手，到网页的界面制作，再到网页的 Banner 制作，最后到一个完整的网站首页效果图的设计制作，由小到大，步骤分解，让大家了解一个网站的首页是如何设计制作完成的。

14.1 水晶按钮——我的电脑

扫描观看

本节主要运用渐变叠加和"椭圆工具"制作一个水晶按钮。

01 启动 Photoshop 2022，将背景色设置为白色，执行"文件"|"新建"命令，新建一个宽为 3000 像素、高为 2000 像素、分辨率为 96 像素 / 英寸，背景内容为背景色的 RGB 文档。

02 选择工具箱中的"渐变工具" ，设置渐变的起点颜色为青色（#6c91c6），终点颜色为浅青色（#e0e8f4）的径向渐变，从画面中心向外水平单击拖曳填充渐变色，如图 14-1 所示。

> **Tips**：在"颜色"面板中，若选取颜色时出现"警告"图标 ，则可以单击该图标，将颜色替换为与该颜色最接近的 Web 安全色，以避免该颜色在不同的平台或浏览器中出现过大的颜色差异。

03 选择工具箱中的"椭圆工具" ，在工具选项栏中选择"形状"选项，绘制一个蓝色（#092f6a）的正圆形，如图 14-2 所示。

图14-1　　　　　　　　　图14-2

04 单击"图层"面板下方的"添加图层样式"按钮 *fx.*，在弹出的菜单中选择"描边"选项，在弹出的对话框中设置描边"大小"为 14 像素，"填充类型"为渐变，渐变的起点颜色为浅青色（#adc9df），终点颜色为白色，样式为"线性"，"角度"为 0 度，如图 14-3 所示。

05 选中"渐变叠加"复选框，单击渐变条，设置渐变起点颜色为青色（#7f9ad6），终点颜色为浅青色（#adcadf），设置样式为"线性"，混合模式为"正

常"，"角度"为 90 度，如图 14-4 所示。

图14-3　　　　　　　　　图14-4

06 选中"投影"复选框，设置投影的"不透明度"为 39%，"颜色"为黑色，"角度"为 120 度，"距离"为 97 像素，"扩展"为 24%，"大小"为 103 像素，如图 14-5 所示。

图14-5

07 单击"确定"按钮后的效果如图 14-6 所示。

图14-6

08 按快捷键 Ctrl+J 复制该圆形，按快捷键 Ctrl+T 调出

自由变换框，按住 Alt+Shift 键将复制的圆形缩小。在"图层"面板中将新建图层的"不透明度"设置为 60%，将图层上的"图层样式"图标 *fx* 拖至"删除"按钮 🗑 上删除，效果如图 14-7 所示。

图14-7

Tips: 复制圆形后，按住 Alt+Shift 键进行缩放，可以保持圆心一致。

09 单击"图层"面板下方的"添加图层样式"按钮 *fx.*，在弹出的菜单中选择"渐变叠加"选项，在弹出的对话框中单击渐变条，设置在 22% 位置的颜色为浅青色（#e2eaf9），在 58% 位置的颜色为淡青色（#c0d3ef），在 90% 的位置颜色为青色（#5c84c0），终点颜色为深青色（#1e5299），设置样式为"径向"，混合模式为"正常"，"角度"为 90 度，如图 14-8 所示。

图14-8

10 单击"确定"按钮后的效果如图 14-9 所示。

图14-9

11 采用同样的方法，用"椭圆工具" ◯ 绘制一个同心圆并填充渐变，设置渐变的起点颜色为浅灰色（#fefefe），终点颜色为青色（#7295cb），设置样式为"线性"，混合模式为"正常"，"角度"为 90 度，如图 14-10 所示。

图14-10

12 在"属性"面板中，设置圆形的"羽化"为 60.0 像素，如图 14-11 所示。

图14-11

13 设置羽化后的效果，如图 14-12 所示。

14 选择工具箱中的"矩形工具" ▢，绘制填充颜色为无，描边颜色为蓝色（#003567），描边大小为 30 点，圆角半径为 30 像素的圆角矩形，如图 14-13 所示。

图14-12　　　　　　　图14-13

15 用"矩形工具" ▢ 继续绘制填充颜色为蓝色（#003567），描边颜色为无的圆角矩形，如图 14-14 所示。

图14-14

16 选择工具箱中的"椭圆工具" ◯，按住 Shift 键，

第14章　UI与网页设计

绘制一个白色小圆形，如图 14-15 所示。

图14-15

17　选择工具箱中的"钢笔工具" ∅ 绘制形状并填充渐变，设置渐变的起点颜色为白色，终点颜色为浅青色（#a7c3e8），设置样式为"线性"，混合模式为"正常"，"角度"为90度，如图 14-16 所示。

图14-16

18　在"属性"面板中，设置"羽化"为 5.0 像素，如图 14-17 所示。

图14-17

19　设置羽化后的效果，如图 14-18 所示，完成图像制作。

图14-18

14.2　网页按钮——音乐播放界面

扫描观看

本节主要利用"形状工具""高斯模糊"滤镜、"外发光"图层样式、"渐变叠加"图层样式和"画笔工具"制作一个音乐播放界面。

01　启动 Photoshop 2022，将背景色设置为白色，执行"文件"|"新建"命令，新建一个宽为 3000 像素、高为 2000 像素、分辨率为 300 像素 / 英寸，背景内容为背景色的 RGB 文档。

02　选择"背景"素材并拖入文档中，按 Enter 键确认，如图 14-19 所示。

图14-19

03　执行"滤镜"|"模糊"|"高斯模糊"命令，在弹

出的对话框中设置"半径"为 129.1 像素，如图 14-20 所示。

图14-20

04　单击"确定"按钮后的效果如图 14-21 所示。

图14-21

05 选择工具箱中的"矩形工具"▭，绘制填充颜色为白色，圆角半径为 20 像素的圆角矩形，如图14-22 所示。

图14-22

06 单击"图层"面板下方的"添加图层样式"按钮 *fx.*，在弹出的菜单中选择"内阴影"选项，在弹出的对话框中设置混合模式为"正常"，"不透明度"为50%，颜色为浅黄色（#f1ebdf），"角度"为 120 度，"距离"为 1 像素，"阻塞"为 0%，"大小"为 1 像素，如图 14-23 所示。

07 选中"渐变叠加"复选框，单击渐变条，设置渐变起点颜色为灰色（#6e6e6e），终点颜色为浅灰色（#c3c3c3），设置样式为"线性"，混合模式为"正片叠底"，"角度"为 90 度，如图 14-24 所示。

图14-23　　　　图14-24

08 选中"投影"复选框，设置投影的"不透明度"为60%，"颜色"为黑色，"角度"为 120 度，"距离"为 7 像素，"扩展"为 0%，"大小"为 21 像素，如图 14-25 所示。

图14-25

09 单击"确定"按钮，并将图层混合模式设置为"正

片叠底"，图层的"不透明度"为 90%，设置后的效果如图 14-26 所示。

图14-26

10 选择工具箱中的"矩形工具"▭，绘制颜色为黑色的矩形，如图 14-27 所示。

图14-27

11 选择"歌手"素材并拖入文档中，按 Enter 键确认，按住 Alt 键在"歌手"图层与"矩形"图层之间单击，创建剪贴蒙版，如图 14-28 所示。

图14-28

12 选择工具箱中的"文字工具"**T**，输入文字，在工具选项栏中设置字体为 Helvetica，设置文字为合适大小，选择文字并填充灰色（#bbbbbb）和白色，如图 14-29 所示。

图14-29

13 选择工具箱中的"椭圆工具"◯，按住 Shift 键，绘制颜色为深灰色（#212126）的圆形，如图 14-30 所示。

图14-30

14 选择"圆形"图层并单击"图层"面板下方的"添加图层样式"按钮 *fx*，在弹出的菜单中选择"斜面和浮雕"选项，在弹出的对话框中设置样式为"内斜面"，"方法"为"平滑"，"深度"为 100%，"方向"为"上"，"大小"为 0 像素，"软化"为 0 像素。设置阴影的"角度"为 120 度，"高度"为 26 度，高光模式为"滤色"，"颜色"为白色，"不透明度"为 26%，阴影模式为"正片叠底"，颜色为深灰色（#010101），"不透明度"为 0%，如图 14-31 所示。

15 选中"描边"复选框，设置描边"大小"为 4 像素，颜色为深灰色（#010101），如图 14-32 所示。

图14-31

图14-32

16 单击"确定"按钮后的效果如图 14-33 所示。

图14-33

17 选择工具箱中的"矩形工具"▢，绘制填充颜色为深灰色（#010101），圆角半径为 300 像素的圆角矩形，并置于"圆形"图层的下方。按住 Alt 键，选择圆形的"图层样式"图标 *fx*，拖至"圆角矩形"图层上，

复制该图层样式，如图 14-34 所示。

图14-34

18 选择工具箱中的"自定义形状工具"✿，在工具选项栏中单击"形状"右侧的 按钮，在弹出的列表中选择"标志 3"形状▼。

19 在工具选项栏中选择"形状"选项，绘制颜色为白色的形状，并按快捷键 Ctrl+T 旋转该形状，如图 14-35 所示。

图14-35

20 单击"图层"面板下方的"添加图层样式"按钮 *fx*，在弹出的菜单中选择"渐变叠加"选项，在弹出的对话框中单击渐变条，设置渐变的起点颜色为浅青色（#68dfea），终点颜色为青色（#04a4b8），设置样式为"线性"，混合模式为"正常"，"角度"为 90 度，如图 14-36 所示。

21 选中"外发光"复选框，设置混合模式为"点光"，"不透明度"为 15%，外发光颜色为青色（#62d2e0），图素的方法为"柔和"，"扩展"为 21%，"大小"为 207 像素，如图 14-37 所示。

图14-36

图14-37

22 单击"确定"按钮后的效果如图 14-38 所示。

Photoshop平面设计从新手到高手（第2版）（微课视频版）

图14-38

23 选择工具箱中的"多边形工具"⬡，在工具选项栏中设置"边"为3，绘制4个小三角形，按快捷键Ctrl+T进行旋转。再利用"矩形工具"▭，绘制两个矩形，制作"上一曲"和"下一曲"的小图标，并按住Alt键，将所有的形状添加相同的"渐变叠加"图层样式，如图14-39所示。

图14-39

24 选择工具箱中的"矩形工具"▭，绘制填充颜色为深灰色（#212126），圆角半径为300像素的圆角矩形，如图14-40所示。

图14-40

25 单击"图层"面板下方的"添加图层样式"按钮 fx.，在弹出的菜单中选择"内阴影"选项，在弹出的对话框中设置混合模式为"正片叠底"，"不透明度"为75%，颜色为深灰色（#010101），"角度"为120度，"距离"为5像素，"阻塞"为0%，"大小"为5像素，如图14-41所示。

图14-41

26 选中"投影"复选框，设置投影的"不透明度"为75%，"颜色"为白色，"角度"为59度，"距离"为1像素，"扩展"为0%，"大小"为1像素，如图14-42所示。

图14-42

27 单击"确定"按钮后的效果如图14-43所示。

图14-43

28 选择工具箱中的"矩形工具"▭，绘制圆角半径为300像素的圆角矩形，按住Alt键，选择"播放图标"图层上的"图层样式"按钮 fx，并拖至圆角矩形上，单击"外发光"效果前的眼睛图标👁，将外发光效果隐藏，如图14-44所示。

图14-44

29 选择工具箱中的"椭圆工具"○，在工具选项栏中选择"形状"选项，按住Shift键，绘制一个白色圆形，如图14-45所示。

图14-45

30 单击"图层"面板下方的"添加图层样式"按钮 *fx.*，在弹出的菜单中选择"描边"选项，在弹出的对话框中设置描边"大小"为1像素，位置为"内部"，颜色为深灰色（#1a1a1a），如图14-46所示。

31 选中"内阴影"复选框，设置混合模式为"正常"，"不透明度"为19%，"颜色"为白色，"角度"为120度，"距离"为2像素，"阻塞"为0%，"大小"为1像素，如图14-47所示。

图14-46　　　　　图14-47

32 选中"渐变叠加"复选框，在弹出的对话框中单击渐变条，设置渐变的起点颜色为深灰色（#161616），终点颜色为灰色（#3f3f3f），设置样式为"线性"，混合模式为"正常"，"角度"为90度，如图14-48所示。

33 选中"投影"复选框并设置投影的"不透明度"为65%，"颜色"为黑色，"角度"为120度，"距离"为3像素，"扩展"为0%，"大小"为2像素，如图14-49所示。

图14-48　　　　　图14-49

34 单击"确定"按钮后的效果如图14-50所示。

图14-50

35 选择工具箱中的"文字工具" **T**，输入文字，在工具选项栏中设置字体为 Helvetica，设置文字大小为10.97点，选择文字并填充青色（#60d0de）和灰色（#929292），完成图像制作，如图14-51所示。

图14-51

14.3　网页登录界面——网络办公室

本节主要利用正片叠底、圆角矩形、渐变叠加和"钢笔工具"，制作网页登录界面。

扫描观看

01 启动 Photoshop 2022，执行"文件"|"打开"命令，打开"背景"素材，如图14-52所示。

图14-52

02 选择工具箱中的"矩形工具" □，在工具选项栏中

选择"形状"选项，绘制颜色为浅灰色（#d7d7d7），圆角半径为30像素的圆角矩形，如图14-53所示。

图14-53

03 单击"图层"面板下方的"添加图层样式"按钮 *fx.*，在弹出的菜单中选择"渐变叠加"选项，在弹出的

对话框中单击渐变条，设置渐变的起点颜色为深灰色（#081639），终点颜色为深蓝色（#183d89），设置混合模式为"正常"，"角度"为90度，如图14-54所示。

图14-54

04 单击"确定"按钮，将图层混合模式设置为"正片叠底"，"不透明度"设置为70%，设置后的效果如图14-55所示。

图14-55

05 选择工具箱中的"矩形工具"□，绘制颜色为灰色（#d7d7d7），圆角半径为30像素的圆角矩形，如图14-56所示。

图14-56

06 单击"图层"面板下方的"添加图层样式"按钮 *fx.*，在弹出的菜单中选择"渐变叠加"选项，在弹出的对话框中单击渐变条，设置渐变的起点颜色为青色（#1fc0f0），位置为6%的颜色为蓝色（#0e578e），终点颜色为海蓝色（#183d89），设置样式为"线性"，混合模式为"正常"，"角度"为90度，如图14-57所示。

07 选中"外发光"复选框，设置混合模式为"滤色"，"不透明度"为42%，外发光颜色为青色（#27ccf4），方法为"柔和"，"扩展"为0%，"大小"为10像素，如图14-58所示。

图14-57　　　　　图14-58

08 单击"确定"按钮后的效果如图14-59所示。

图14-59

09 按住Alt键，单击"图层"面板下方的"添加图层蒙版"按钮 ■，为图层创建蒙版。将前景色设置为白色，利用"画笔工具" ✎，选择一个柔边圆笔尖，在需要显示光源质感的地方涂抹，如图14-60所示。

图14-60

10 选择工具箱中的"矩形工具"□，绘制颜色为青色（#00abe9），圆角半径为20像素的圆角矩形，如图14-61所示。

图14-61

11 单击"图层"面板下方的"添加图层样式"按钮 *fx.*，在弹出的菜单中选择"内阴影"选项，在弹出的对

第14章　UI与网页设计

257

话框中设置图层混合模式为"正片叠底"，颜色为青色（#1982b0），"角度"为120度，"距离"为10像素，"阻塞"为5%，"大小"为18像素，如图14-62所示。

图14-62

12　单击"确定"按钮后的效果如图14-63所示。

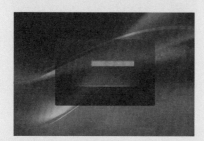

图14-63

13　按快捷键Ctrl+J复制该圆角矩形，选择工具箱中的"文字工具"**T**，输入文字，在工具选项栏中分别设置字体为"微软雅黑"和"宋体"，设置文字为合适大小，选择文字并填充白色，如图14-64所示。

图14-64

14　选择工具箱中的"矩形工具"□，按住Shift键，绘制一个白色的矩形，如图14-65所示。

图14-65

15　选择工具箱中的"矩形工具"□，绘制一个圆角半

径为20像素的圆角矩形，单击"图层"面板下方的"添加图层样式"按钮 *fx.*，在弹出的菜单中选择"渐变叠加"选项，在弹出的对话框中单击渐变条，设置渐变的起点颜色为黄色（#d18d27），位置为74%的颜色为浅黄色（#f4e5c5），终点颜色为浅灰色（#fffff8），设置样式为"线性"，混合模式为"正常"，"角度"为90度，如图14-66所示。

图14-66

16　按快捷键Ctrl+J复制该"圆角矩形"图层，双击图层上"图层样式"图标 *fx*，更改渐变叠加的起点颜色为黄色（#ffff00），位置为60%的颜色为浅黄色（#f0ddb1），如图14-67所示。

图14-67

17　按住Alt键，单击"图层"面板下方的"添加图层蒙版"按钮 ■，为图层创建蒙版。将前景色设置为白色，利用"画笔工具" ✔，选择一个柔边圆笔尖，在需要显示光源质感的地方涂抹，如图14-68所示。

图14-68

18　选择工具箱中的"文字工具"**T**，输入文字，在工具选项栏中设置字体为"方正兰亭粗黑简体"，设置文字大小为13.12点，选择文字并填充黑色，如图14-69所示。

图14-69

19 选择工具箱中的"钢笔工具" ⬦绘制形状并填充白色，设置图层的"不透明度"为28%，如图14-70所示。

图14-70

20 将黄色按钮的所有图层拖至"创建新组"按钮 🗂 上进行编组，将组拖至"创建新图层"按钮 🖽 上进行复制，并更改文字为"登录"，选择工具箱中的"移动工具" ✥，按住 Shift 键，将登录组水平右移，如图14-71所示。

图14-71

Tips: 按住 Alt 键进行拖移，则被拖移对象将被复制后拖移；按住 Shift 键进行拖移，则对象将被水平或竖直拖移。

21 选择工具箱中的"钢笔工具" ⬦，在工具选项栏中选择"形状"选项，绘制渐变形状，设置形状为渐变起点的颜色为灰蓝色（#63708a），终点颜色为浅蓝色（#a0aac4），样式为"线性"，"角度"为90度，如图14-72所示。

22 单击"图层"面板下方的"添加图层样式"按钮 fx.，在弹出的菜单中选择"渐变叠加"选项，在弹出的对话框中单击渐变条，设置渐变起点位置的不透明度为0%，终点颜色为白色，设置样式为"线性"，

混合模式为"亮光"，"角度"为90度，如图14-73所示。

图14-72

23 选中"投影"复选框，设置投影的"不透明度"为40%，"颜色"为黑色，"角度"为120度，"距离"为5像素，"扩展"为0%，"大小"为8像素，如图14-74所示。

图14-73　　　　图14-74

24 单击"确定"按钮后的效果如图14-75所示。

图14-75

25 选择工具箱中的"文字工具" **T**，输入文字，在工具选项栏中设置字体为"方正超粗黑简体"，设置文字大小为18.25点，选择文字并填充深灰色（#282828），如图14-76所示。

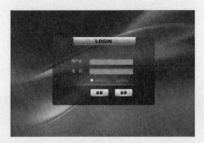

图14-76

26 选择工具箱中的"矩形工具" ▢，绘制颜色为白色，

第14章　UI与网页设计

圆角半径为 10 像素的圆角矩形，并将图层的"不透明度"设置为27%，完成图像制作，如图 14-77 所示。

图14-77

14.4 网页 Banner 广告条——阅读币促销

扫描观看

本节主要利用"边界"命令、"投影"和"渐变叠加"图层样式制作一个 Banner 广告条。

01 启动 Photoshop 2022，将背景色颜色设置为浅蓝色（#e9f7fd），执行"文件"|"新建"命令，新建一个宽为 3000 像素、高为 2000 像素、分辨率为 300 像素／英寸，背景内容为背景色的 RGB 文档。

02 选择工具箱中的"矩形工具" □，绘制一个颜色为浅蓝色（#bcebff）的矩形，如图 14-78 所示。

图14-78

03 选择"村庄"素材并拖入文档中，按 Enter 键确认。按住 Alt 键，在"村庄"和"矩形"图层之间单击，创建剪贴蒙版，如图 14-79 所示。

图14-79

04 选择"天空"素材并拖入文档中，按 Enter 键确认，如图 14-80 所示。

05 选择工具箱中的"椭圆工具" ◯，绘制一个颜色为金黄色（#f5ba53）的椭圆，如图 14-81 所示。

图14-80

图14-81

06 选择工具箱中的"文字工具" T，当鼠标指针靠近椭圆形边缘时变成 I，此时在画面中单击，输入文字，在工具选项栏中设置字体为"华康海报体简"，文字大小为 72 点，选择文字并填充为白色，如图 14-82 所示。

图14-82

07 将"椭圆"图层的"填充"设置为 0%。

08 选中"文字"图层并单击"图层"面板下方的"添加图层样式"按钮 *fx.*，在弹出的菜单中选择"斜面和浮雕"选项，设置样式为"内斜面"，"方法"为"平滑"，"深度"为100%，"方向"为"上"，"大小"为4像素，"软化"为0像素。设置阴影的"角度"为59度，"高度"为58度，高光模式为"滤色"，颜色为白色，"不透明度"为75%，阴影模式为"正片叠底"，"颜色"为黑色，"不透明度"为75%，如图14-83所示。

09 选中"投影"复选框，设置投影的"不透明度"为75%，颜色为紫红色（#8f0012），"角度"为120度，"距离"为17像素，"扩展"为0%，"大小"为4像素，如图14-84所示。

图14-83　　　　　　　　图14-84

10 单击"确定"按钮，并用相同的方法制作其他文字效果，如图14-85所示。

图14-85

11 选择"绿钻"素材并拖入文档中，按Enter键确认，如图14-86所示。

图14-86

12 按住Ctrl键，单击"绿钻"图层缩略图，将其载入选区。

13 执行"选择"|"修改"|"扩展"命令，将选区扩展50像素。

14 单击"图层"面板下方的"创建新图层"按钮 ⊞，创建新图层，将前景色设置为橘红色（#ee5442），按快捷键Alt+Del填充，如图14-87所示，按快捷键Ctrl+D取消选区。

图14-87

15 采用同样的方法扩展文字选区，并填充颜色橘红色（#ee5442）到同一个图层，如图14-88所示。

图14-88

16 选择工具箱中的"画笔工具" ✐，选择一个硬边画笔，在扩展选区的填充图层上将空隙处涂抹成整体，如图14-89所示。

图14-89

17 单击"图层"面板下方的"添加图层样式"按钮 *fx.*，在弹出的菜单中选择"渐变叠加"选项，在弹出的对话框中单击渐变条，设置渐变的起点颜色为亮红色（#ed283a），终点颜色为橘红色（#fc7157），设置样式为"线性"，混合模式为"正常"，"角度"为90度，如图14-90所示。

18 选中"投影"复选框，设置投影的"不透明度"为

75%，颜色为深红色（#a90909），"角度"为120度，"距离"为18像素，"扩展"为0%，"大小"为4像素，如图14-91所示。

图14-90

图14-91

19 单击"确定"按钮后的效果如图14-92所示。

图14-92

14.5 数码网站——手机资讯网

扫描观看

本节主要利用"矩形工具"和"渐变叠加"图层样式来制作一个数码网站的首页。

01 启动 Photoshop 2022，将背景色颜色设置为白色，执行"文件"|"新建"命令，新建一个宽为3000像素、高为2000像素、分辨率为300像素/英寸，背景内容为背景色的 RGB 文档。

02 选择工具箱中的"矩形工具" □，分别绘制颜色为灰色（#959595）和黑色的矩形，如图14-94所示。

图14-94

03 选择"孩童"素材并拖入文档中，按 Enter 键确认。按住 Alt 键在"孩童"图层和"灰色矩形"图层之间单击，创建剪贴蒙版，如图14-95所示。

04 按快捷键 Ctrl+J 复制灰色矩形，并置于"孩童"图层上方，单击"图层"面板下方的"添加图层样式"按钮 fx，在弹出的菜单中选择"渐变叠加"选项。在弹出的对话框中单击渐变条，设置渐变的起点颜

20 将所有图层拖至"创建新组"按钮 □ 上进行编组，将组拖至"创建新图层"按钮 ⊞ 上复制，按快捷键 Ctrl+T 对组进行垂直翻转。单击"图层"面板下方的"添加图层蒙版"按钮 ◙ ，为翻转后的组添加蒙版。选择工具箱中的"渐变工具" ■，设置渐变起点颜色为黑色，终点颜色的"不透明度"为0%的线性渐变，从上往下单击拖曳填充渐变色，制作Banner 的倒影，完成图像制作，如图14-93所示。

图14-93

色为蓝色（#00a0e9），终点颜色为绿色（#69f78d），设置样式为"线性"，混合模式为"正常"，"角度"为90度，如图14-96所示。

图14-95

图14-96

05 单击"确定"按钮后，将图层的"不透明度"更改
为 82%，如图 14-97 所示。

图 14-97

06 选择工具箱中的"矩形工具" ▭，绘制一个黑色的
矩形，如图 14-98 所示。

图 14-98

07 选择工具箱中的"矩形工具" ▭，绘制颜色分别为
白色、黑色和青色（#2fdab8），圆角半径为 5 像
素的圆角矩形。再绘制一个填充颜色为无，描边颜
色为青色（#2fdab8），描边大小为 0.5 点，半径
为 5 像素的圆角矩形，如图 14-99 所示。

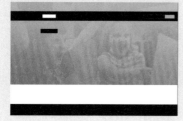

图 14-99

08 选择黑色的圆角矩形，单击"图层"面板下方的"添
加图层样式"按钮 *fx.*，在弹出的菜单中选择"渐变
叠加"选项。在弹出的对话框中单击渐变条，设置
在 26% 位置的颜色为青色（#54ca88），终点颜
色为青绿色（#59ce82），设置样式为"线性"，
混合模式为"正常"，"角度"为 90 度，如图 14-
100 所示。

09 选中"外发光"复选框，设置混合模式为"滤色"，"不
透明度"为 75%，外发光颜色为浅灰色（#f4f4f4），
图素的方法为"柔和"，"扩展"为 0%，"大小"
为 4 像素，如图 14-101 所示。

图 14-100

图 14-101

10 单击"确定"按钮后的效果如图 14-102 所示。

图 14-102

11 按快捷键 Ctrl+J 复制添加渐变的圆角矩形，重复操
作 3 次，选择工具箱中的"移动工具" ✥，将圆角
矩形的距离拉开 . 按住 Ctrl 键，将所有矩形图层选中。
在工具选项栏中，单击"水平居中对齐"图标 ☰ 和"垂
直剧中分布"图层 ☰，4 个圆角矩形则竖直对齐且
等距分布，如图 14-103 所示。

图 14-103

12 选择工具箱中的"文字工具" T，输入文字，在
工具选项栏中选择合适的字体、大小及颜色，如图
14-104 所示。

图 14-104

13 选择工具箱中的"矩形工具" ▭ ，分别绘制填充颜色为无，描边颜色为黑色和白色，描边大小为 0.5 点和 1 点的矩形，如图 14-105 所示。

图14-105

14 选择"手机""资讯"和"图标"素材并拖入文档中，多次按 Enter 键全部确认置入，并将每个部分进行分组，方便后期调整，完成图像制作，如图 14-106 所示。

图14-106

第15章
产品设计

本章学习使用 Photoshop 制作产品设计的初期效果图，主要使用各种形状工具和"钢笔工具"，并结合"渐变叠加"图层样式，完成效果图的制作。

15.1 家电产品——微波炉

扫描观看

本节主要学习用"矩形工具""椭圆工具""渐变叠加"图层样式以及"重复上一步"命令制作一幅逼真的微波炉效果图。

01 启动 Photoshop 2022，将背景色设置为白色，执行"文件"|"新建"命令，新建一个宽为 3000 像素、高为 2000 像素、分辨率为 300 像素/英寸和背景内容为背景色的 RGB 文档。

02 选择工具箱中的"渐变工具"，设置渐变的起点颜色为肉色（#e7c9a5），居中位置的颜色为白色的径向渐变，从画面中心向外水平单击拖曳填充渐变色，如图 15-1 所示。

03 选择工具箱中的"矩形工具"，在工具选项栏中选择"形状"选项，绘制一个颜色为深灰色（#4d4d4d）的矩形，如图 15-2 所示。

图15-1　　　　　　图15-2

04 在"图层"面板中，将该图层命名为"主面板"。

05 单击"图层"面板下方的"添加图层样式"按钮 fx，在弹出的菜单中选择"描边"选项，设置描边"大小"为1像素，颜色为灰色（#989898），如图 15-3 所示。

06 选中"渐变叠加"复选框，在弹出的对话框中单击渐变条，设置渐变的起点颜色为灰色（#c1c2c4），位置为 58% 的颜色为白色，终点颜色为灰色（#979797），设置样式为"线性"，混合模式为"正常"，"角度"为 0 度，如图 15-4 所示。

07 单击"确定"按钮后的效果如图 15-5 所示。

08 选择工具箱中的"矩形工具"，将填充颜色设置纯色填充，绘制一个颜色为深灰色（#0a0a0a）的

矩形，如图 15-6 所示。

图15-3　　　　　　图15-4

图15-5　　　　　　图15-6

09 将前景色更改为深灰色（#191919），再绘制一个矩形，按快捷键 Alt+Del 填充颜色。再按快捷键 Ctrl+T 将矩形旋转一定角度后按 Enter 键确认，并按住 Alt 键，在"矩形"图层和旋转后的"矩形"图层之间单击，创建剪贴蒙版，如图 15-7 所示。

图15-7

10 绘制颜色为深灰色（#2a2a2a）的矩形，如图 15-8 所示。

图15-8

11 采用同样的方法，绘制矩形并进行旋转，再创建剪贴蒙版，如图 15-9 所示。

图15-9

12 单击"图层"面板下方的"添加图层样式"按钮 *fx.*，在弹出的菜单中选择"渐变叠加"选项，在弹出的对话框中设置渐变起点位置的颜色为黑色，终点位置的颜色为白色，设置样式为"线性"，混合模式为"正常"，"角度"为 90 度，如图 15-10 所示。

图15-10

13 单击"确定"按钮后的效果如图 15-11 所示。

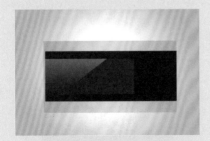

图15-11

14 选择工具箱中的"椭圆工具" ○，在工具选项栏中选择"形状"选项，绘制一个灰色（#717376）的椭圆，如图 15-12 所示。

图15-12

15 单击"图层"面板下方的"添加图层样式"按钮 *fx.*，在弹出的菜单中选择"渐变叠加"选项，设置渐变的起点颜色为蓝灰色（#717376），位置为89%的颜色为深灰色（#0a0a0a），终点颜色为白色，设置样式为"线性"，混合模式为"正常"，"角度"为 0 度，如图 15-13 所示。

图15-13

16 单击"确定"按钮后的效果如图 15-14 所示。

图15-14

17 选择"主面板"图层，按快捷键 Ctrl+J 复制该图层。按快捷键 Ctrl+T，拖移该图层至面板的顶部，鼠标靠近下方边缘，鼠标指针变成 ↕ 时，按住鼠标左键向上移动，使矩形变矮。再右击，在弹出的快捷菜单中选择"透视"选项，当鼠标指针移至矩形右上角时，鼠标指针变成 ▷，此时按住鼠标左键向右移动，完成透视变形，如图 15-15 所示。

图15-15

18 选择工具箱中的"矩形工具"▢，设置填充颜色为黑色，描边颜色为灰色（#a0a0a0）且描边大小为1.5点，绘制矩形，如图15-16所示。

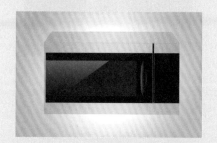

图15-16

19 选择工具箱中的"椭圆工具"○，在工具选项栏中选择"形状"选项，按住Shift键，绘制一个灰色（#4d4d4d）的圆形，如图15-17所示。

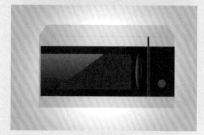

图15-17

20 单击"图层"面板下方的"添加图层样式"按钮 *fx.*，在弹出的菜单中选择"渐变叠加"选项，在弹出的对话框中设置渐变的起点颜色为灰色（#4d4d4d），位置为49%的颜色为灰色（#dadada），位置为73%的颜色为浅灰色（#dadada），终点颜色为蓝灰色（#757580），设置样式为"线性"，混合模式为"正常"，"角度"为15度，如图15-18所示。

图15-18

21 单击"确定"按钮后的效果如图15-19所示。

22 按快捷键Ctrl+J复制该图层，再按快捷键Ctrl+T调出自由变换框。按住Alt+Shift键，当鼠标指针移至自由变形框的任意一个角点，鼠标指针变成↗时，按住鼠标左键向圆内拖动，将圆形缩小。

23 双击图层上右侧的 *fx* 图标，弹出"图层样式"对话框。选中"渐变叠加"复选框，更改渐变起点位置的颜色为灰色（#4d4d4d），位置为49%的颜色为浅灰色（#dadada），设置样式为"线性"，混合模

式为"正常"，"角度"为120度，单击"确定"按钮后的效果如图15-20所示。

图15-19

图15-20

24 选择工具箱中的"矩形工具"▢，绘制一个起始位置为黑色，终点位置为白色，渐变角度为0度的线性渐变的矩形。按快捷键Ctrl+T，调出自由变换框，右击，在弹出的快捷菜单中选择"斜切"选项，对矩形进行变形处理，如图15-21所示。

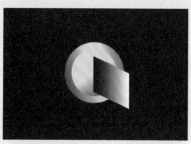

图15-21

25 在"图层"面板中选中该图层，右击，在弹出的快捷菜单中选择"栅格化图层"选项，将斜切后的矩形栅格化。

26 按住Ctrl键，在"图层"面板中选择缩放后的圆形，将圆形载入选区，按快捷键Ctrl+Shift+I将该选区反转。单击栅格化的矩形，按Del键删除多余部分，如图15-22所示。

Tips: 此处没有直接在斜切矩形和缩放后的圆形中间创建剪贴蒙版，原因是剪贴蒙版中的基底图层添加"颜色叠加""渐变叠加"和"图案叠加"等图层样式后，剪贴图层的颜色和形状等信息无法在创建剪贴蒙版后显示出来。

第15章 产品设计

图15-22

27 选择工具箱中的"矩形工具"□，绘制一个深灰色（#4d4d4d）的矩形，如图 15-23 所示。

图15-23

28 单击"图层"面板下方的"添加图层样式"按钮 *fx.*，在弹出的菜单中选择"渐变叠加"选项，设置渐变起点位置的颜色为灰色（#c2c3c5），位置为 37% 的颜色为青灰色（#7c8385），位置为 59% 的颜色为浅灰色（#dadada），终点颜色为青灰色（#757580），设置样式为"线性"，混合模式为"正常"，"角度"为 90 度，单击"确定"按钮后的效果如图 15-24 所示。

图15-24

29 按快捷键 Ctrl+R 显示标尺，选择"圆形"图层，按快捷键 Ctrl+T 调出自由变换框。在中心点创建水平和竖直方向的参考线，按 Enter 键取消变换框。

30 选择工具箱中的"直线工具"╱，在工具选项栏中选择"形状"选项，在竖直参考线上绘制一条白色直线，并按快捷键 Ctrl+T 调出自由变换框，按住 Alt 键，同时在直线的中心点单击并拖至参考线交点处，如图 15-25 所示。

图15-25

31 在工具选项栏的"角度"文本框内输入 30，按两次 Enter 键确认旋转。按快捷键 Ctrl+Alt+Shift+T 执行重复上一步操作，共重复 11 次，再按快捷键 Ctrl+H 隐藏参考线，如图 15-26 所示。

图15-26

32 采用同样的方法，利用"直线工具"╱绘制一条较短的直线，在工具选项栏中，在"角度"文本框中输入 5，按两次 Enter 键确认旋转，如图 15-27 所示。

图15-27

33 按快捷键 Ctrl+Alt+Shift+T 重复执行上一步操作，直到短直线铺满圆形周围，如图 15-28 所示。

图15-28

34 选择工具箱中的"文字工具"**T**，输入文字，在工具选项栏中设置字体为"方正兰亭准黑"，设置文字大小为 5.26 点，选择文字并填充白色，如图 15-29 所示。

图 15-29

35 将温度旋钮的所有图层拖至"创建新组"按钮 上进行编组，将组拖至"创建新图层"按钮 上进行复制，选择工具箱中的"移动工具" ，按住 Shift 键，将复制的组垂直上移，并将文字更改为"时间（ min ）"，如图 15-30 所示。

图 15-30

36 选择工具箱中的"椭圆工具" ，在工具选项栏中选择"形状"选项，绘制黑色椭圆，如图 15-31 所示。

图 15-31

37 在"属性"面板中，将椭圆的"羽化"值设置为 59.6 像素，如图 15-32 所示。

图 15-32

38 此时，完成图像制作，如图 15-33 所示。

图 15-33

扫描观看

15.2 家居产品——沙发

"画笔工具"是 Photoshop 中比较常用的工具之一，本节主要利用该工具绘制一幅沙发效果图。

01 启动 Photoshop 2022，执行"文件"|"打开"命令，打开"背景"素材，如图 15-34 所示。

02 选择工具箱中的"矩形工具" ，绘制颜色为灰色（#d2bca2），圆角半径为 10 像素的圆角矩形，如图 15-35 所示。

03 新建图层，选择工具箱中的"画笔工具" ，将前景色设置为肉色（# e2d2bc），选择一个柔边圆笔尖，在圆角矩形的右边缘涂抹，并按住 Alt 键在该图层和圆角矩形图层之间单击，创剪贴蒙版，如图 15-36 所示。

图 15-34

第15章 产品设计

图15-35

图15-36

04 选择工具箱中的"钢笔工具" ✐，在工具选项栏中选择"形状"选项，绘制渐变颜色的形状，设置渐变起点的颜色为浅肉色（#f4eee6），居中位置的颜色为肉色（#e6d4bc），终点颜色为稍深的肉色（#e6d4bc），样式为"线性渐变"，如图15-37所示。

图15-37

05 单击"创建新图层"按钮 ⊞，创建一个新的空白图层，用"钢笔工具" ✐ 绘制一个颜色为肉色（#dbccb6）的形状并置于"圆角矩形"图层的下方，如图15-38所示。

图15-38

06 选择工具箱中的"画笔工具" ✐，将前景色分别设

置为肉色（#f4e8d5）和深肉色（#b49a81），选择一个柔边圆笔尖，涂抹出阴影和高光，并按住Alt键在该图层和"圆角矩形"图层之间单击，创建剪贴蒙版，如图15-39所示。

图15-39

07 选择工具箱中的"矩形工具" ▭，在工具选项栏中选择"形状"选项，绘制一个肉色（#dbccb6）的矩形并置于圆角矩形图层的下方，如图15-40所示。

图15-40

08 添加"渐变叠加"图层样式，单击渐变条，设置渐变起点位置的颜色为灰色（#9a9a9a），在37%位置的颜色为深灰色（#5e5d5c），终点颜色为灰色（#a9a9a9），设置样式为"线性"，混合模式为"正常"，"角度"为0度，如图15-41所示。

图15-41

09 单击"确定"按钮，沙发左侧效果制作完成，如图15-42所示。

图15-42

10　将沙发左侧的所有图层拖至"创建新组"按钮■上进行编组，将该组拖至"创建新图层"按钮■上复制，选择工具箱中的"移动工具"✛，按住 Shift 键，将该组水平右移。按快捷键 Ctrl+T 调出自由变换框，右击，在弹出的快捷菜单中选择"水平翻转"选项，按 Enter 键确认，如图 15-43 所示。

图15-43

11　选择工具箱中的"矩形工具"□，绘制填充颜色为棕色（#44251f），圆角半径为 30 像素的圆角矩形，如图 15-44 所示。

图15-44

12　用"矩形工具"□绘制一个肉色（#c7b39b）的圆角矩形，如图 15-45 所示。

图15-45

13　用"矩形工具"□绘制一个浅肉色（#e8e1d4）的圆角矩形，并按住 Alt 键，在上一个图层和该图层之间单击，创建剪贴蒙版，如图 15-46 所示。

图15-46

14　在"属性"面板中，将"羽化"设置为 10.0 像素，如图 15-47 所示。

图15-47

15　羽化后的效果，如图 15-48 所示。

图15-48

16　单击"创建新图层"按钮■，创建一个新的空白图层。选择"画笔工具"✐，将前景色设置为肉色（#b89f8a），选择一个柔边圆笔尖，在圆角矩形的右侧边缘处涂抹，并按住 Alt 键在该图层和"圆角矩形"图层之间单击，创建剪贴蒙版，如图 15-49 所示。

图15-49

17　将沙发靠垫的所有图层拖至"创建新组"按钮■上进行编组，将该组拖至"创建新图层"按钮■上复制，选择工具箱中的"移动工具"✛，按住 Shift 键，将该组水平右移，如图 15-50 所示。

图15-50

18 选择工具箱中的"椭圆工具"○，绘制一个肉色（#e5d8c3）的椭圆，如图15-51所示。

图15-51

19 单击"创建新图层"按钮⊞，创建一个新的空白图层。选择工具箱中的"画笔工具"✎，将前景色设置为浅肉色（#f3ece1），选择一个柔边圆笔尖，绘制高光，并按住Alt键在该图层和"椭圆"图层之间单击，创建剪贴蒙版，如图15-52所示。

图15-52

20 选择"矩形工具"□，绘制填充颜色为肉色（#ccb79f），圆角半径为30像素的圆角矩形，单击"图层"面板下方的"添加图层样式"按钮 fx.，在弹出的菜单中选择"渐变叠加"选项，在弹出的对话框中单击渐变条，设置渐变起点颜色为肉色（#e4d1ba），位置为5%的颜色为稍深肉色（#d0baa0），位置为50%的颜色为肉色（#ccb49b），位置为95%的颜色为稍深肉色（#d0baa0），终点颜色为稍浅肉色（#e4d1ba），设置样式为"线性"，混合模式为"正常"，"角度"为0度，如图15-53所示。

图15-53

21 选择工具箱中的"画笔工具"✎，将前景色设置为深肉色（#a48975），选择一个柔边圆笔尖，绘制阴影，并置于"椭圆"图层的下方，如图15-54所示。

图15-54

22 将沙发坐垫的所有图层拖至"创建新组"按钮▢上进行编组，将该组拖至"创建新图层"按钮⊞上复制，选择工具箱中的"移动工具"✛，按住Shift键，将该组水平右移，如图15-55所示。

图15-55

23 选择工具箱中的"矩形工具"□，绘制填充颜色为深肉色（#9d7f67），圆角半径为30像素的圆角矩形，如图15-56所示。

图15-56

24 用"矩形工具"□，绘制填充颜色为肉色（#ccb79f），圆角半径为30像素的圆角矩形，单击"图层"面板下方的"添加图层样式"按钮 fx.，在弹出的菜单中选择"渐变叠加"选项，在弹出的对话框中单击渐变条，设置渐变起点的颜色为肉色（#d3bca4），位置为79%的颜色为稍浅肉色（#d3bca4），位置为91%的颜色为浅肉色（#e1d6c9），设置样式为"线性"，混合模式为"正常"，"角度"为90度，单击"确定"按钮后的效果如图15-57所示。

25 单击"创建新图层"按钮⊞，创建一个新的空白图层，选择工具箱中的"画笔工具"✎，将前景色设置为黑色，"不透明度"设置为30%，选择一个柔边圆笔尖，涂抹出沙发脚处的阴影，如图15-58所示。

图15-57

图15-58

26   选择工具箱中的"椭圆工具"○，绘制一个深灰色
      （#0e0e0e）的椭圆，如图 15-59 所示。

图15-59

27   在"属性"面板中，设置"羽化"值为 107.7 像素，
      如图 15-60 所示。

图15-60

28   此时，完成图像制作，效果如图 15-61 所示。

图15-61

15.3 电子产品——鼠标

本节主要利用渐变叠加和"钢笔工具"，制作一幅逼真的鼠标效果图。

01   启动 Photoshop 2022，将背景色设置为白色，执
      行"文件"|"新建"命令，新建一个宽为 3000 像素、
      高为 2000 像素、分辨率为 300 像素／英寸，背景
      内容为背景色的 RGB 文档。

02   选择工具箱中的"渐变工具" ▉，设置渐变起点
      的颜色为天蓝色（#a0daec），终点颜色为浅灰色
      （#fdfafa）的径向渐变，从画面中心向外水平单击
      拖曳填充渐变色，如图 15-62 所示。

03   选择工具箱中的"椭圆工具" ○，绘制一个深灰色
      （#0c0f19）的椭圆，如图 15-63 所示。

图15-62

04   选择工具箱中的"钢笔工具" ✐，在工具选项栏中
      选择"形状"选项，绘制橘色（#f59008）的形状，
      如图 15-64 所示。

扫描观看

图15-63

图15-64

05 单击"图层"面板下方的"添加图层样式"按钮 *fx.*，在弹出的菜单中选择"投影"选项，设置投影的"不透明度"为75%，"颜色"为黑色，"角度"为120度，"距离"为12像素，"扩展"为0%，"大小"为27像素，如图15-65所示。

图15-65

06 单击"确定"按钮后的效果如图15-66所示。

图15-66

07 选择工具箱中的"椭圆工具" ◯，绘制一个深灰色（#3a3b3c）的椭圆，如图15-67所示。

08 按住Alt键，在"钢笔工具"绘制的形状图层和椭圆图层之间单击，创建剪贴蒙版，如图15-68所示。

图15-67

图15-68

09 单击"图层"面板下方的"添加图层样式"按钮 *fx.*，在弹出的菜单中选择"渐变叠加"选项，在弹出的对话框中单击渐变条，设置渐变起点的颜色为深灰色（#010101），位置为17%的颜色为灰色（#3a3b3c），位置为22%的颜色为浅灰色（#a7a7a7），位置为31%的颜色为灰色（#4b4b4b），终点颜色为深灰色（#2f3436），设置样式为"线性"，混合模式为"正常"，"角度"为 -75 度，如图15-69所示。

图15-69

10 单击"确定"按钮后的效果如图15-70所示。

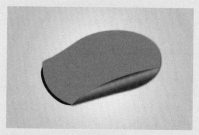

图15-70

11 选择工具箱中的"钢笔工具" ✎，在工具选项栏中选择"形状"选项，绘制颜色为白色的形状，如图15-71所示。

图15-71

12 单击"图层"面板下方的"添加图层样式"按钮 *fx.*，在弹出的菜单中选择"渐变叠加"选项，单击渐变条，设置渐变起点的颜色为浅橘色（#fcd38a），位置为49%的颜色为橘色（#fdbb5f），终点颜色为深橘色（#ffa121），设置样式为"径向"，混合模式为"正常"，"角度"为90度，如图15-72所示。

图15-72

13 单击"确定"按钮后的效果如图15-73所示。

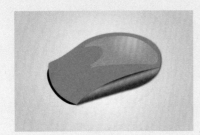

图15-73

14 在"属性"面板中，设置形状的"羽化"值为16.2像素，如图15-74所示。

图15-74

15 羽化后的效果，如图15-75所示。

16 选择工具箱中的"钢笔工具" *ⵁ*，在工具选项栏中选择"形状"选项，绘制灰色（#b8b8b8）的形状，如图15-76所示。

图15-75

图15-76

17 单击"图层"面板下方的"添加图层样式"按钮 *fx.*，在弹出的菜单中选择"内阴影"选项，在弹出的对话框中设置混合模式为"正片叠底"，"不透明度"为75%，颜色为深灰色（#010101），"角度"为0度，"距离"为3像素，"阻塞"为0%，"大小"为4像素，如图15-77所示。

图15-77

18 单击"确定"按钮后的效果如图15-78所示。

图15-78

19 选择工具箱中的"矩形工具" ▭，绘制填充颜色为灰色（#808080），描边颜色为浅灰色（#f7f3f0），描边大小为0.5点的矩形。按快捷键Ctrl+T对矩形进行垂直方向的斜切，按Enter键确认。按住Alt键，在刚绘制的形状和矩形图层之间单击，创建剪贴蒙版，如图15-79所示。

第15章 产品设计

图15-79

20　选择工具箱中的"钢笔工具" ⌀，在工具选项栏中选择"形状"选项，绘制白色的形状，并按住 Alt 键在该图层与矩形图层之间单击，创建连续的剪贴蒙版，如图 15-80 所示。

图15-80

> **Tips:** 连续的剪贴蒙版均以基底图层的形状为基础。

21　单击"图层"面板下方的"添加图层样式"按钮 *fx.*，在弹出的菜单中选择"渐变叠加"选项，在弹出的对话框中单击渐变条，设置渐变起点位置的颜色为浅灰色（#d7d4d3），12% 位置的颜色为稍深的浅灰色（#b7b7b7），16% 位置的颜色为浅灰色（#d3d3d3），33% 位置的颜色为极浅的灰色（#f7f7f7），58% 位置的颜色为灰色（#b1b1b1），64% 位置的颜色为稍深的灰色（#cccdcd），70% 位置的颜色为浅灰色（#e1e1e1），87% 位置的颜色为灰色（#b1b1b1），终点颜色为白色，设置样式为"线性"，混合模式为"正常"，"角度"为-58 度，单击"确定"按钮后的效果如图 15-81 所示。

图15-81

22　选择工具箱中的"直线工具" ╱，绘制颜色为深灰色（#151f1f），粗细为 8 像素的直线，并按住 Alt 键在该图层与上一个图层之间单击，创建连续的剪贴蒙版，如图 15-82 所示。

图15-82

23　单击并拖动鼠标，绘制另一条直线，如图 15-83 所示。

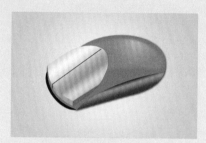

图15-83

24　选择工具箱中的"钢笔工具" ⌀，在工具选项栏中选择"形状"选项，绘制深灰色（#1d1d1d）的形状，如图 15-84 所示。

图15-84

25　选择工具箱中的"椭圆工具" ◯，绘制两个颜色分别为灰色（#b8b8b8）和深灰色（#494a4b）的椭圆。按住 Alt 键，在该图层与上一个图层、椭圆与椭圆图层之间单击，创建剪贴，完成图像制作，如图 15-85 所示。

图15-85

15.4 电子产品——MP3

扫描观看

本节主要利用"渐变工具""椭圆工具""圆角矩形工具"和"添加杂色"滤镜等制作一幅 MP3 播放器效果图。

01 启动 Photoshop 2022，执行"文件"|"新建"命令，新建一个宽为 3000 像素、高为 2000 像素、分辨率为 300 像素 / 英寸的 RGB 文档。

02 选择工具箱中的"渐变工具" ，设置渐变起点颜色为绿色（#33a7b7），终点颜色为青色（#31ba97）的线性渐变，按住 Shift 键，从画面上方向下垂直单击拖曳填充渐变色，如图 15-86 所示。

图 15-86

03 选择工具箱中的"矩形工具" ，绘制颜色为灰色（#d7d7d7），圆角半径为 10 像素的圆角矩形，如图 15-87 所示。

图 15-87

04 单击"图层"面板下方的"添加图层样式"按钮 *fx.*，在弹出的菜单中选择"渐变叠加"选项，设置渐变起点颜色为黑色，位置为 11% 的颜色为白色，位置为 30% 的颜色为灰色（#6f6f6f），位置为 57% 的颜色为深灰色（#585858），位置为 73% 的颜色为浅灰色（#c6c6c6），位置为 85% 的颜色为白色，位置为 92% 的颜色为深灰色（#363636），终点颜色为黑色，设置样式为"线性"，混合模式为"正常"，"角度"为 0 度，如图 15-88 所示。

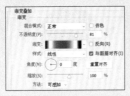

图 15-88

05 单击"确定"按钮后的效果如图 15-89 所示。

图 15-89

06 按快捷键 Ctrl+J 复制一个该图层，如图 15-90 所示。

图 15-90

07 选择工具箱中的"矩形工具" ，绘制颜色为白色，圆角半径为 20 像素的圆角矩形，如图 15-91 所示。

图 15-91

08 单击"图层"面板下方的"添加图层样式"按钮 *fx.*，在弹出的菜单中选择"渐变叠加"选项，设置渐变起点颜色为青灰色（#80898c），位置为 13% 的颜色为浅青灰色（#d7dfe3），位置为 57% 的颜色为青灰色（#bec4c7），位置为 90% 的颜色为浅青灰色（#d6e0e4），终点颜色为青灰色（#aab0b2），设置样式为"线性"，混合模式为"正常"，"角度"为 0 度，如图 15-92 所示。

09 选择"投影"复选框，设置投影的"不透明度"为

75%，"颜色"为黑色，"角度"为120度，"距离"为13像素，"扩展"为0%，"大小"为43像素，如图15-93所示。

图15-92　　　　　　　　图15-93

10　单击"确定"按钮后的效果如图15-94所示。

图15-94

11　按住Ctrl键，在"图层"面板中单击图层缩略图，将圆角矩形载入选区，并单击"创建新图层"按钮 ⊞，创建一个新的空白图层，将前景色设置为白色，按快捷键Alt+Del填充该选区，如图15-96所示。

图15-95

12　按快捷键Ctrl+D取消选区。执行"滤镜"|"杂色"|"添加杂色"命令，在弹出的对话框中设置"数量"为30%，选中"高斯分布"单选按钮，并选中"单色"复选框，如图15-88所示。

图15-96

13　单击"确定"按钮后的效果如图15-97所示。

图15-97

Tips：　添加杂色的主要作用是为了表现金属的磨砂质感。

14　选择工具箱中的"椭圆工具" ◯，在工具选项栏中选择"形状"选项，按住Shift键，绘制一个深灰色（#191919）的圆形，如图15-98所示。

图15-98

15　单击"图层"面板下方的"添加图层样式"按钮 *fx.*，在弹出的菜单中选择"渐变叠加"选项，在弹出的对话框中设置渐变，49%位置的颜色为黑色，位置为71%的颜色为深灰色（#262626），终点的颜色为趋近于黑色的深灰色（#0d0d0d），设置样式为"径向"，混合模式为"正常"，"角度"为90度，如图15-99所示。

图15-99

16　单击"确定"按钮后的效果如图15-100所示。

图15-100

17　选择绘制的圆形，按快捷键 Ctrl+J 复制该圆形，按住 Alt+Shift 键缩小该圆形，并将该图层上的"图层样式"图标 *fx* 拖至"删除"按钮 🗑 上删除。将前景色设置为浅蓝色（#d9e3e6），按快捷键 Alt+Del 填充前景色，如图 15-101 所示。

图 15-101

18　选择工具箱中的"矩形工具" □，绘制 3 个浅蓝色（#d9e3e6）的矩形，并按快捷键 Ctrl+J 复制一个矩形。按快捷键 Ctrl+T 调出自由变换框，按住 Shift 键，将其中一个矩形旋转 90°，制作"+"图标。按快捷键 Ctrl+J 复制其中一个矩形并移动，制作"−"图标，如图 15-102 所示。

图 15-102

19　选择工具箱中的"多边形工具" ⬡，在工具选项栏中设置"边"为 3，绘制 4 个小三角形，按快捷键 Ctrl+T 进行旋转。再利用"矩形工具" □，绘制两个矩形，制作上一曲和下一曲的图标，如图 15-103 所示。

20　采用同样的方法，利用"多边形工具" ⬡ 和"矩形工具" □ 制作浅蓝色（#d9e3e6）的"播放 / 暂停"图标，如图 15-104 所示。

图 15-103

图 15-104

21　选择工具箱中的"钢笔工具" ✎，在工具选项栏中选择"形状"选项，绘制浅灰色（#fcfcfc）的耳机线，如图 15-105 所示。

图 15-105

22　单击"图层"面板下方的"添加图层样式"按钮 *fx.*，在弹出的菜单中选择"斜面和浮雕"选项，设置样式为"内斜面"，方法为"平滑"，"深度"为 100%，"方向"为"上"，"大小"为 5 像素，"软化"为 2 像素，如图 15-106 所示。

23　选择"投影"复选框，设置投影的"不透明度"为 30%，"颜色"为黑色，"角度"为 120 度，"距离"为 2 像素，"扩展"为 0%，"大小"为 4 像素，如图 15-107 所示。

图 15-106

图 15-107

24　单击"确定"按钮后的效果如图 15-108 所示。

25　选择工具箱中的"钢笔工具" ✎，绘制耳机插头的形状，并填充起点为浅蓝色（#cfd3d5），位置为 72% 的颜色为白色，终点为浅灰色（#ebebec），角度为 0° 的线性渐变，如图 15-109 所示。

图15-108

图15-110

27　采用同样的方法，利用"钢笔工具" ✎绘制耳机插头金属部分的形状，并填充 7% 位置颜色为深青灰色（#515c60），位置为 37% 的颜色为青灰色（#717e83），位置为 54% 的颜色为浅青灰色（#d4dee1），位置为 79% 的颜色为青灰色（#77868b），终点颜色为深青灰色（#58686d），角度为 0° 的线性渐变。选中耳机图层并编组，置于"主面板"图层的下方，完成图像制作，如图15-111 所示。

图15-109

26　选择工具箱中的"椭圆工具" ○，绘制一个颜色为深青灰色（#8699a0）的小椭圆并置于接口处，如图15-110 所示。

图15-111